모아
전기기능사

실기 핵심이론 + 공개문제

모아합격전략연구소

전기기능사 자격시험 알아보기

01 전기기능사는 어떤 업무를 담당하는가?

A. 전기기능사는 전기기계 및 기구를 설치, 보수, 검사, 시험하며, 전선, 케이블, 제어장치 등의 전기설비를 관리합니다. 이들은 전기설비의 안전성과 효율성을 점검하고, 고장이 발생하면 수리하거나 교체합니다. 또한, 전기설비의 안전 기준을 준수하고 사고를 예방하는 중요한 역할을 합니다. 지속적인 산업 발전과 에너지 분야 확장, 스마트홈 및 재생에너지 기술의 발전으로 전기설비 관리의 중요성이 커지면서 전기기능사의 수요도 증가할 전망입니다.

02 전기기능사 자격시험은 어떻게 시행되는가?

시행기관
한국산업인력공단

시험과목(필기)
전기이론
전기기기
전기설비

시행과목(실기)
전기설비작업

검정방법(필기)
객관식 60문항(1시간)

검정방법(실기)
작업형 약 5시간

합격기준
필기 : 100점 만점에 60점 이상
실기 : 100점 만점에 60점 이상

03 전기기능사 자격시험은 언제 시행되는가?

구분	필기원서접수	필기시험	필기 합격자 발표 (예정자)	실기 원서접수	실기 시험	최종 합격자 발표일
2025년 제1회	01.06 ~ 01.09	01.21 ~ 01.25	02.06(목)	02.10 ~ 02.13	03.15 ~ 04.02	04.11(금)
2025년 제2회	03.17 ~ 03.21	04.05 ~ 04.10	04.16(수)	04.21 ~ 04.24	05.31 ~ 06.15	06.27(금)
2025년 제3회	06.09 ~ 06.12	06.28 ~ 07.03	07.16(수)	07.28 ~ 07.31	08.30 ~ 09.17	09.26(금)
2025년 제4회	08.25 ~ 08.28	09.20 ~ 09.25	10.15(수)	10.20 ~ 10.23	11.22 ~ 12.10	12.19(금)

2025년 시험일정과 자세한 정보는 큐넷(https://www.q-net.or.kr)을 참고 바랍니다.

04 전기기능사 최근 합격률은 어떠한가?

연도	필기			실기		
	응시	합격	합격률	응시	합격	합격률
2024	61,127명	22,133명	36.2%	32,762명	23,769명	72.6%
2023	60,239명	21,017명	34.9%	30,545명	22,655명	74.2%
2022	48,440명	16,212명	33.5%	27,498명	20,053명	72.9%
2021	57,148명	19,587명	34.3%	32,755명	23,473명	71.7%
2020	49,176명	18,313명	37.2%	31,921명	21,432명	67.1%
2019	53,873명	16,802명	31.2%	29,957명	19,832명	66.2%
2018	48,832명	15,176명	31.1%	28,488명	18,138명	63.7%

05 전기기능사 자격시험 응시 사이트는 어디인가?

A. 큐넷(https://www.q-net.or.kr) 원서 접수는 온라인(인터넷, 모바일앱)에서만 가능합니다. 스마트폰, 태블릿PC 사용자는 모바일앱 프로그램을 설치한 후 접수 및 취소, 환불서비스를 이용하시기 바랍니다.

참 잘 만들어서 참 공부하기 쉬운
모아 전기기능사 실기

이 책의 특징 살짝 엿보기

기초부터 정리하기

비전공자도 쉽게 배울 수 있도록
기초부터 자세히 설명했습니다.

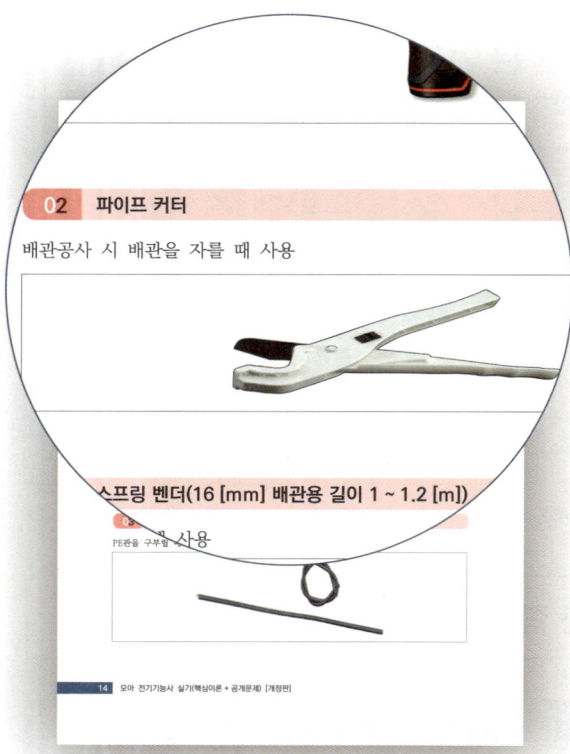

실습 중심의 설명으로
과정 익히기

실전 감각을 익힐 수 있도록 **실전문제**와
실습 중심의 자료들로 구성하여
누구나 쉽게 이해하고 따라할 수 있습니다.

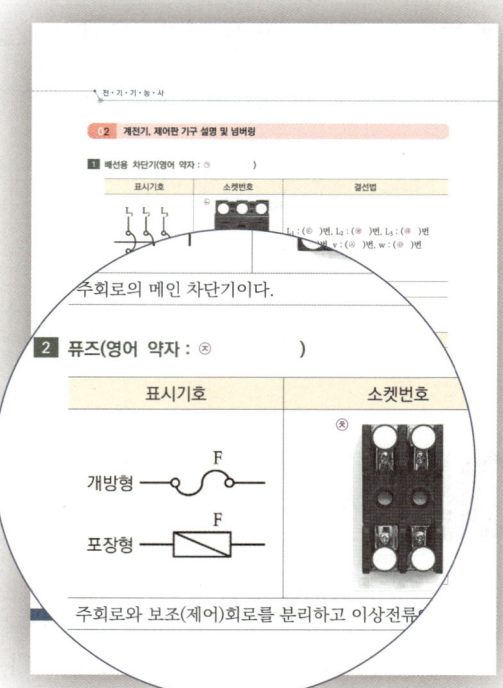

다양한 시각적 자료로 이해하기

사진, 회로도, 작업 절차, 그림 등
다양한 시각 자료를 활용하여
초보자도 쉽게 따라할 수 있도록
구성하였습니다.

공개문제 18문항으로 정복하기

한국산업인력공단에서 제시한
18문항 공개문제를 완벽 풀이하여
실전과 동일한 환경에서 연습할 수 있습니다.

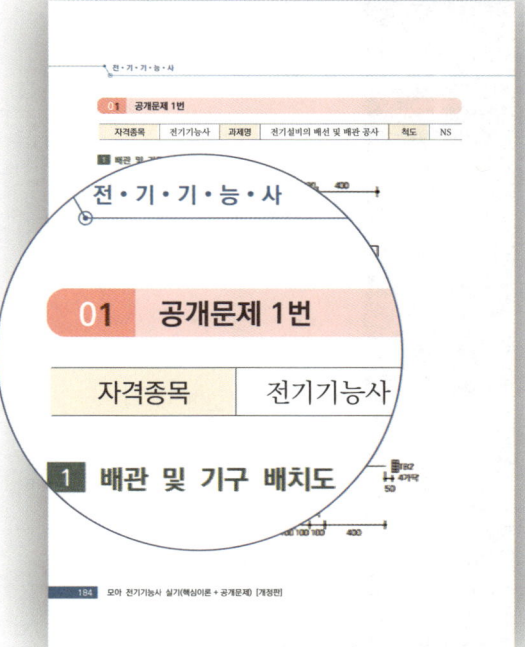

전기기능사 실기 15일 만에 완성하기

하루 소요 공부예정시간
대략 평균 5시간

📝 모아 전기기능사 **실기**

DAY 1	**실기이론)** 실기 작업공구, 실기 자재 및 재료, 실기 작업순서, 소켓 및 릴레이 접점의 이해	🖊️ **학습 Comment** 전기기능사 실기에 필요한 공구와 자재에 대해 익히고, 실질적인 이론에 들어가도록 합니다. 이론을 학습하는 동안 필요 공구 및 자재를 미리 준비하도록 합니다.
DAY 2	**실기이론)** 배관작업, 넘버링 실전연습, 시퀀스기초 문제풀이, 시퀀스길찾기 문제풀이	🖊️ **학습 Comment** 작업형에 들어가기 전 회로도를 보고 넘버링과 결선방법을 이해하도록 합니다.
DAY 3	**실기이론)** 수험자 유의사항, 공개문제 넘버링 연습	🖊️ **학습 Comment** 시험에서 지켜야 할 유의사항 및 작업순서를 학습하고, 공개문제에 대한 넘버링이 익숙해지도록 반복 연습해야 합니다.
DAY 4	**작업형)** 제어판 연습	🖊️ **학습 Comment** 제어판에 소켓을 배치하는 방법부터 단자대 넘버링 작성 및 안전한 수공구 다루는 방법을 익히도록 합니다.
DAY 5~8	**작업형)** 제어판 실습	🖊️ **학습 Comment** 공개문제를 기준으로 제어판 결선을 실습합니다. 넘버링부터 배선결선까지 실수하지 않고 시간 단축까지(2시간 내외) 이루어지도록 반복 작업하도록 합니다.
DAY 9	**작업형)** 배관 연습	🖊️ **학습 Comment** 앞서 연습한 제어판들과 연결시키는 작업으로써, 배관작업에 대한 기초를 익히도록 합니다.
DAY 10~14	**작업형)** 실전 모의고사	🖊️ **학습 Comment** 실제 시험과 동일한 조건처럼 넘버링부터 배관작업까지 시간을 체크하며 작업합니다. 실제 시험장에는 변수 사항도 발생할 수 있으니 모의고사 시에는 4시간 내에 작업을 완료할 수 있도록 합니다.
DAY 15	최종 작업 및 공개문제 넘버링 연습	🖊️ **학습 Comment** 공개문제 연습 중 실수가 많이 발생했던 도면이나 한 번도 해보지 않은 도면을 기준으로 최종 연습을 합니다. 마지막으로 공개문제 18문항 모두 넘버링을 연습하고 마무리할 수 있도록 합니다.

전기기능사 실기
30일 만에 완성하기

하루 소요 공부예정시간
대략 평균 2~3시간

📝 모아 전기기능사 **실기**

DAY 1	**실기이론)** 실기 작업공구, 실기 자재 및 재료, 실기 작업순서	✏️ **학습 Comment** 전기기능사 실기에 대한 기본기부터 준비과정까지 알아보는 과정입니다. 학습이 끝난 후 필요한 공구 및 자재는 바로 준비할 수 있도록 합니다.
DAY 2	**실기이론)** 소켓 및 릴레이 접점의 이해, 배관작업, 넘버링 실전연습	✏️ **학습 Comment** 넘버링의 기초이자 작업형까지 이어지는 과정이므로 가장 중요한 부분입니다. 넘버링 연습을 반복하여 암기노트를 작성하고 시험장에서 지켜야 할 유의사항들을 살펴보고 실전에서 주의하여 작업할 수 있도록 합니다.
DAY 3	**실기이론)** 시퀀스기초 문제풀이, 시퀀스길찾기 문제풀이	
DAY 4	**실기이론)** 수험자 유의사항	
DAY 5	**실기이론)** 공개문제 넘버링 연습	✏️ **학습 Comment** 공개문제 18문항을 전부 넘버링하고 답안지와 맞춰가며 실수가 발생하는 부분들을 체크해가며 학습합니다.
DAY 6	**작업형)** 제어판 연습	✏️ **학습 Comment** 제어판에 소켓을 배치하는 방법부터 단자대 넘버링 작성 및 안전한 수공구 다루는 방법을 익히도록 합니다.
DAY 7~10	**작업형)** 제어판 실습	✏️ **학습 Comment** 넘버링부터 제어판 배선연결까지 실수가 발생하지 않고 완벽한 작업이 이루어지도록 실습합니다. 점차 시간을 줄일 수 있도록 작업시간을 체크해가며 연습하도록 합니다.
DAY 11	**작업형)** 배관 연습	✏️ **학습 Comment** 제도부터 박스마감까지 배관작업 순서를 익히는 과정입니다.
DAY 12~20	**작업형)** 공개문제 ①~⑨번 연습	✏️ **학습 Comment** FLS(수위계전기)가 들어가는 도면들을 넘버링부터 배관작업까지 시간을 체크하며 작업합니다. E3 접지를 주의하여 결선하도록 합니다.
DAY 21~29	**작업형)** 공개문제 ⑩~⑱번 연습	✏️ **학습 Comment** LS(리미트스위치)가 들어가는 도면들을 넘버링부터 배관작업까지 시간을 체크하며 작업합니다. FLS보다 작업량이 조금 더 많으므로 4시간 내에 작업을 완료할 수 있도록 합니다.
DAY 30	최종 작업 및 공개문제 넘버링 연습	✏️ **학습 Comment** 공개문제 중 실수가 많이 발생했던 도면을 기준으로 최종 연습을 합니다. 마지막으로 공개문제 18문항 모두 넘버링을 연습하고 암기노트까지 확인한 후 마무리합니다.

"수학은 인간의 사고를 훈련시키는 도구다.
그것은 우리를 세상의 본질을 이해하도록 돕는다."
- 칼 프리드리히 가우스

공부를 하다보면 수학처럼 끊임없이 도전하고
풀어가야 할 문제들이 있을 것입니다.
하지만 그 문제들을 하나씩 해결해나가는 과정에서
점점 더 강해지고, 목표에 한 걸음 더 다가가게 됩니다.
'성공은 작은 단위에서부터 시작된다'는 가우스의 말처럼
매일의 노력이 결국 큰 성과로 이루어질 것입니다,

여러분의 합격이라는 새로운 시작을 위해 언제나 응원하겠습니다.

박너랑 드림

모아
전기기능사

 핵심이론 + 공개문제

모아합격전략연구소

목차

PART 01 실기 작업공구 · 13

세부내용

전동드릴 / 파이프 커터 / 스프링 벤더(16 [mm] 배관용 길이 1 ~ 1.2 [m] / 와이어 스트리퍼 / 벨테스터기 / 드라이버(양용드라이버 6ø) / 마스킹 테이프(5 [cm], 2.5 [cm]) / 자화기, 원형자석 / 제어판 자석(단자자석) / 드릴 비트(날) / 자(플라스틱, 철제 등)

PART 02 실기 자재 및 재료 · 19

세부내용

주회로 전선[L_1(갈), L_2(흑), L_3(회), PE(녹 + 황)], 보조회로(황색) / 플렉시블 전선관(CD관) / PE 전선관 / 케이블 / 커넥터 / 새들 / 단자대 / 파일럿 램프, 부저 / 푸쉬버튼 / 셀렉터스위치 / 컨트롤박스 / 정션박스(8각박스) / 제어판(400 × 420)

PART 03 실기 작업순서 · 25

세부내용

시퀀스넘버링 / 제어판 기구 배치 / 배관넘버링 및 제어판 기구넘버링 / 제어판 회로 결선 – 주전원선 / 제어판 회로 결선 – 보조 회로 전선 / 배관작업

PART 04 소켓 및 릴레이 접점의 이해 · 37

세부내용

a접점과 b접점 / 푸쉬버튼 a(NO)접점과 b(NC)접점, 셀렉터 스위치 a(NC)접점과 b(NO)접점 / 계전기의 동작원리 / 램프와 부저넘버링 / 자기유지 회로와 c접점 / c접점과 배관 공통선의 차이점 / 배선용 차단기와 퓨즈홀더 넘버링 / 소켓 베이스의 종류와 넘버링

PART 05 배관작업 · 53

세부내용

배관작업이란? / 단자대의 선처리(주회로와 케이블, FLS)

PART 06 넘버링 실전연습 ·········· 75

> **세부내용**
> 실전 노하우 편 / [배관공통선의 이해] – 배관공통선은 왜 사용해야 하는가? / [c접점의 이해] – c접점은 왜 사용해야 하는가? / [c접점의 이해] – c접점의 잘못된 예시와 사용하지 못하는 경우

PART 07 시퀀스제어 기초 문제풀이 ·········· 85

> **세부내용**
> 시퀀스제어의 기초회로 / 계전기, 제어판 기구 설명 및 넘버링

PART 08 시퀀스길찾기 문제풀이 ·········· 93

> **세부내용**
> '램프와 푸시버튼'의 넘버링 문제 / '8핀 릴레이'의 넘버링 문제 / '8핀 타이머, 8핀 플리커'의 넘버링 문제 / 'MC(Power Relay)'의 넘버링 문제 / 'EOCR'의 넘버링 문제

PART 09 공개문제 넘버링 연습 ·········· 127

> **세부내용**
> 공개문제 1 ~ 18번

PART 10 공개문제 답안지 ·········· 183

> **세부내용**
> 공개문제 1 ~ 18번

PART 11 시험자 유의사항 ·········· 239

전·기·기·능·사

Part 01
실기 작업공구

01 전동드릴

각종 단자 및 나사 쪼이거나 풀 때 사용

02 파이프 커터

배관공사 시 배관을 자를 때 사용

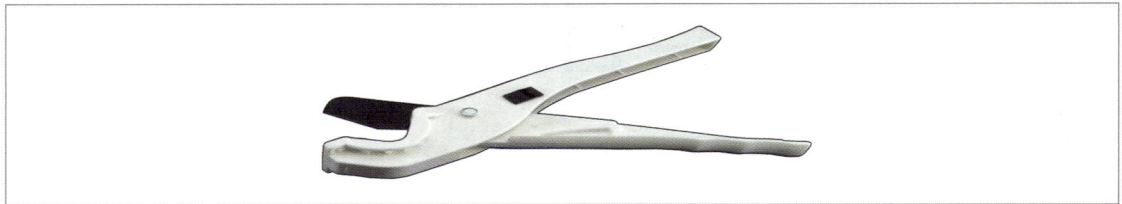

03 스프링 벤더(16 [mm] 배관용 길이 1 ~ 1.2 [m])

PE관을 구부릴 때 사용

04 와이어 스트리퍼

전선의 피복을 벗기거나 자를 때 사용

05 벨테스터기

회로의 연결을 도통테스트 할 때 사용

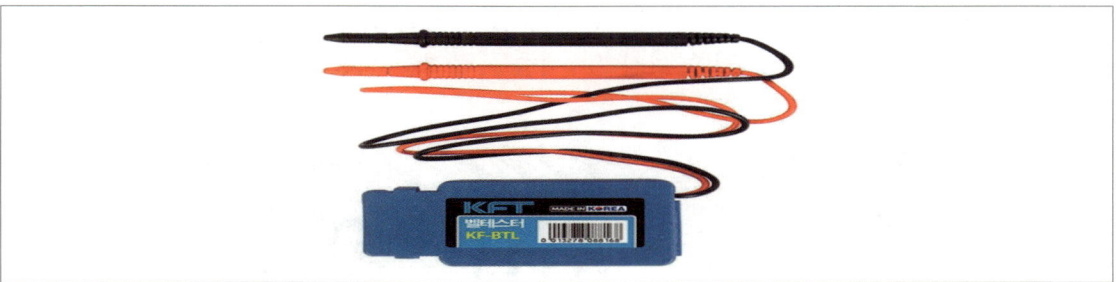

06 드라이버(양용드라이버 6ø)

각종 단자(나사)들을 쪼이거나 풀 때 사용

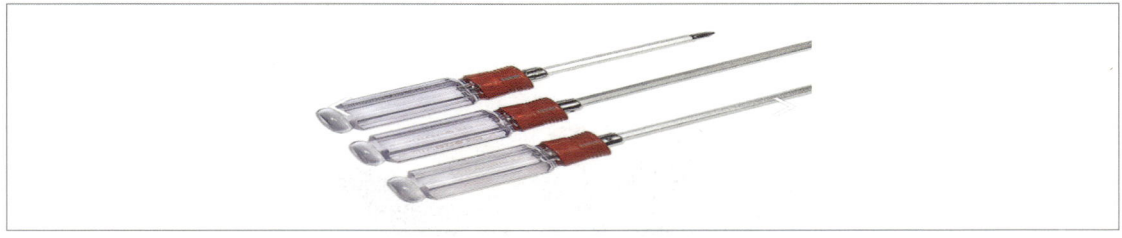

07 마스킹 테이프(5 [cm], 2.5 [cm])

① 5 [cm] 테이프 : 제어판 내부 5 [cm] 간격 표시 및 배관넘버링
② 2.5 [cm] 테이프 : 제어판 기구명칭 표시

08 자화기, 원형자석

① 자화기 : 드릴 비트에 장착하여 나사가 완전히 풀려도 날림 방지용으로 사용
② 원형자석 : 드릴에 부착하여 각종 나사 및 새들을 붙여놓는 용도로 사용

09 제어판 자석(단자자석)

효율적인 작업과 시간단축을 위해 3가닥 이상 배선 작업 시 사용

10 드릴 비트(날)

드릴에 장착하여 사용

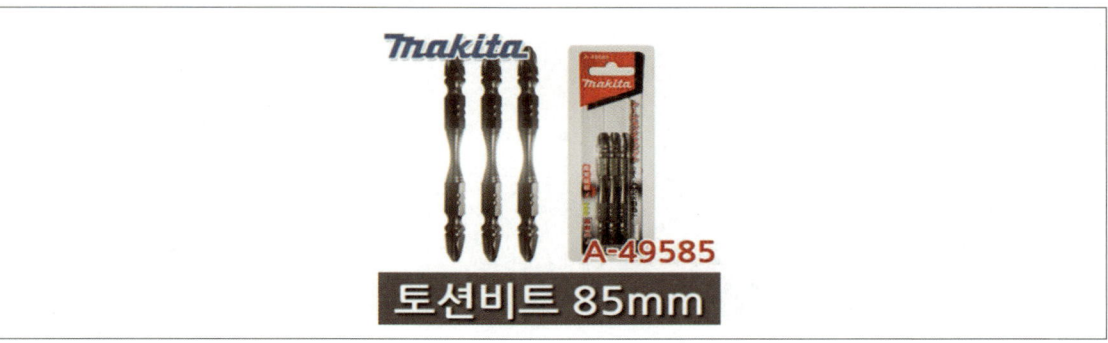

11 자(플라스틱, 철제 등)

배관작도 할 때 사용(원형이 아닌 변형·수정된 수제자는 사용할 수 없음)

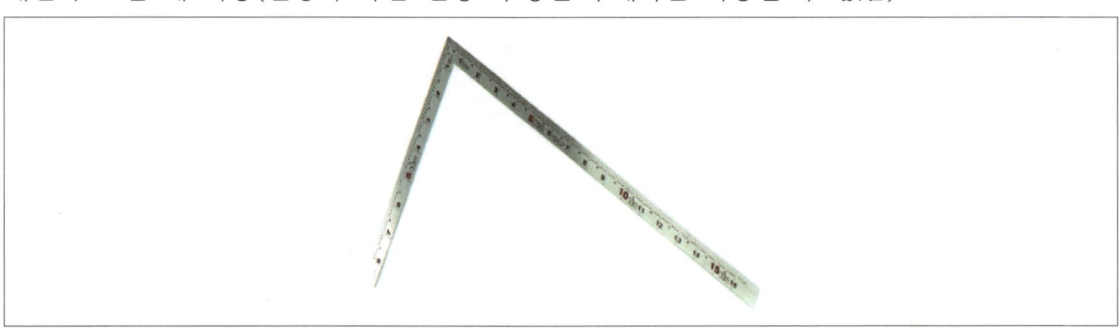

모아바 www.moa-ba.com
모아소방전기학원 www.moate.co.kr

전·기·기·능·사

Part 02

실기 자재 및 재료

01 주회로 전선[L₁(갈), L₂(흑), L₃(회), PE(녹 + 황)], 보조회로(황색)

제어판 및 배관공사 배선 작업에 사용

02 플렉시블 전선관(CD관)

가요성이 좋으나 입선 작업이 어려우며 배관공사에 사용

03 PE 전선관

가요성이 나빠 스프링밴더를 사용하여 작업해야하며 배관공사에 사용

04 케이블

피복은 배관 역할, 안의 전선은 주회로 전선 역할을 하며 배관공사에 사용
※ 주회로 색상(갈, 흑, 회, 녹)과 동일

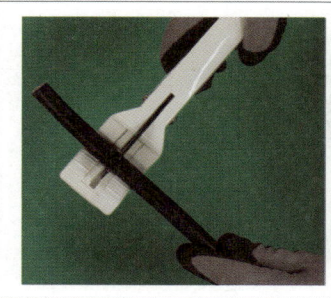  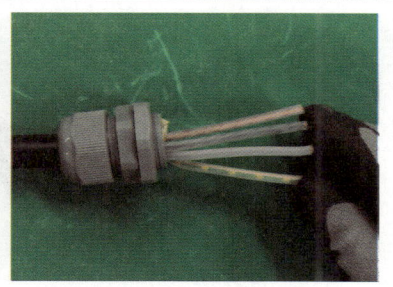

05 커넥터

배관공사에서 배관과 박스(함)를 접속할 때 사용

06 새들

배관을 지지할 때 사용(일반 배관용과 케이블용이 있다)

07 단자대

- 4P, 10P 단자대가 있으며 제어판과 배관공사에 사용
- 배관이 연결되는 터미널 또는 전선 쇼트용으로 사용

08 파일럿 램프, 부저

회로의 동작표시용으로 사용

09 푸쉬버튼

수동버튼으로써 회로의 동작·정지 제어용으로 사용

※ 푸시버튼은 두 개의 버전으로 사용됨

10 셀렉터스위치

레버의 방향에 따라 회로를 수동제어, 자동제어하기 위해 사용

11 컨트롤박스

램프, 푸쉬버튼 등 제어용 기구를 커버에 부착하여 고정시키는 용도로 배관공사에 사용

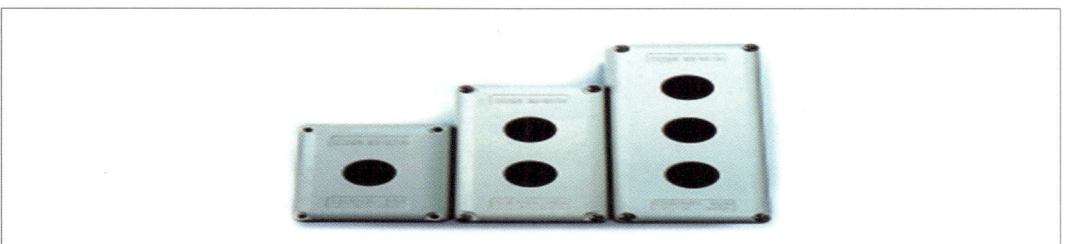

12 정션박스(8각박스)

배선작업을 용이하기 위해 배관과 배관이 연결되는 분기되는 지점에 설치

13 제어판(400 × 420)

현장에서는 제어함이라고도 하며 배선작업을 하는 나무판

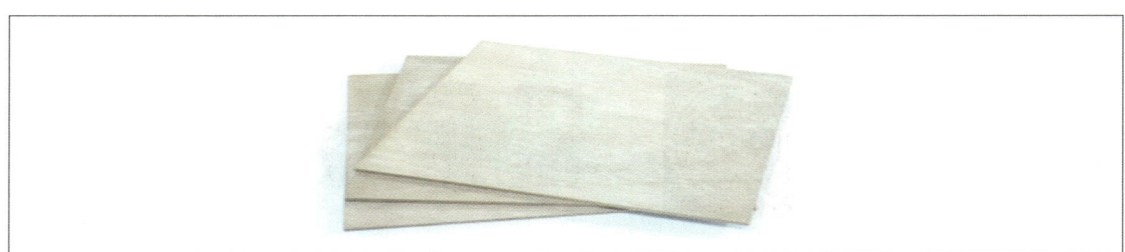

전·기·기·능·사

Part 03
실기 작업순서

01 시퀀스넘버링

계전기 내부 결선도의 접점을 확인하여 결선을 쉽게 하기 위해 시퀀스도면에 단자 번호를 표기하는 작업

1 시퀀스도면(회로도)

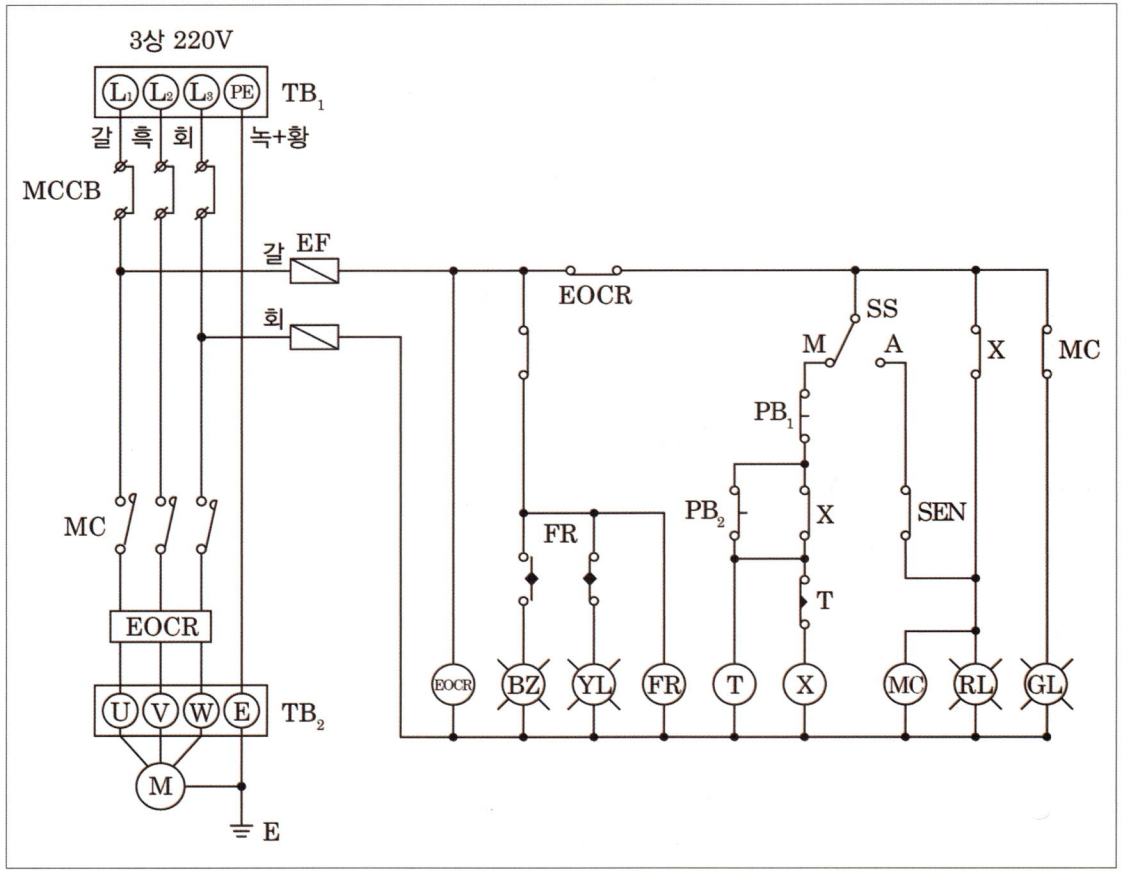

2 계전기 내부 결선도

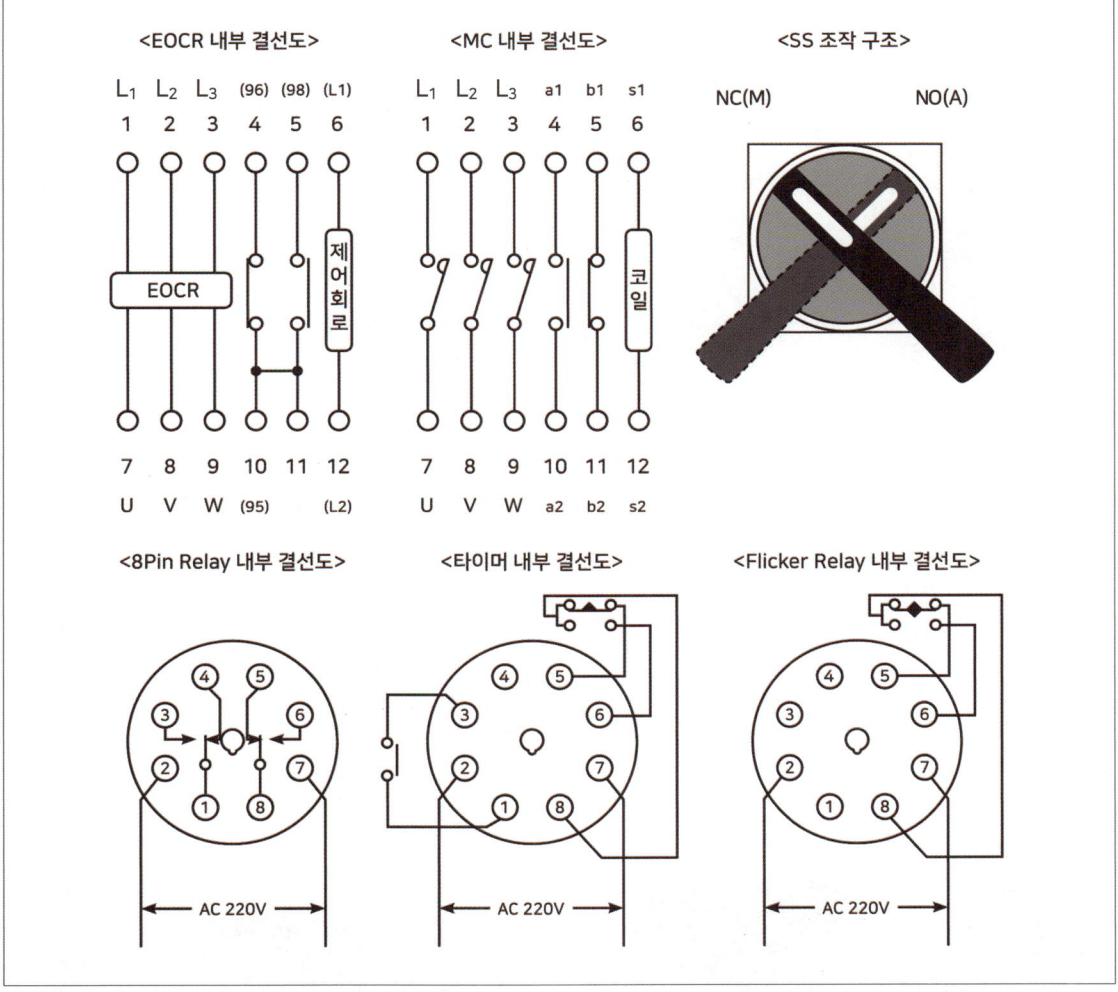

02 제어판 기구 배치

"제어판 기구 배치도"의 치수를 확인하여 제어판 내부의 기구 배치 및 고정한 뒤 소켓의 정방향과 허용오차 범위를 벗어나지 않게 작업하는 것이 중요함

03 배관넘버링 및 제어판 기구넘버링

배관넘버링이란 제어판 내부와 배관 컨트롤박스에 사용하는 기구들이 동작(연동)을 시키기 위해서 전선 연결이 되어야 하는 부분을 어떻게 배선작업을 해야 하는지 글자로 기입하는 것

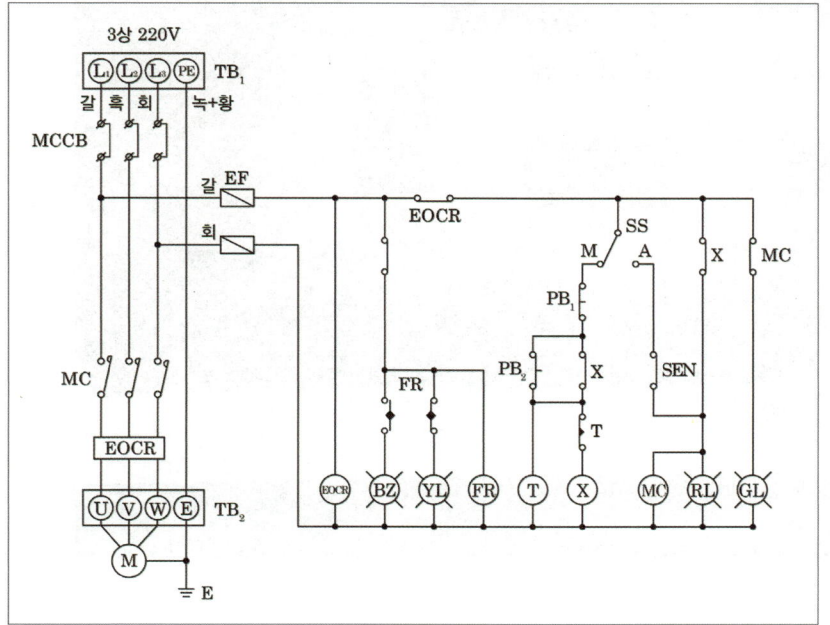

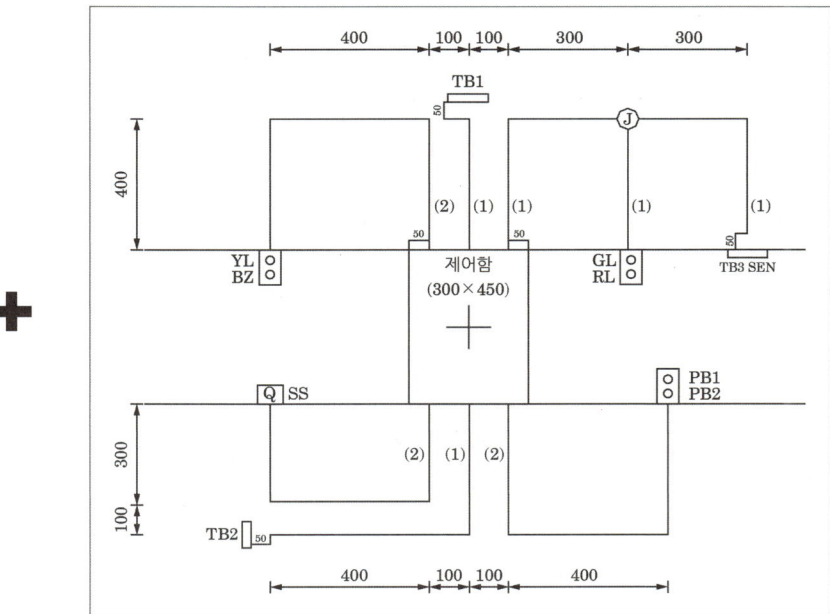

[배관넘버링을 표기하는 사진]

04 제어판 회로 결선 – 주전원선

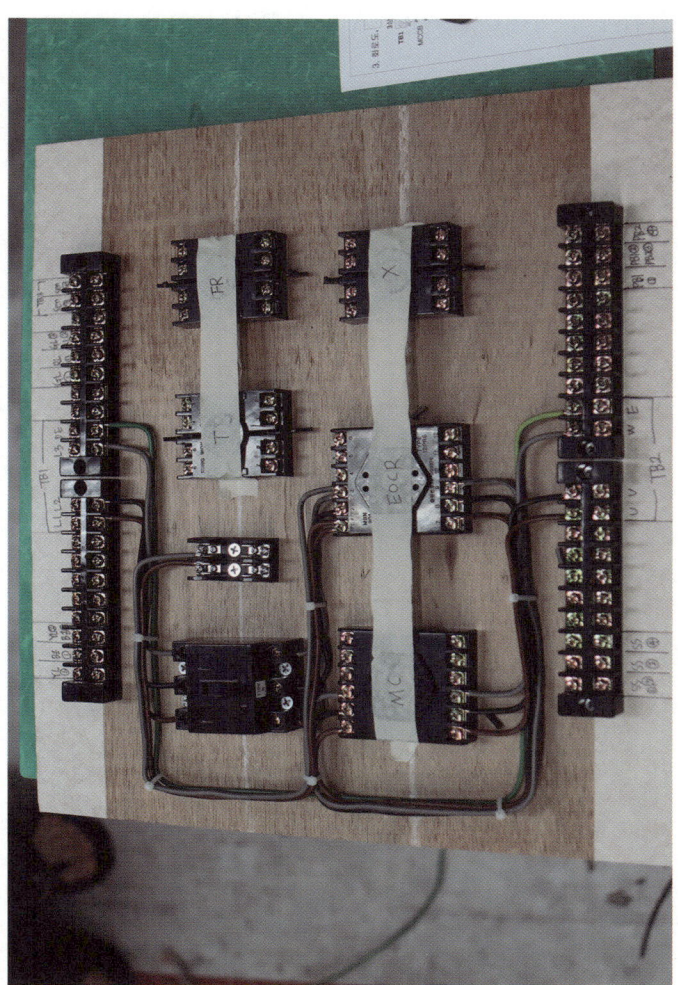

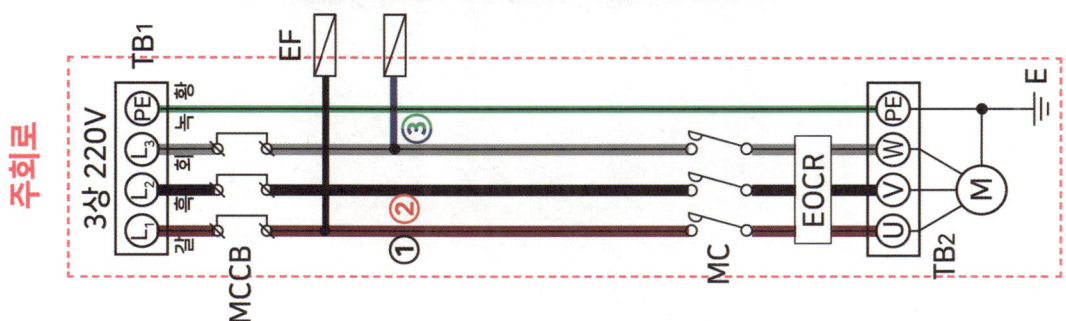

05 제어판 회로 결선 - 보조 회로 전선

R(L₁)상에서 T(L₃)상(위에서 아래)으로 순서대로 배선작업 진행

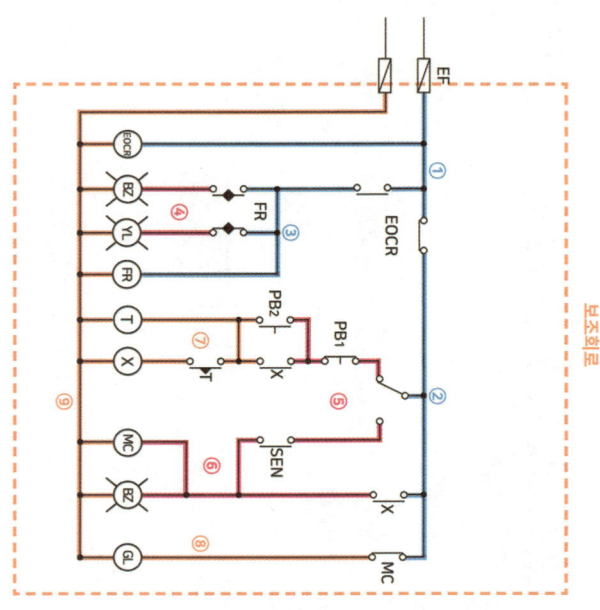

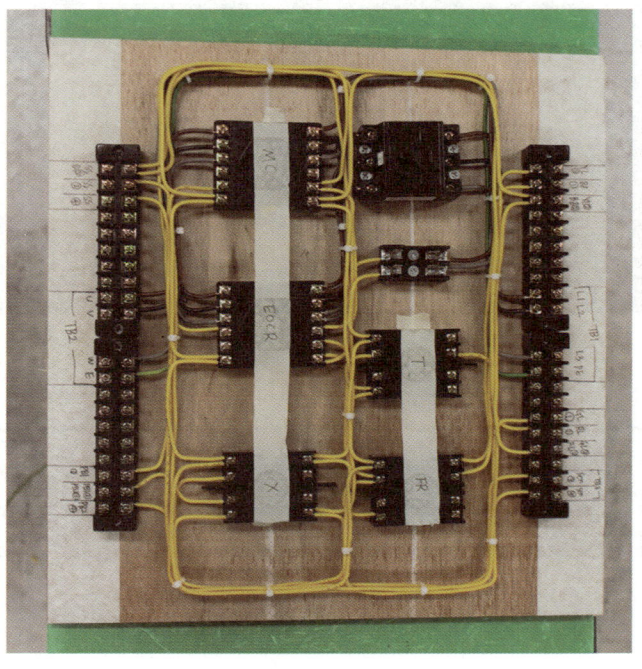

06 배관작업

배관길이와 배관 종류, 램프 색, 새들간격, 단자대와의 이격거리 등을 잘 확인하여 작업을 진행

1 배관 및 기구 배치도

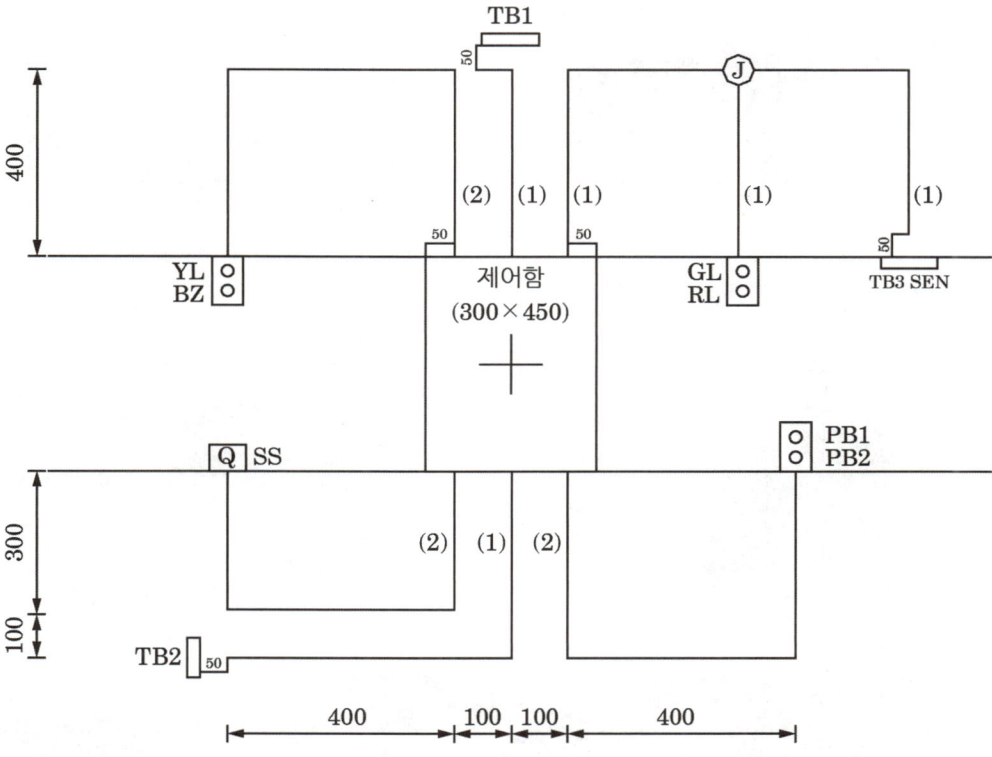

2 배관작업 순서

(1) 배관작도

(2) 기구부착

(3) 새들 간격 표시

(4) 새들 및 전체 부착

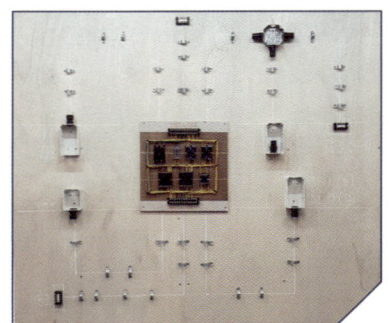

(5) 배관부착

(6) 요소작업

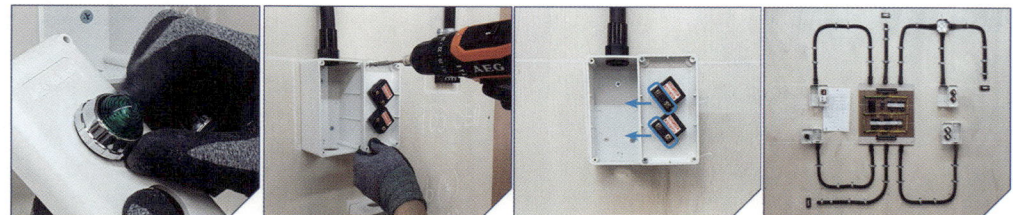

(7) 전선입결선

(8) 최종점검

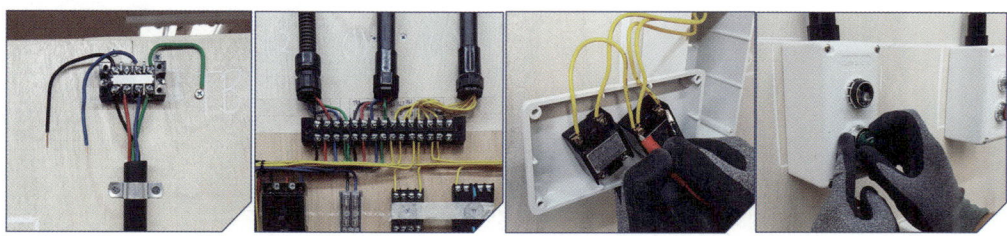

전·기·기·능·사

Part 04
소켓 및 릴레이 접점의 이해

01 a접점과 b접점

1 a접점(Normal Open)

평상시에는 접점이 열려 있어 전기가 흐르지 못함. 다만 해당 a접점의 계전기가 "여자"가 되면 가동접점에 의해 접점이 닫혀 전기가 흐르게 됨

→ 계전기가 여자되면 회로를 동작시키는 용도로 사용

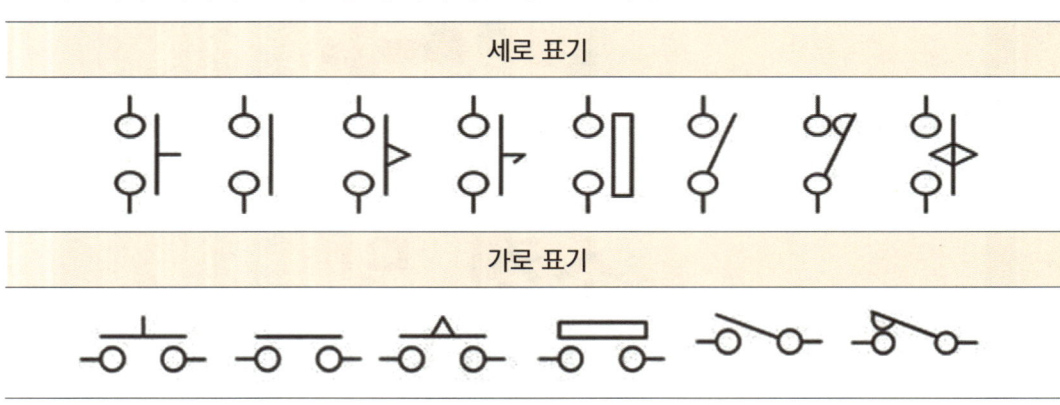

2 b접점(Normal Close)

평상시에는 접점이 닫혀 있어 전기가 흐름. 다만 해당 b접점의 계전기가 "여자"가 되면 가동접점에 의해 접점이 열려 전기가 흐르지 못하게 됨

→ 계전기가 여자되면 회로를 차단하는 용도로 사용

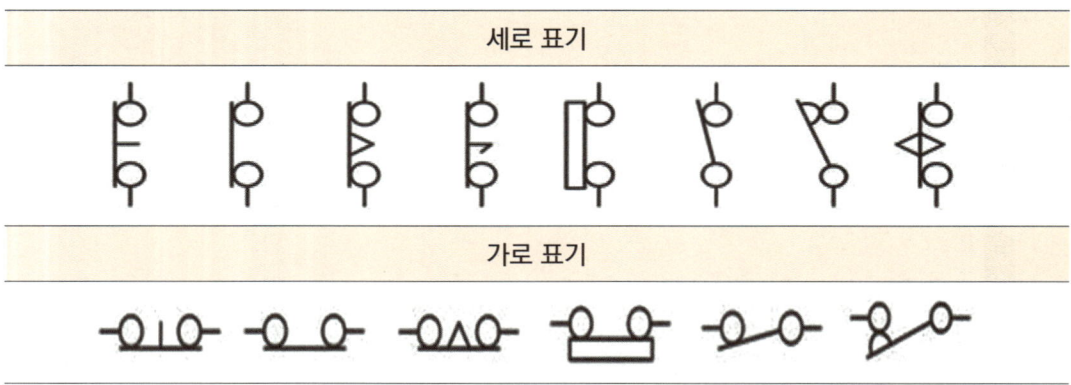

3 a접점과 b접점의 동작 차이점

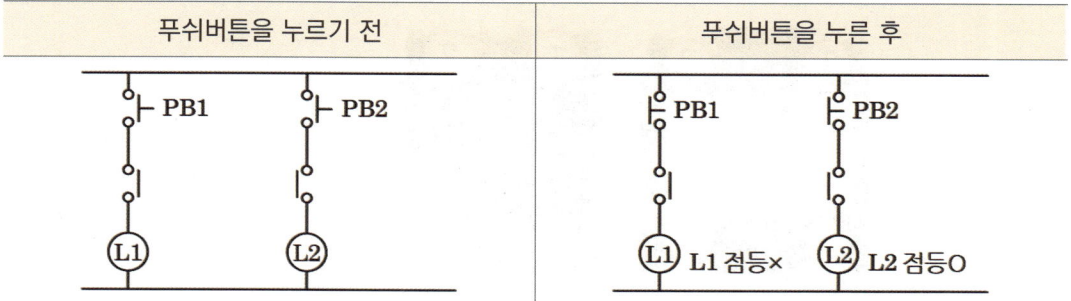

푸쉬버튼을 누르기 전	푸쉬버튼을 누른 후
PB1, PB2, L1, L2	PB1, PB2, L1 점등×, L2 점등○

02 푸쉬버튼 a(NO)접점과 b(NC)접점, 셀렉터 스위치 a(NC)접점과 b(NO)접점

푸쉬버튼은 수동조작 자동복귀의 동작원리를 가지고 있음

1 푸시버튼 동작원리

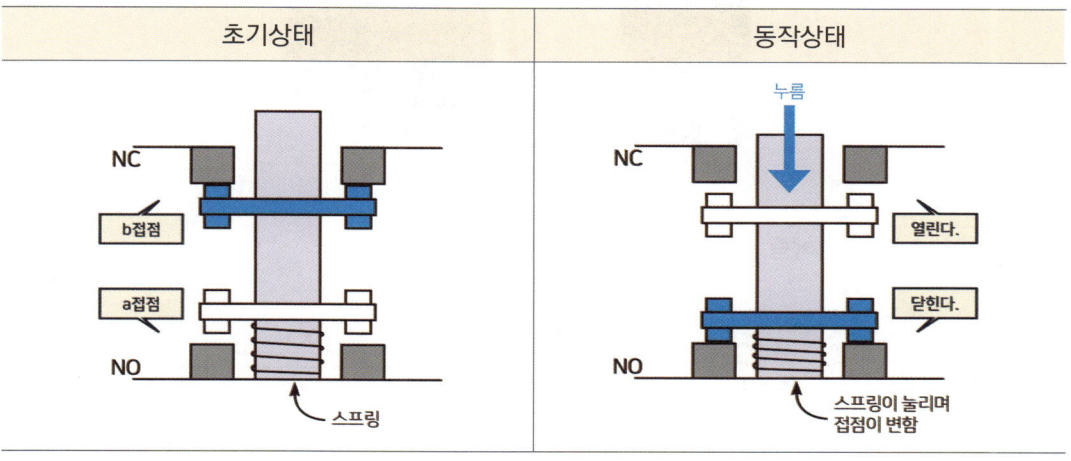

Part 04. 소켓 및 릴레이 접점의 이해

2 푸시버튼 넘버링

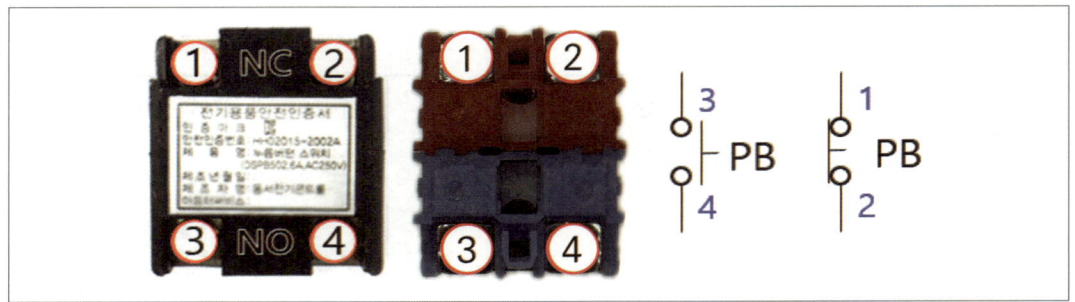

3 셀렉터 스위치 실제 결선

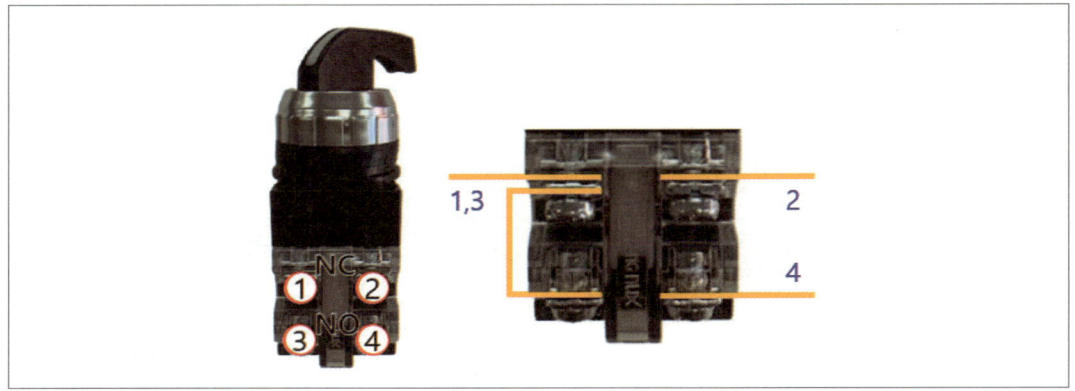

4 셀렉터 스위치 넘버링

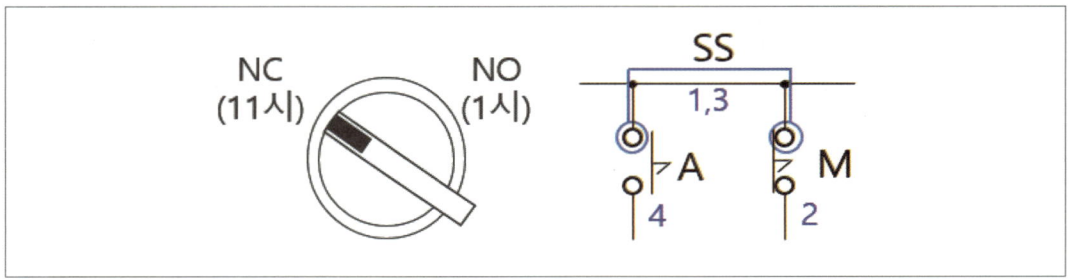

03 계전기의 동작원리

도면상의 계전기 전원(출력)부는 그림과 같이 도면에 표기됨

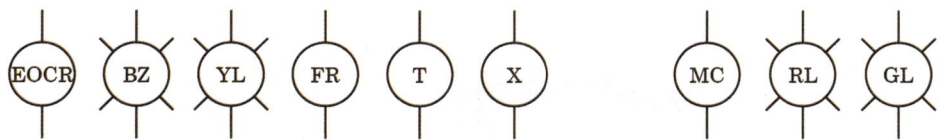

여자 : 계전기의 전원이 공급되면 동작(자석화)하는 현상

1 계전기의 전원이 인가될 때 접점의 변화

열려 있던 가동접점이 전원이 인가되면 닫힘

[계전기 사진]

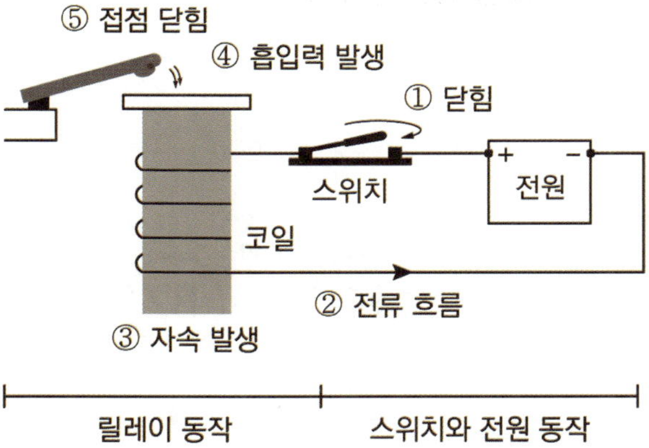

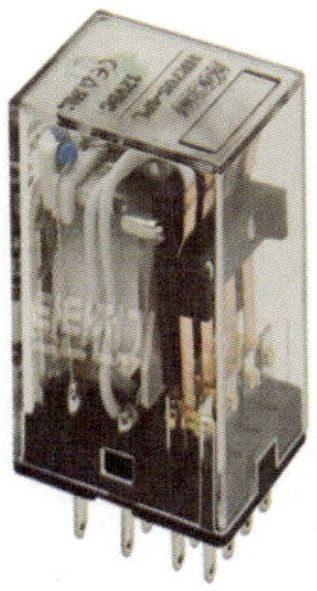

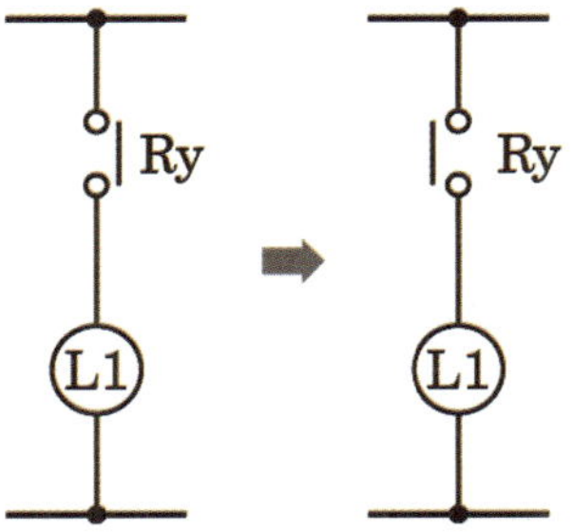

04 램프와 부저넘버링

1 램프와 부저구조

2 램프와 부저넘버링

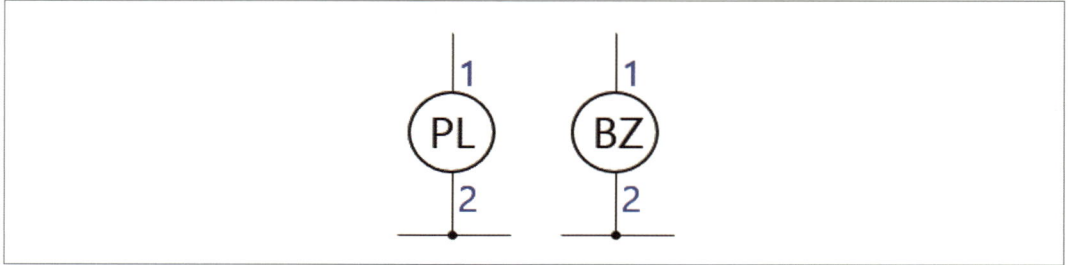

05 자기유지 회로와 c접점

1 자기유지와 c접점의 대한 설명

(1) 푸쉬버튼(PB1)을 누르기 전

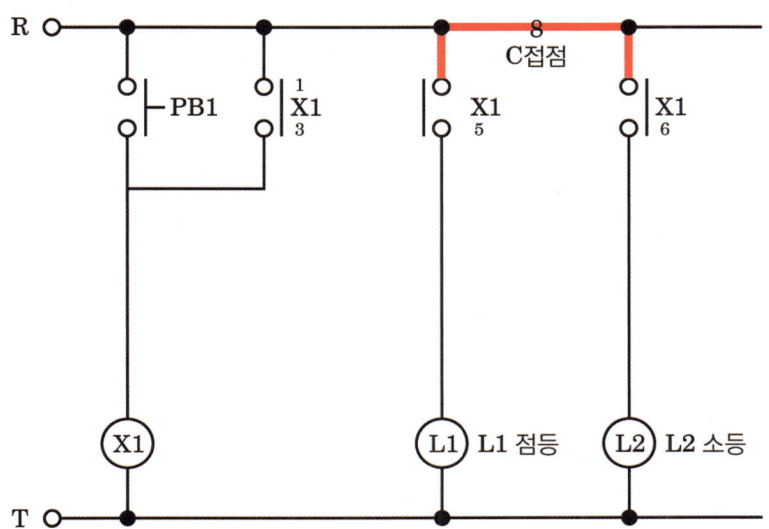

(2) 푸쉬버튼(PB1)을 눌렀을 때

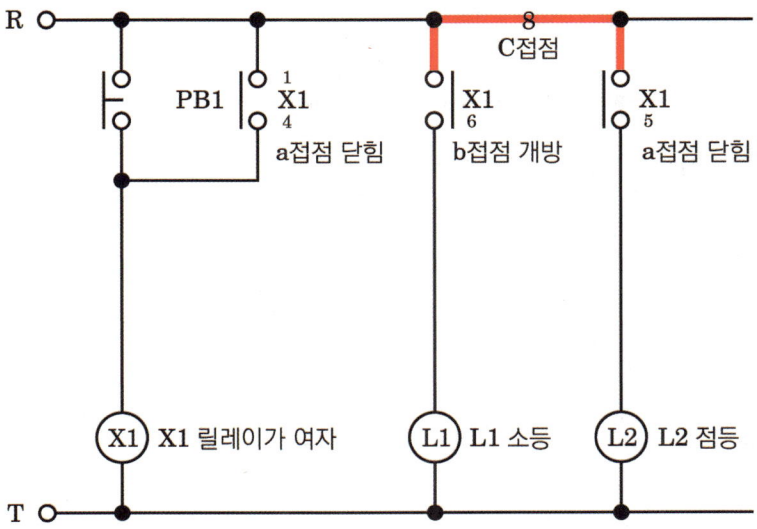

(3) 푸쉬버튼(PB1)을 눌렀다 뗐을 때

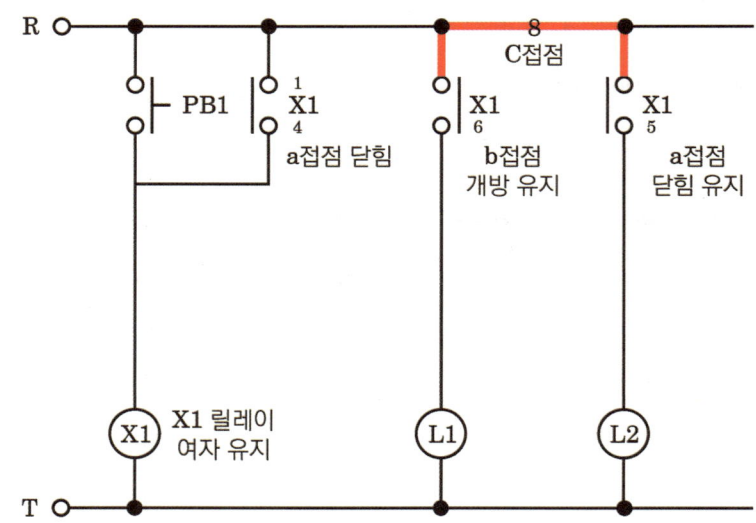

06 c접점과 배관 공통선의 차이점

- c접점은 제어판 내에 같은 소켓(기구)명칭, 소켓(기구)번호가 같은 경우에만 사용 가능(단, 접점이 a + b 또는 b + a접점이 성립되야 함)
- 배관공통선은 배관 밖에 위치한 램프, PB 등 서로 다른 기구명과 기구번호가 틀려도 공통선을 부여할 수 있음

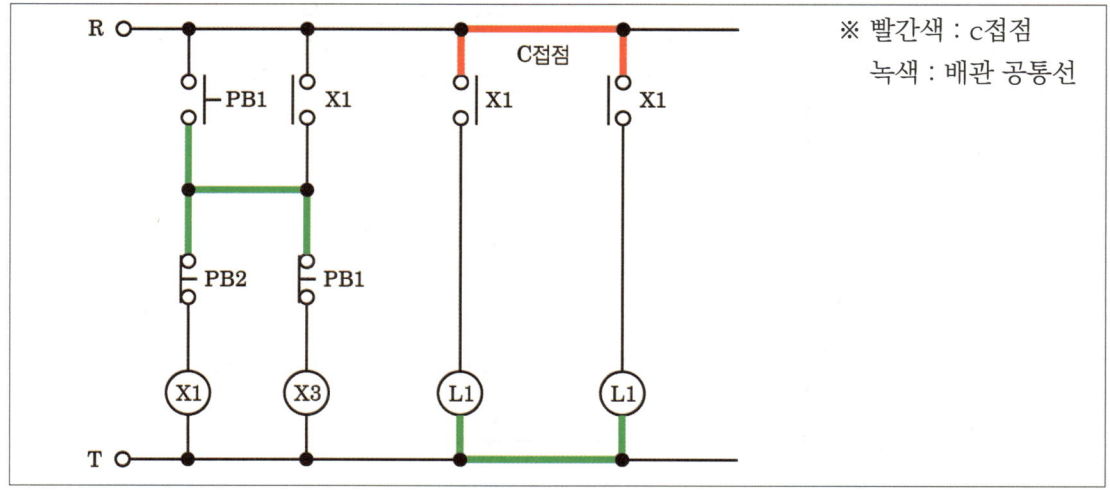

07 배선용 차단기와 퓨즈홀더 넘버링

1 배선용 차단기(MCCB)

주회로에서 회로 개폐용으로 사용

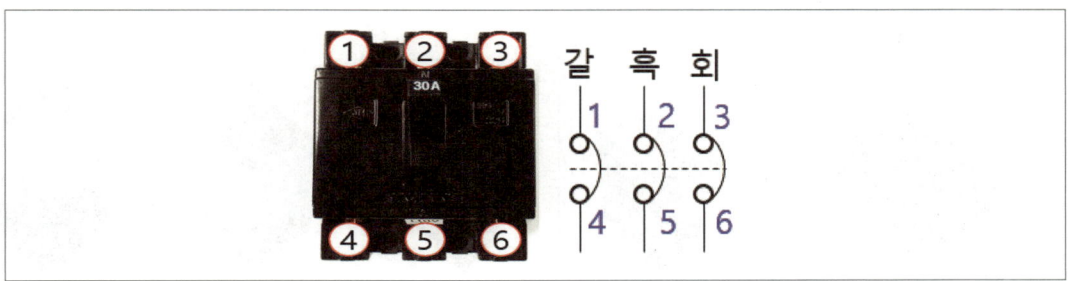

2 퓨즈홀더

주회로(1차 측)와 보조회로(2차 측)을 연결

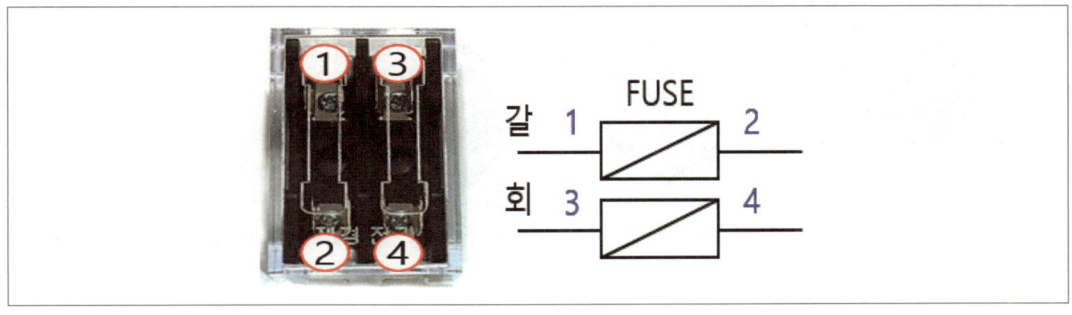

08 소켓 베이스의 종류와 넘버링

1 소켓 베이스와 계전기

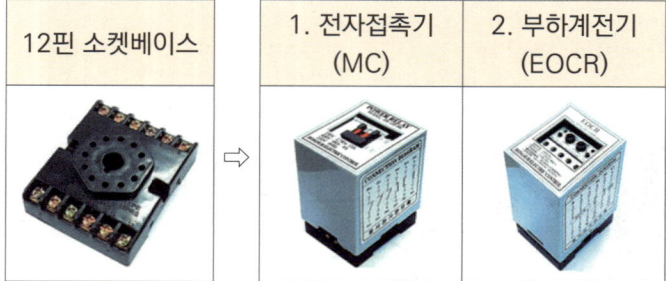

※ 똑같은 소켓베이스를 사용하더라도 장착되는 계전기의 내부접점이 틀리기 때문에 계전기 내부 결선도를 확인하여 넘버링해야 함

2 8핀 릴레이 넘버링

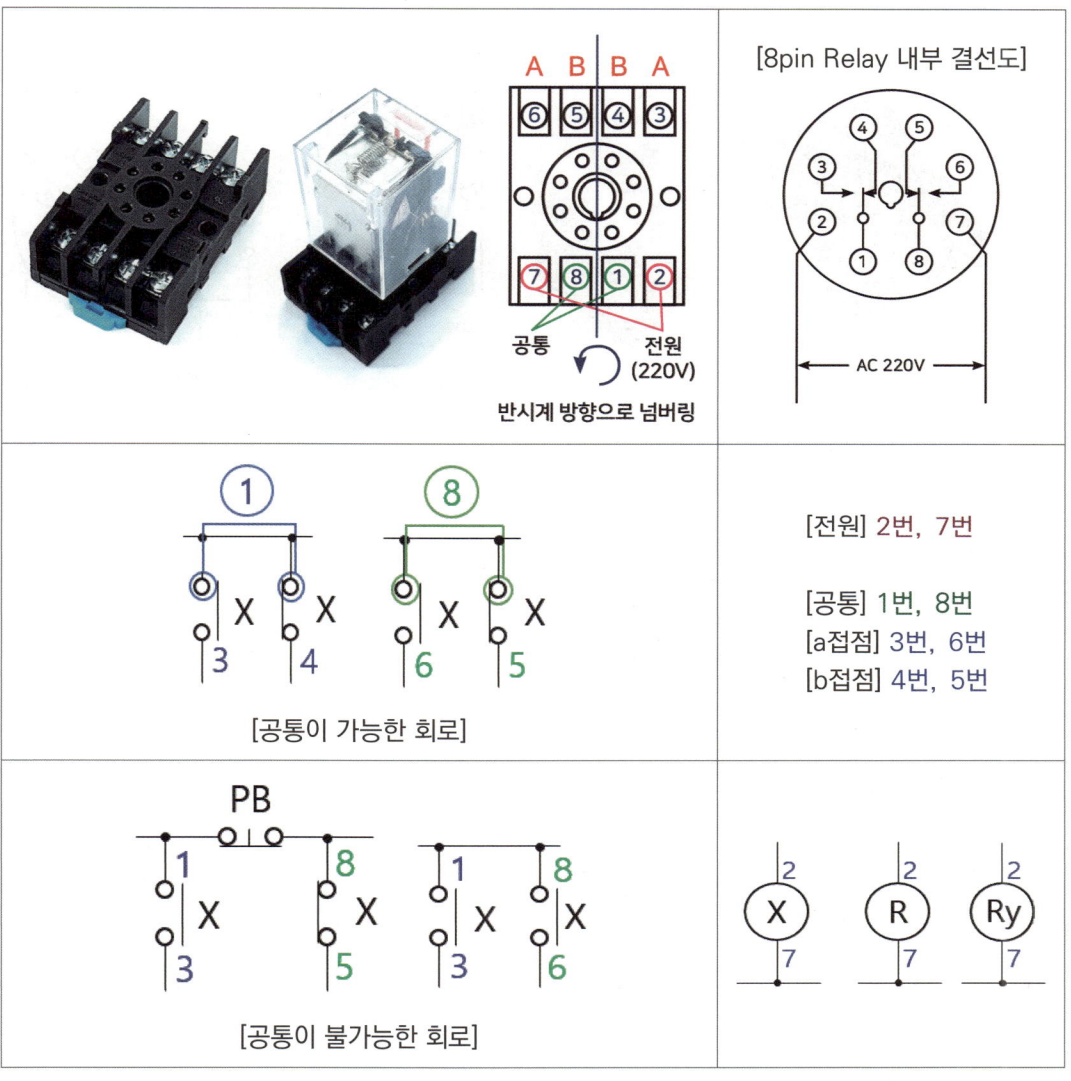

3 8핀 타이머 넘버링

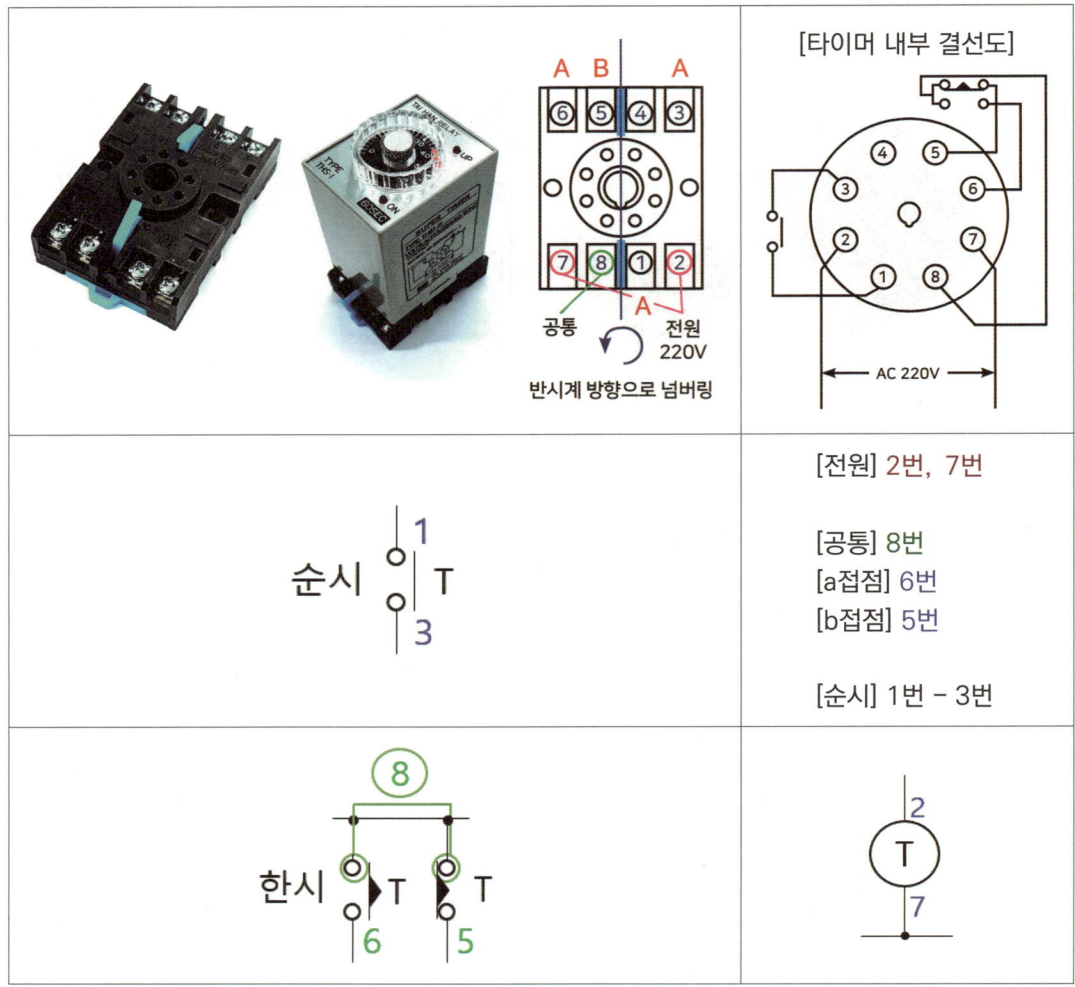

4 8핀 플리커 넘버링

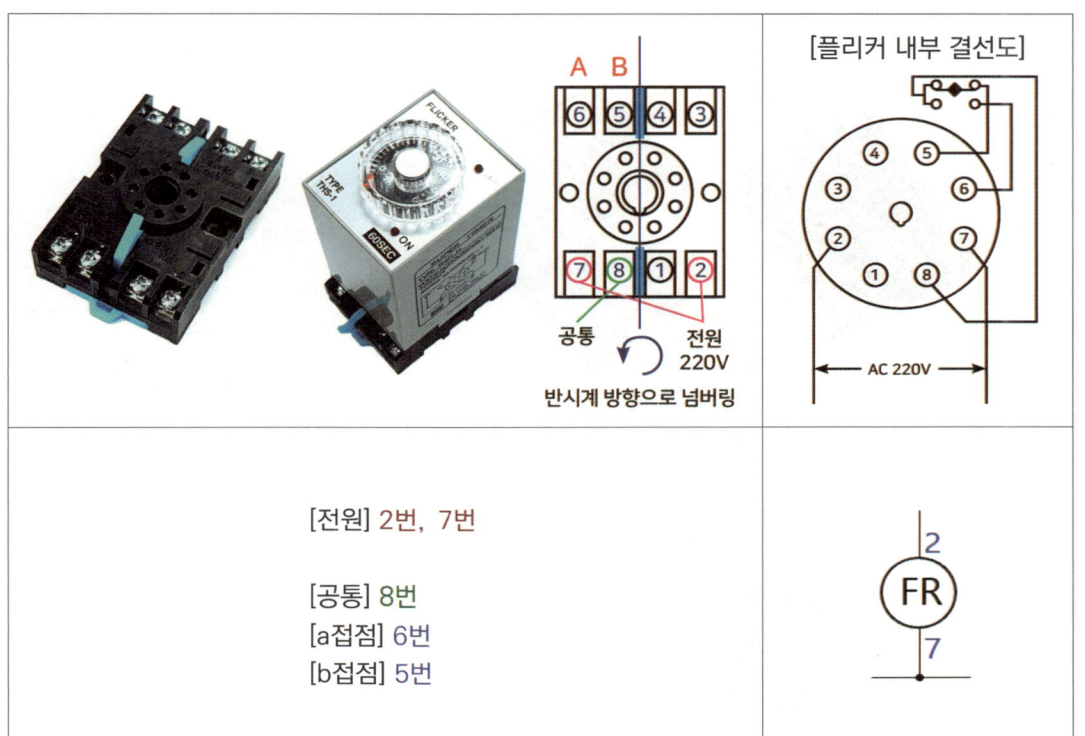

[전원] 2번, 7번

[공통] 8번
[a접점] 6번
[b접점] 5번

5 8핀 수위계전기 넘버링

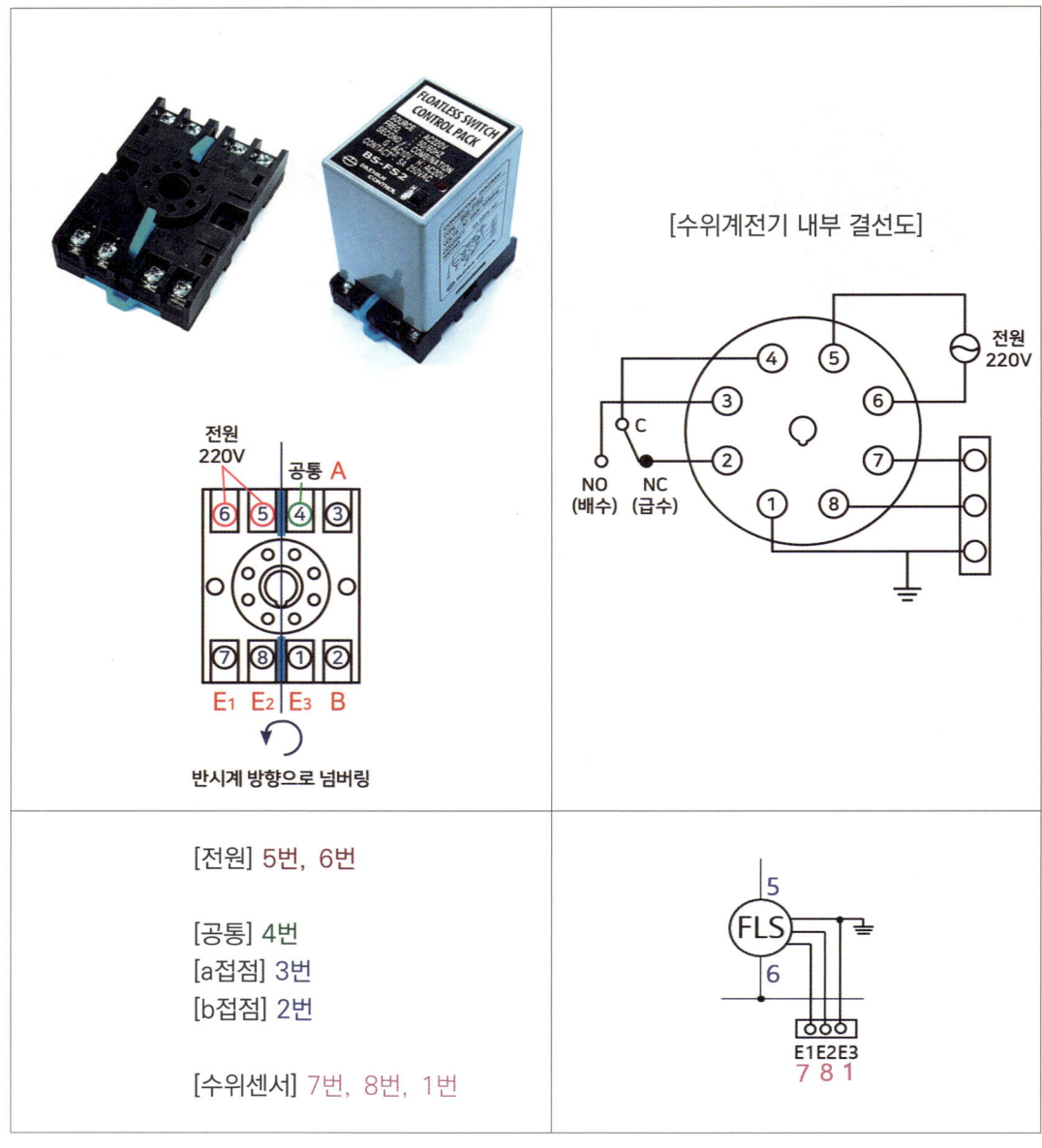

[전원] 5번, 6번

[공통] 4번
[a접점] 3번
[b접점] 2번

[수위센서] 7번, 8번, 1번

6 12핀 전자접촉기 넘버링

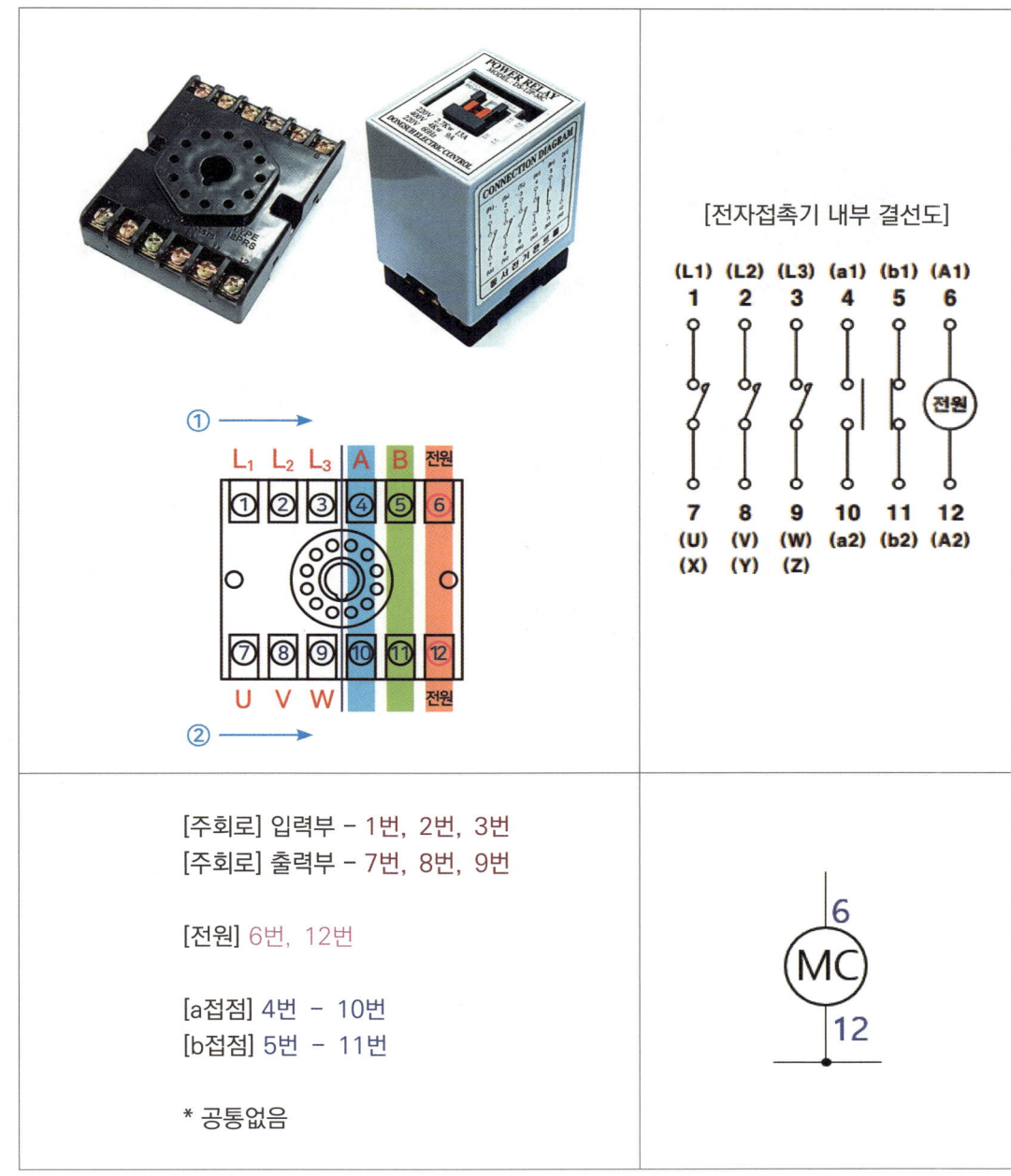

[주회로] 입력부 – 1번, 2번, 3번
[주회로] 출력부 – 7번, 8번, 9번

[전원] 6번, 12번

[a접점] 4번 – 10번
[b접점] 5번 – 11번

* 공통없음

7 12핀 전자과부하계전기 넘버링

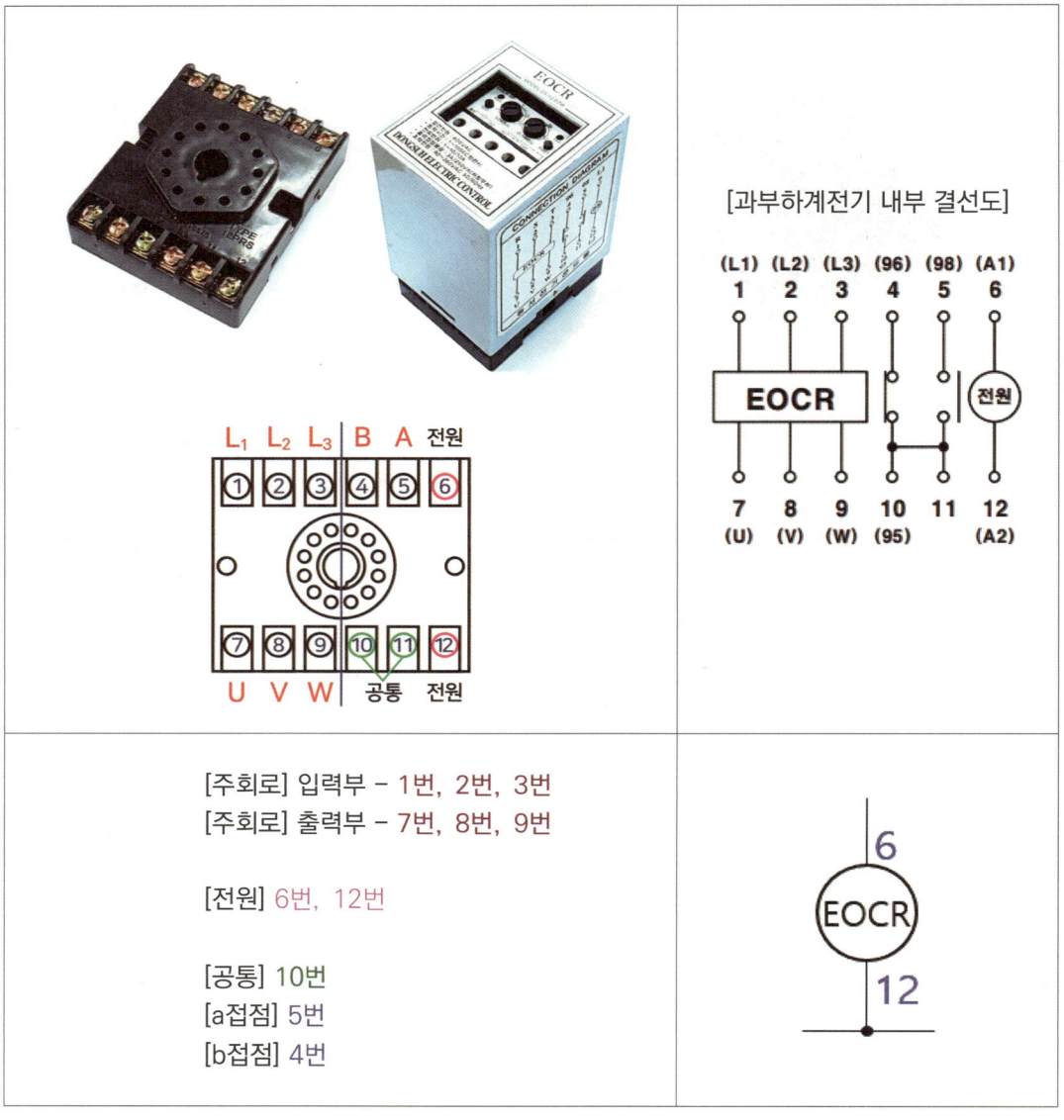

[주회로] 입력부 – 1번, 2번, 3번
[주회로] 출력부 – 7번, 8번, 9번

[전원] 6번, 12번

[공통] 10번
[a접점] 5번
[b접점] 4번

전·기·기·능·사

Part 05
배관작업

01 배관작업이란?

배관작업은 여러 가지 단계로 나누어진다. 배관의 제도, 배관의 부착, 박스 및 기구의 부착, 전선의 입선과 결선 등으로 나누어진다. 이 외의 세부적인 내용은 이후 각 단계를 설명하면서 설명하려고 한다.

[필요 공구 목록]
1) 자(50~80 [cm])   2) 백색 분필   3) 스프링밴더
4) 전동드릴   5) 와이어 스트리퍼   6) 파이프커터

1 배관제도

(1) 제어판을 작업판에 고정시킨다. 일반적으로 가슴 높이 정도가 작업에 가장 적합하다.

TIP 제어판의 높이는 작업자의 신체조건에 맞게 가장 편한 위치에 부착하면 된다. 다만 키가 큰 작업자의 경우 제어판을 높게 달면 작업판의 상단부 공간이 부족할 수 있으므로 도면을 고려하여 부착 위치를 정해야 한다.

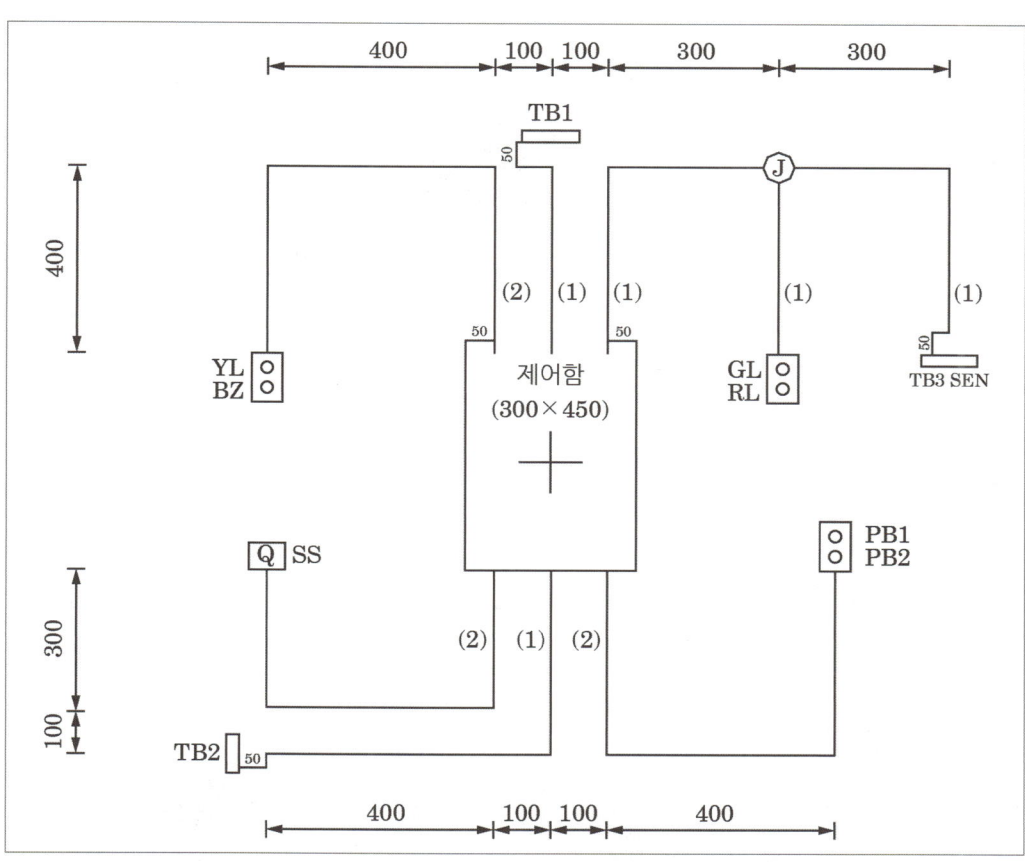

(2) '배관 및 기구 배치도'를 확인하고 '자'와 '백색 분필'을 이용하여 작업판에 제도를 한다. 최대한 수직과 수평을 맞춰 그릴 수 있도록 한다.

(3) 배관제도가 끝나면 각 '배관 및 기구 배치도'에 기재되어 있는 배관의 종류를 기입한다.

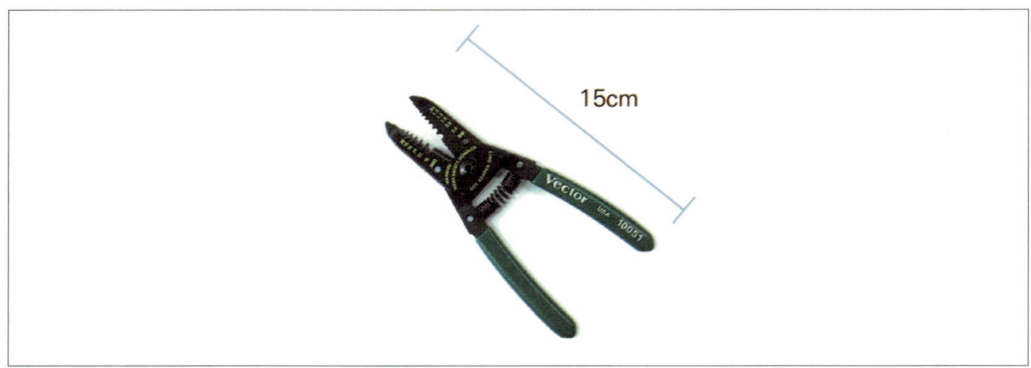

(4) 배관제도 위에 새들의 위치를 제도한다.
　→ 새들의 위치는 배관이 꺾이는 끝단을 기준으로 15 [cm] 간격으로 설치한다.
　→ '단자대 혹은 기구'와 만나는 배관의 끝부분으로부터 3 [cm] 위치에 설치한다.

(5) 새들설치 간격의 측정은 '자'를 이용하는 것이 아니라 '와이어 스트리퍼'를 이용한다.
　→ '와이어 스트리퍼'의 끝과 끝은 약 15 [cm]이기 때문에 '와이어 스트리퍼'를 사용하면 쉽게 제도가 가능하다.

(6) '배관 및 기구 배치도'를 보면 기구 및 단자대 부분은 배관 끝과 단자대 간의 이격거리 50 [mm]가 적혀 있다. '와이어 스트리퍼'의 전체 길이는 약 15 [cm], 그 반절은 약 7.5 [cm]이다. 단자대에 '와이어 스트리퍼'의 끝을 붙이고 사선의 절반 정도에 제도를 하게 되면 분필의 두께로 인해 약 8 [cm]의 위치에 제도가 된다.

(7) 따라서 이격거리 5 [cm]와 배관 끝단으로부터 3 [cm] 뒤에 새들을 부착하게 되기 때문에 '와이어 스트리퍼'의 길이의 절반에 제도를 하게 되면 조건을 쉽게 충족시킬 수 있다. (단, '와이어 스트리퍼'는 '일반적인 와이어 스트리퍼'를 사용해야 한다. '만능 스트리퍼', '다기능 스트리퍼' 등은 길이가 달라질 수 있다)

 [새들의 위치 3 [cm], 15 [cm]?]

'내선규정 2220-6 관 및 부속품의 연결과 지지'

2. 합성수지관을 새들 등으로 지지하는 경우는 그 지지점간의 거리를 1.5 [m] 이하로 하고 그 지지점은 관의 끝, 관과 박스의 접속점 및 관 상호 접속점에서 가까운 곳에 시설하여야 한다(판단기준 183).
[주 1] 가까운 곳이란 0.3 [m] 정도가 바람직하다.
[주 2] 합성수지제 가요관인 경우는 그 지지점 간의 거리를 1 [m] 이하로 한다.

위의 내용은 내선규정에 '합성수지관의 지지'에 관한 내용을 발췌한 것이다. 시험장은 실제현장이 아닌 모의 작업장이기 때문에 실제 규정의 '1/10'으로 축소하여 작업을 진행한다. 그로 인해 '1.5 [m]'는 '15 [cm]', '0.3 [m]'는 '3 [cm]'로 변경이 되는 것이다.

(8) 박스와 단자대가 들어갈 위치를 제도한다. 제도한 박스와 단자대는 각각의 명칭을 작성한다.

(9) 박스의 경우 푸시버튼, 램프, 부저 등 각각 들어가는 기구의 명칭을 옆에 기입하고 각각의 색상과 a접점, b접점을 표기해주면 작업에 편리하다.

2 박스 및 기구 부착

(1) 제도한 곳에 박스와 단자대를 부착한다.

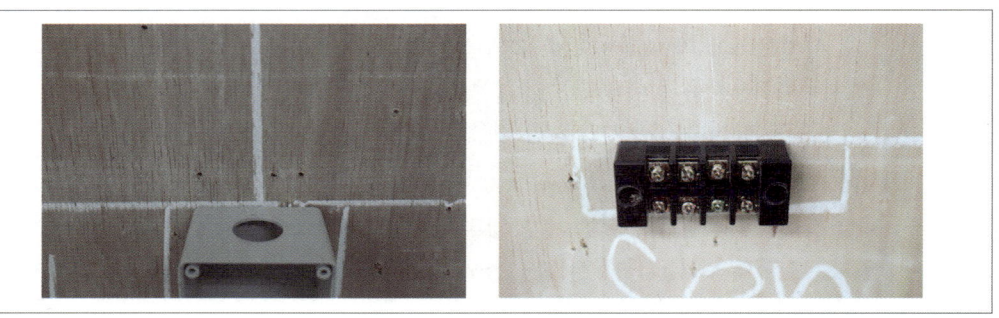

(2) 박스와 단자대는 배관이 부착될 곳을 제도한 선이 중앙에 위치하도록 부착한다.

3 새들 부착

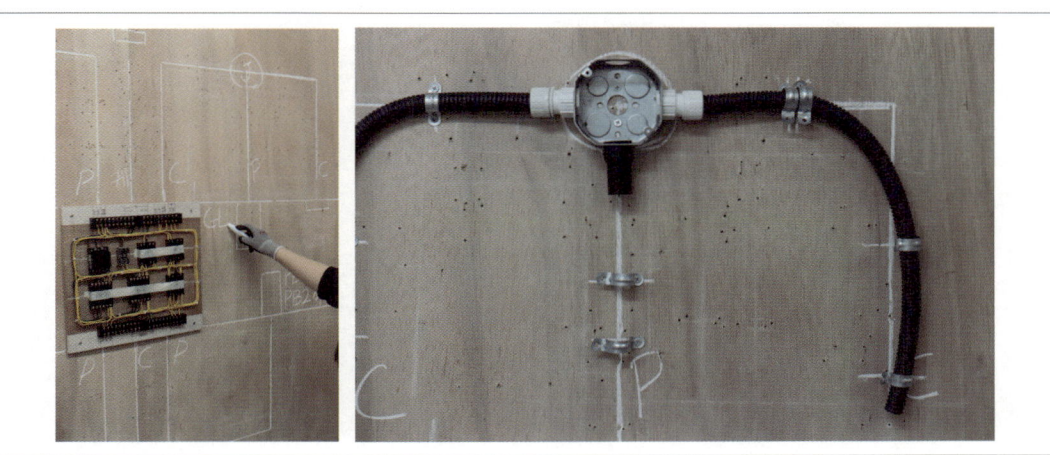

(1) 새들은 검지를 새들의 안쪽에 집어 넣어 고정한 후 배관의 제도 바깥 부분에 나사못을 사용하여 고정한다.

(2) 배관의 제도의 바깥 부분에 나사못으로 고정하는 이유는 배관작업 시 배관이 바깥으로 튀어 나가 작업에 방해가 되지 않도록 하는 장치가 된다.

4 커넥터 부착

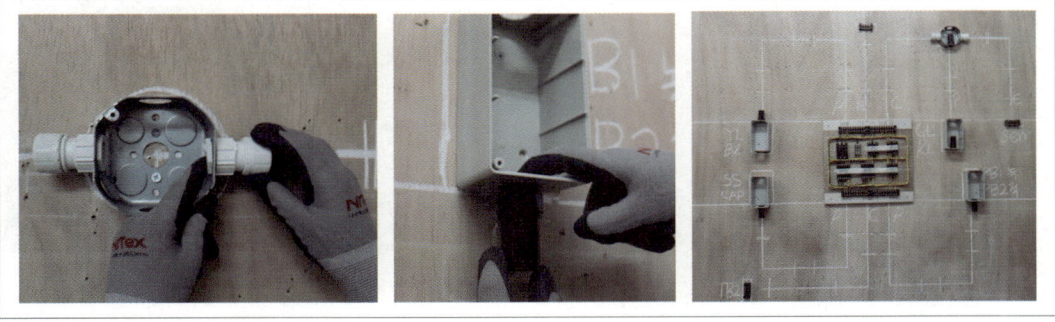

(1) 배관제도를 확인하며 커넥터를 부착한다. 이때 '정션 박스'가 있다면 '정션 박스'와 '컨트롤 박스' 사이에는 1개의 커넥터만을 부착해 놓는다.

(2) 제어함과 박스 사이는 배관설치가 쉽지만 박스와 박스 사이에 배관에 커넥터 2개가 모두 부착되어 있을 경우 배관설치가 힘들다.

5 PE 전선관 설치

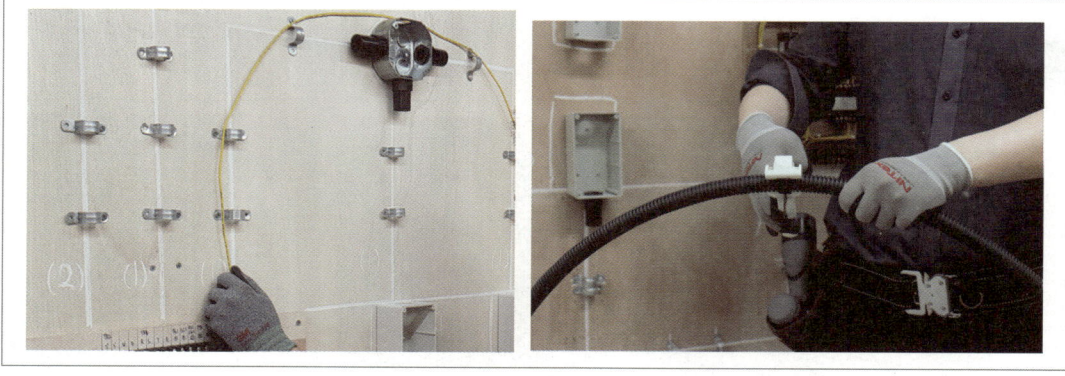

(1) 전선을 이용하여 PE관의 길이를 재는 방법도 있으며 PE배관을 배관작도 한 부분에 대고 길이를 확인하여 절단하는 방법도 있다.

(2) 아래 그림과 같이 절단한 배관에 스프링 벤더를 넣고 허벅지를 이용하여 반듯하게 펴준 뒤 무릎을 이용하여 배관이 꺾이는 길이에 맞춰 직각으로 구부린다.

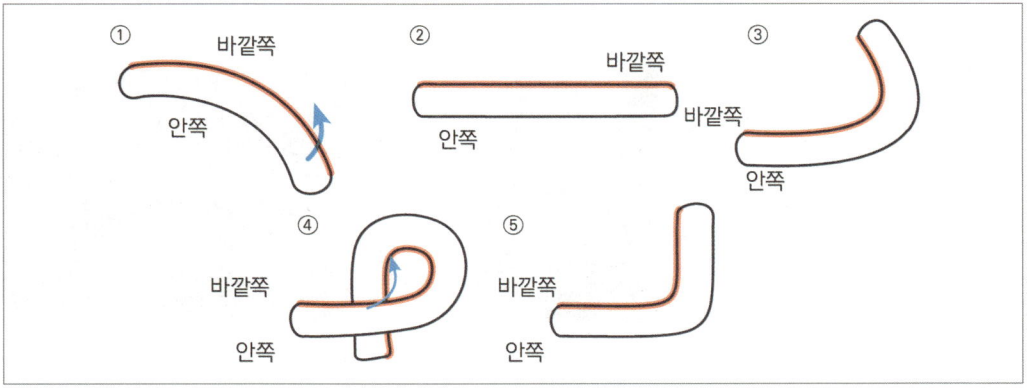

① PE배관은 가요성이 나쁘기 때문에 스프링벤더를 넣지 않고 구부리면 아래 사진처럼 관이 접히게 된다.

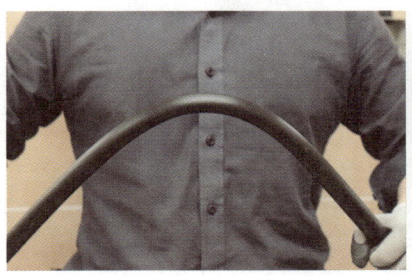
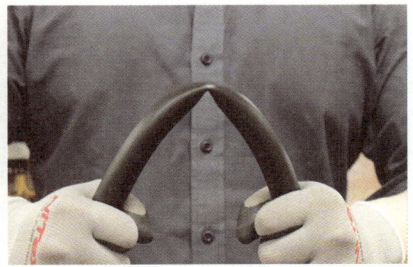

② PE관은 구부리는 방향이 중요하다.
처음 지급되는 PE관이 구부려져 있는 반대 방향으로 직각을 만들어야 관이 찌그러지지 않는다.

③ 배관을 구부리는 위치

배관을 구부릴 때는 직각으로 구부러지는 지점에서 엄지손가락 한마디 정도 뒤쪽을 잡고 구부려준다. 이때 확실하게 하기 위해서 '백색 분필'을 사용하여 표시해주면 더욱 더 정확한 지점을 확인할 수 있다.

(3) ① **컨트롤박스에서부터 시작하는 경우**
   구부린 PE관을 박스에 부착되어 있는 커넥터에 삽입한다.

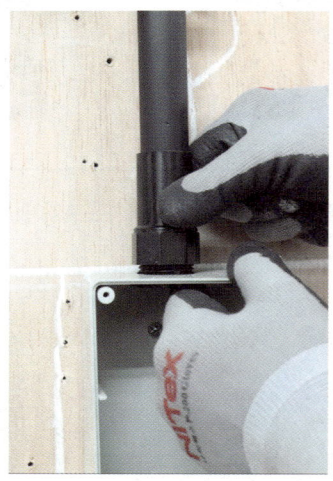

② **제어판에서부터 관을 설치하는 경우**
   미리 고정한 새들에 구부린 배관을 얹혀놓고 고정시킨다.

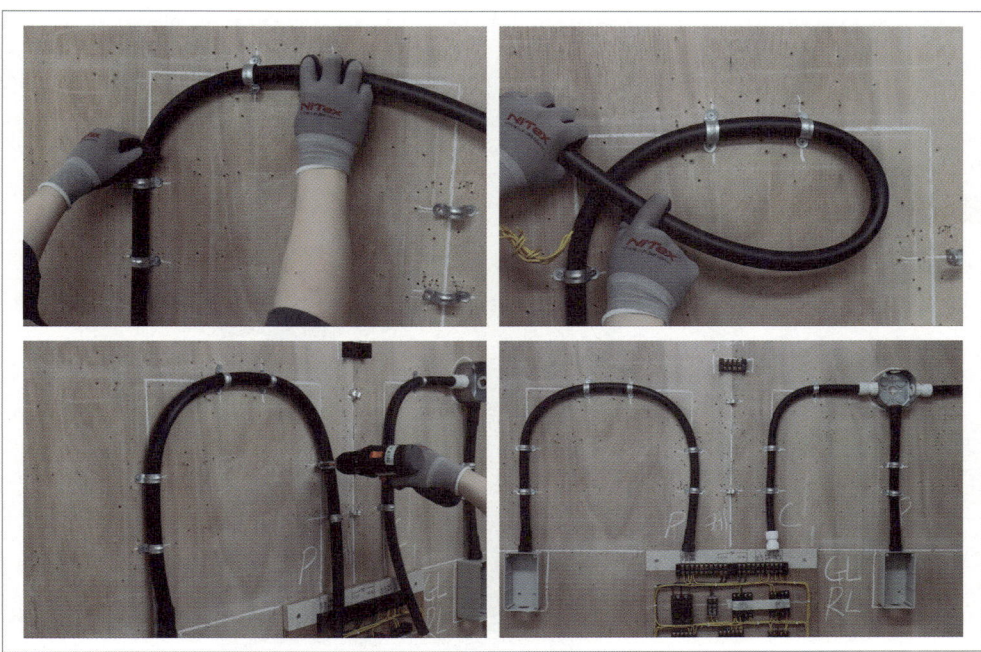

(4) **ㄷ자 모양의 배관의 경우**
　직각으로 꺾어지는 부분이 한번 더 있는데 일직선 상의 새들을 고정시키고 원모양으로 PE관을 구부려준다. 이때 깔끔한 직각 배관을 만들기 위해서 배관을 꺾어서 위로 올려주면 쉽게 모양을 잡을 수 있다.

(5) 모양이 잡힌 배관을 부착이 되어 있는 새들을 사용하여 고정한다.

(6) 제어판의 위로 3 [cm] 지점을 '파이프커터'를 이용하여 잘라준다.

> TIP '플라스틱제 파이프커터'의 경우 제어판에 '파이프커터'를 제어판에 딱 붙이고 파이프를 자르게 되면 커넥터 결속에 적당한 길이가 남는다.

6 플렉시블 전선관 설치

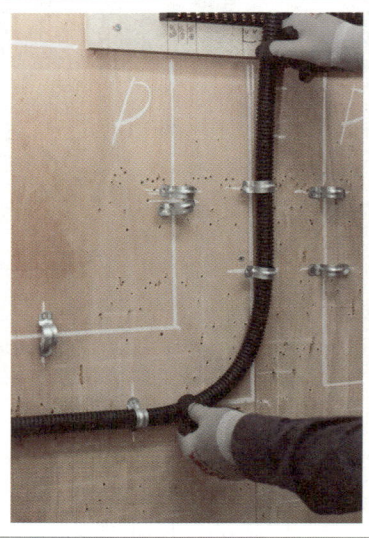

(1) PE관은 '스프링 밴더'를 사용하여 관의 모양을 만들었지만, 가요성이 풍부한 플렉시블 전선관은 직각을 잡은 후 새들을 이용하여 모양을 유지한다.

(2) 여유분의 플렉시블 전선관을 절단한 후 커넥터에 관을 고정한다.

(3) 단자대 부분은 PE관과 동일하게 처리한 후 새들로 고정한다.

7 케이블 작업

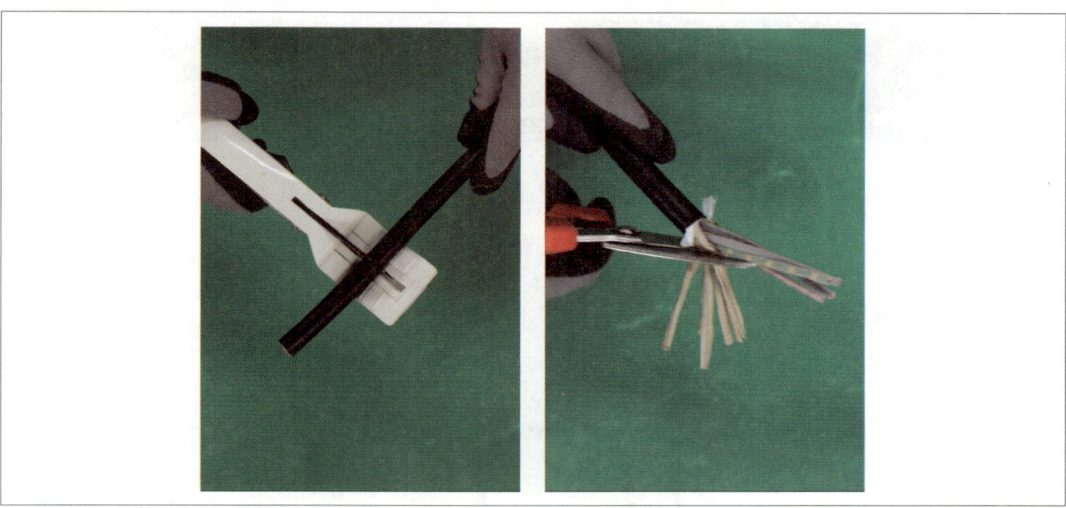

(1) '파이프커터'를 이용하여 케이블의 외피에 칼집을 넣는다.
→ '파이프커터'로 케이블을 살짝 힘을 주어 누른 후 케이블을 빙글 돌려준다.

TIP '파이프커터'를 대신해 '전지가위'를 사용하여 제거할 수 있다.

(2) 칼집으로 쉽게 피복을 제거하고 나면 내부 전선을 감싸고 있는 절연지를 볼 수 있다.
→ '전지가위' 등을 이용하여 절연지를 제거해준다.

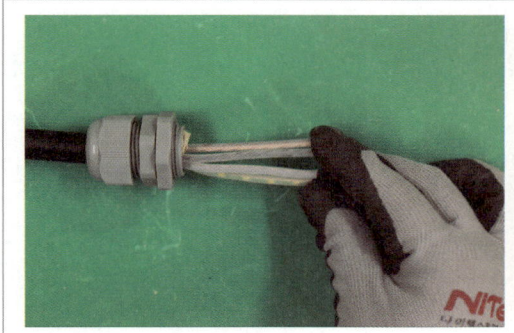 

(3) 케이블 커넥터를 케이블에 끼워 고정시킨다.

(4) 케이블을 케이블 새들을 사용하여 작업판에 고정한다.

 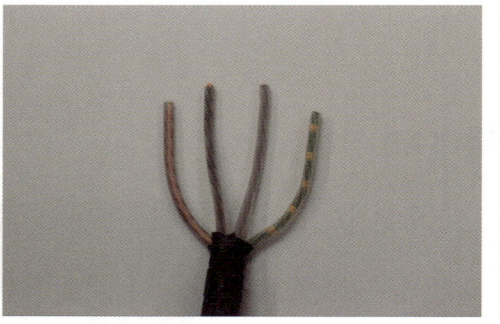

(5) 커넥터의 끝이 제어판에 5 [mm] 정도 걸쳐서 설치되도록 한다.
(6) 케이블은 내부 전선에 상을 구분할 수 있도록 색상이 있다.

8 전선의 입선

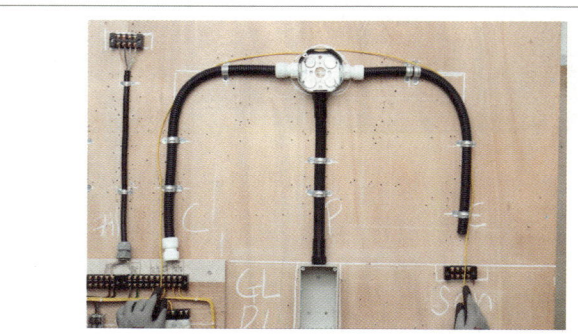

(1) 입선 작업을 할 관에 들어갈 전선의 길이를 측정한다. 이때 전선의 길이는 결선의 편의성을 위해 여유있게 측정하도록 한다.
(2) 전선을 바로 자르는 것이 아니라 입선 작업을 할 관에 들어갈 전선의 수만큼 접어서 자른다.

> TIP 전선을 1가닥씩 입선할 경우 선이 관에 걸리면서 입선 작업이 어려워질 수 있기 때문이다.

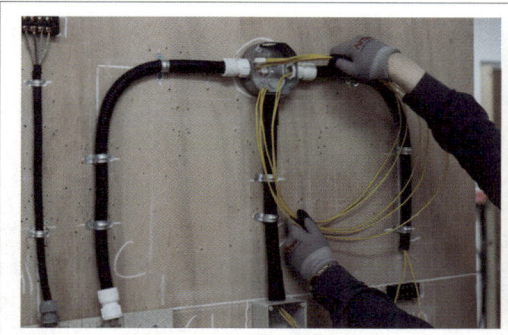 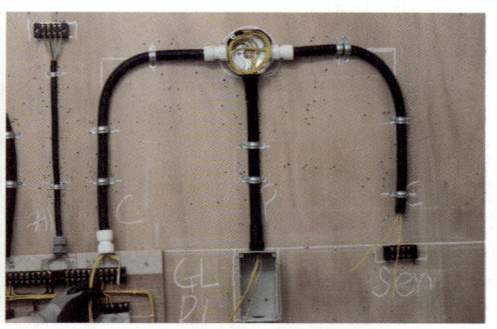

(3) 전선의 분기가 이루어지는 정션 박스까지 선을 입선한다.

(4) 각 관으로 분기되는 전선의 가닥 수만큼 나눈 뒤 이어서 입선하도록 한다.

> [정션 박스가 있는 경우 정션 박스에서 제어판 쪽으로 입선하는 것이 좋다]
> 전선의 입선이 어렵다?
> 전선의 입선은 'PE전선관'보다 '플렉시블 전선관'이 특히 어렵다. 그 이유는 플렉시블 전선관이 가지고 있는 주름에 전선의 끝이 걸리면서 입선에 방해가 되기 때문이다.
>
>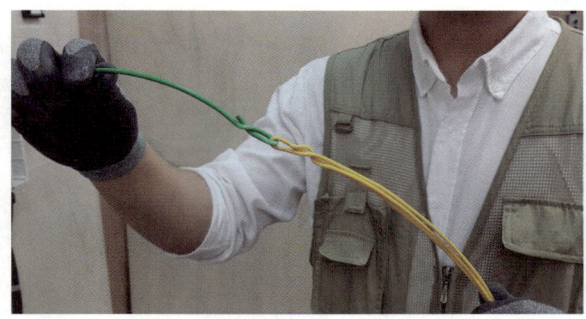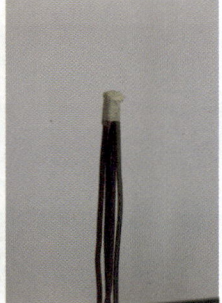
>
> 입선 작업을 편하게 하기 위해서는 아래 방법을 사용하면 작업이 편리해진다.
> - 첫 번째 : '안내선'을 이용하는 것이다. 여러 가닥의 전선을 보내는 것은 어렵지만 한 가닥의 전선을 보내는 것은 상대적으로 쉽기 때문에 '안내선'을 먼저 입선시켜 '안내선'을 잡아당기는 방법이다.
> - 두 번째 : '종이테이프(마스킹 테이프)'를 사용하여 전선의 끝을 묶어서 밀어 넣는 것이다. 커피믹스 봉지를 사용하는 것과 동일한 원리이지만 커피믹스 봉지에 비해 제거할 때 불편하다.

9 전선의 입선

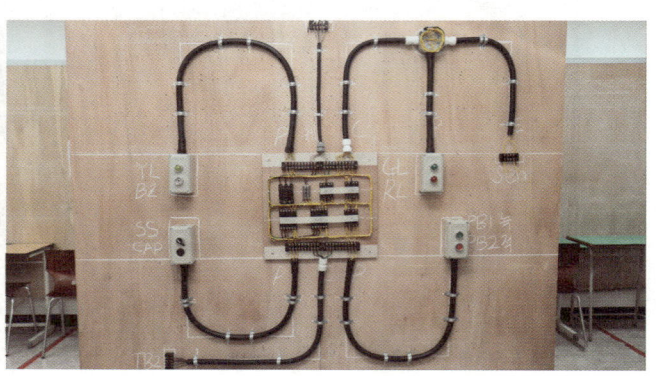

(1) '컨트롤 박스'의 뚜껑에 각 위치에 해당하는 기구를 결합한 뒤 뒤집어서 박스에 부착한다.
  → 이때 결선이 쉽도록 부착된 기구의 단자가 안쪽을 향하도록 부착한다.
(2) 단자가 안쪽을 향하도록 모든 뚜껑을 부착한다.

올바른 경우	틀린 경우
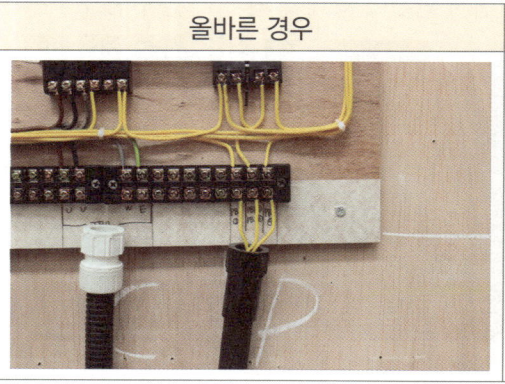	

(3) 제어판에 입선이 되어 있는 전선을 단자대에 결선한다.
  → 이때 전선이 제어판 밖으로 돌출되어 나가지 않도록 전선을 정리해준다.

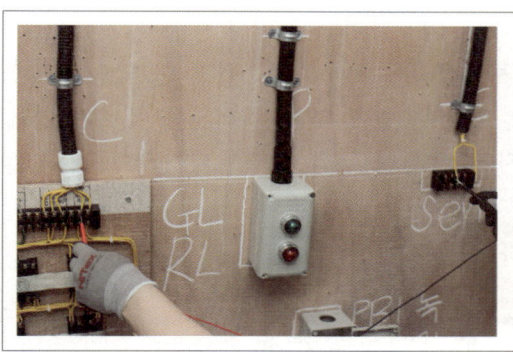

(4) '벨테스터'를 사용하여 전선의 끝과 끝을 찾아서 표시한다.
(5) 단자대 넘버링에 주의하여 넘버링에 맞는 기구와 전선을 결선한다.

> TIP 넘버링과 다른 단자가 결선되는 경우 불합격으로 직결되는 문제이다. 꼼꼼하게 확인하도록 한다.

10 램프 및 푸시버튼 점검

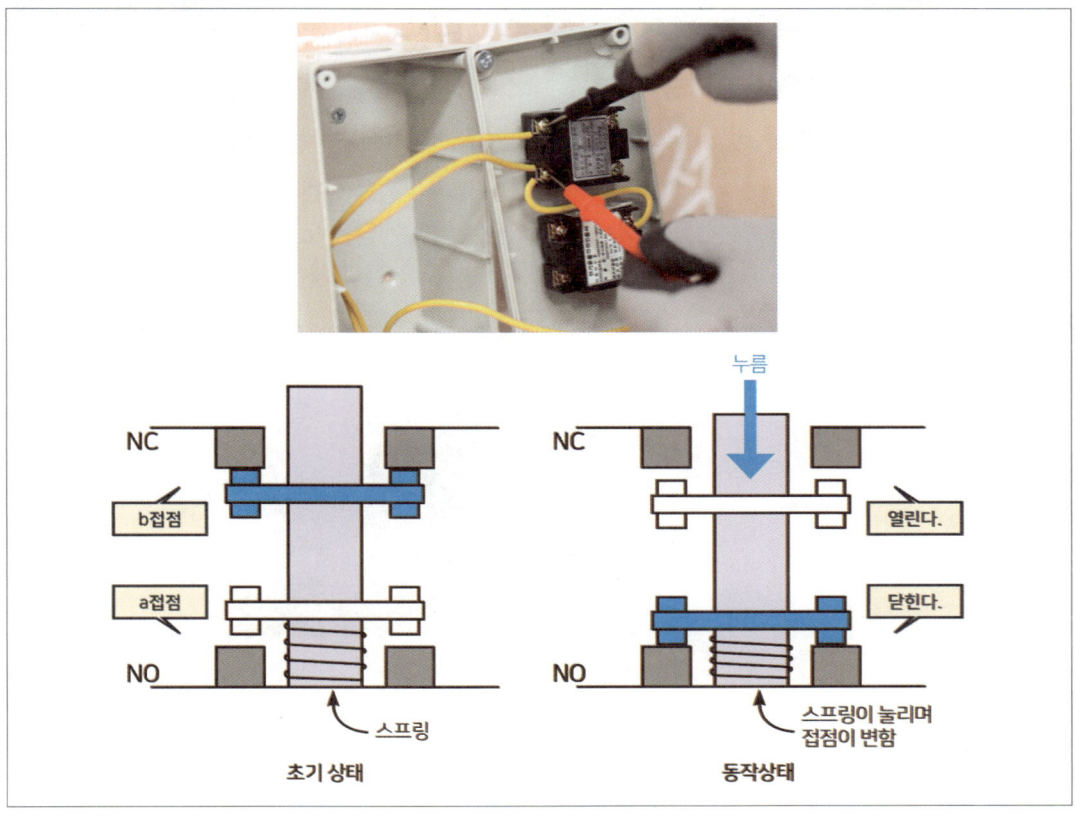

(1) 결선이 완료된 푸시버튼을 '벨테스터'를 이용하여 점검한다.
  → 푸시버튼의 동작원리를 보면 최초 b접점이기 때문에 b접점 단자에 '벨테스터'를 붙이면 소리가 난다. a접점 단자는 떨어져 있기 때문에 버튼을 누르기 전에는 '벨테스터'를 붙여도 소리가 나지 않지만, 버튼을 누른 상태에서 '벨테스터'를 붙이면 소리가 난다.
(2) 푸시버튼의 동작원리를 다시 확인하도록 한다.

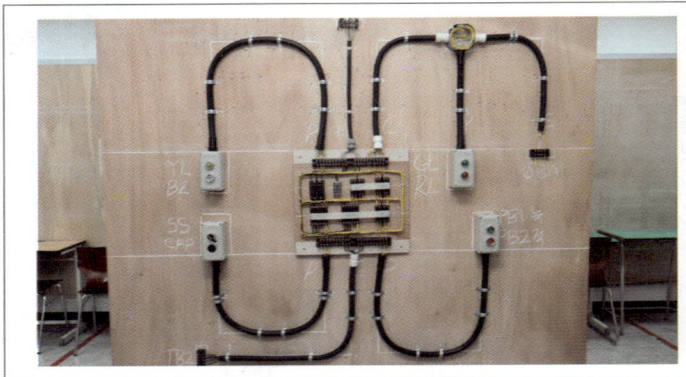 

(3) 푸시버튼의 점검이 끝나면 '컨트롤 박스'를 달아준다.
(4) 뚜껑을 달 때는 전선을 모두 잡아서 위로 꺾어서 뚜껑을 달도록 한다.

TIP 뚜껑을 한번 닫으면 다시는 열지 않도록 한다. 전선을 꺾어서 뚜껑을 닫는 이유는 닫는 도중 전선이 빠질 수 있기 때문이며, 뚜껑을 다시 열지 않는 것 역시 같은 이유이다.

(5) 마지막으로 램프의 플라스틱 뚜껑을 열어 전구가 흔들리지 않는지 확인한다.

> TIP 램프가 흔들린다는 것은 접촉 불량이 발생할 수 있다는 것이다. 따라서 정상적으로 결선을 하고도 램프가 미점등되어 시험에 불합격하는 경우가 있으므로 시간의 여유가 있다면 반드시 확인해주어야 하는 사항이다.

(6) 램프는 '컨트롤 박스'에 부착을 위한 '은색 테'와 '플라스틱 색상 뚜껑'으로 분해가 가능하다. 램프 확인을 위해 분해해야 하는 것은 색상 뚜껑이므로 점검을 위한 분해 시 주의하도록 한다.

02 단자대의 선처리(주회로와 케이블, FLS)

1 주회로

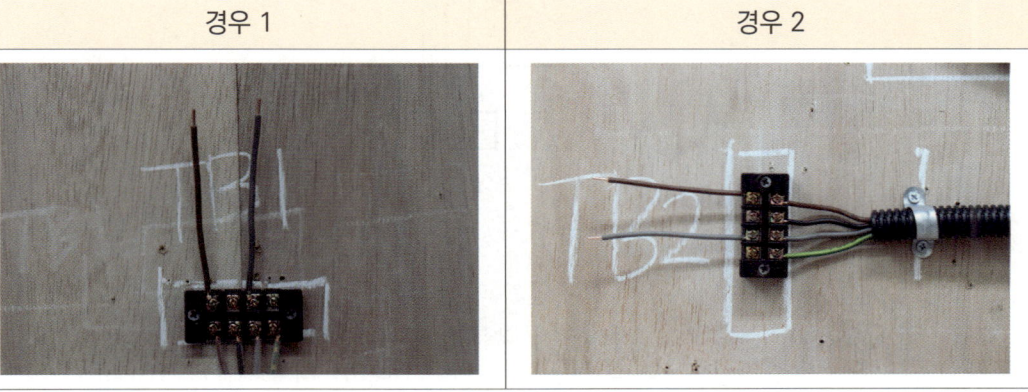

| 경우 1 | 경우 2 |

▶ 경우1. 가로로 붙어 있는 단자대 : 왼쪽에서 오른쪽으로 갈색, 흑색, 회색, 녹황색

▶ 경우2. 세로로 붙어 있는 단자대 : 위쪽에서 아래쪽으로 갈색, 흑색, 회색, 녹황색

주회로의 단자대 결선은 단자대가 가로인지 세로인지에 따라 결정된다. 가로로 부착되어 있는 경우 왼쪽에서 오른쪽으로 '갈, 흑, 회, 녹황' 순서를 지켜서 결선한다. 세로로 부착되어 있는 경우 위에서 아래쪽으로 '갈, 흑, 회, 녹황' 순서를 지켜서 결선한다. 전원을 물려야 하는 곳은 전원이 들어가는 2개 색상의 전선을 10 [cm] 길이로 결선해 놓아야 한다. 시험에서 접지공사를 요구한다면 접지선을 뽑아 작업판에 나사못을 사용하여 부착해둔다 (필수사항 아님).

케이블 역시 주회로와 동일한 방법으로 결선한다. 주회로와 다른 점이 있다면 케이블의 심선에 사용되는 내부 피복의 색상을 확인해야 한다는 것이다. 케이블은 이중피복이며 내부에 전선을 감싸고 있는 피복에 색상이 구분지어져 있다.

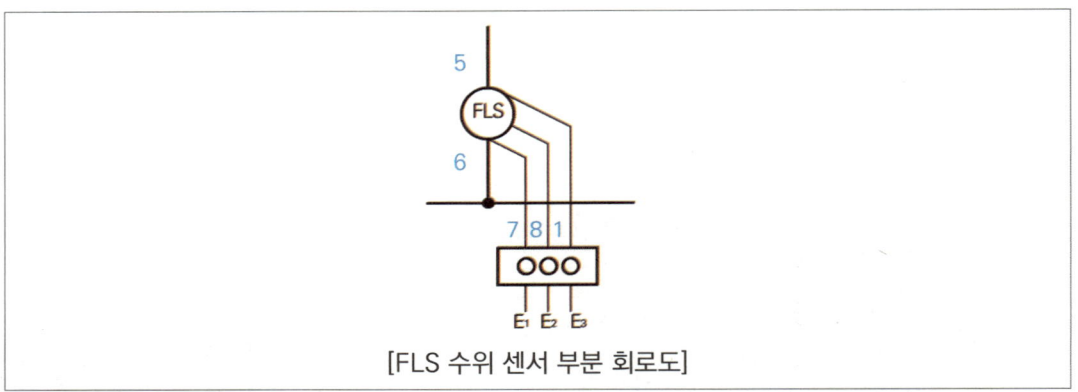

[FLS 수위 센서 부분 회로도]

FLS는 보편적인 계전기들이 가지고 있지 않은 '센서 단자'가 존재한다. 이 센서들의 회로도를 얼핏 보면 각 계전기의 전원단자 부분에 센서가 결선이 되는 것처럼 보일 수 있다. 하지만 전원과 센서를 연결하는 경우 회로는 동작하지 않게 된다.

[FLS 수위 센서 결선 모습]

센서단자는 제어판의 단자대로 바로 결선해준다. 제어판 단자대를 거쳐 배관으로 입선이 되고 작업판의 단자대에서 센서를 테스트할 수 있도록 전선을 사진과 같이 결선해준다.

모아바 www.moa-ba.com
모아소방전기학원 www.moate.co.kr

Part 06

전·기·기·능·사

넘버링 실전연습

01 실전 노하우 편

1 시퀀스도면(회로도)

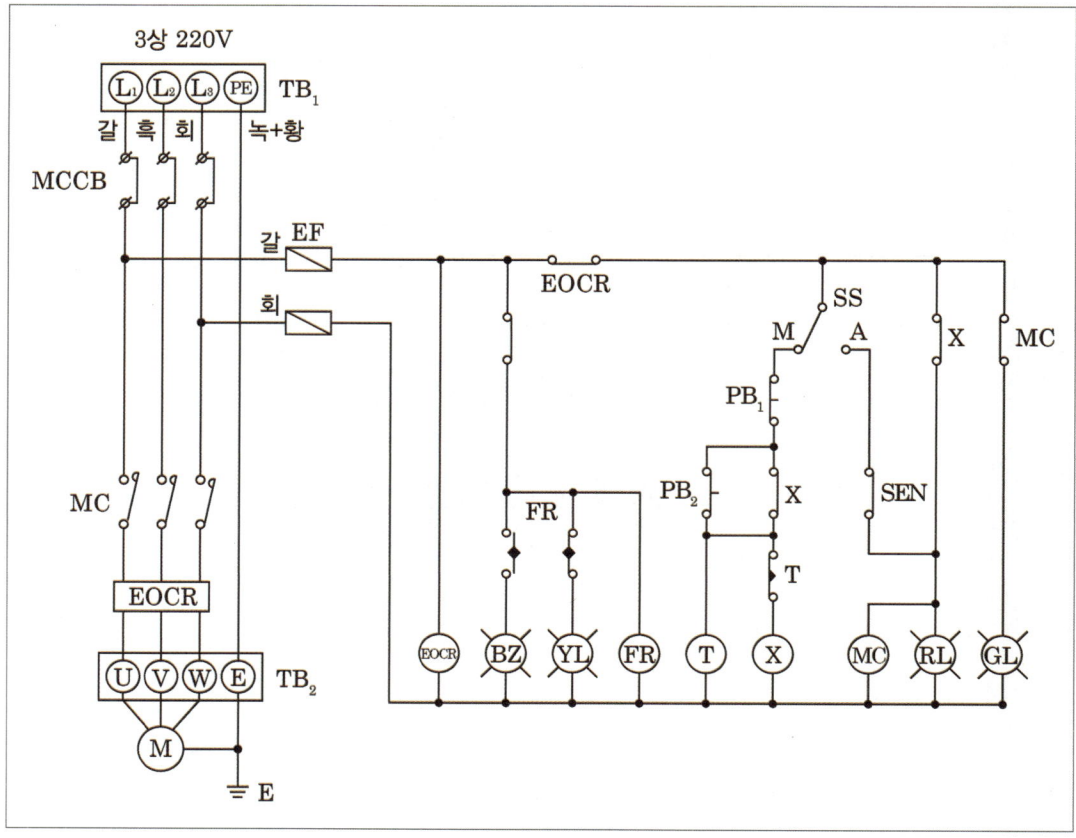

다음 장의 제어판 기구 배치도를 참조하시오.

2 제어판 기구 배치도

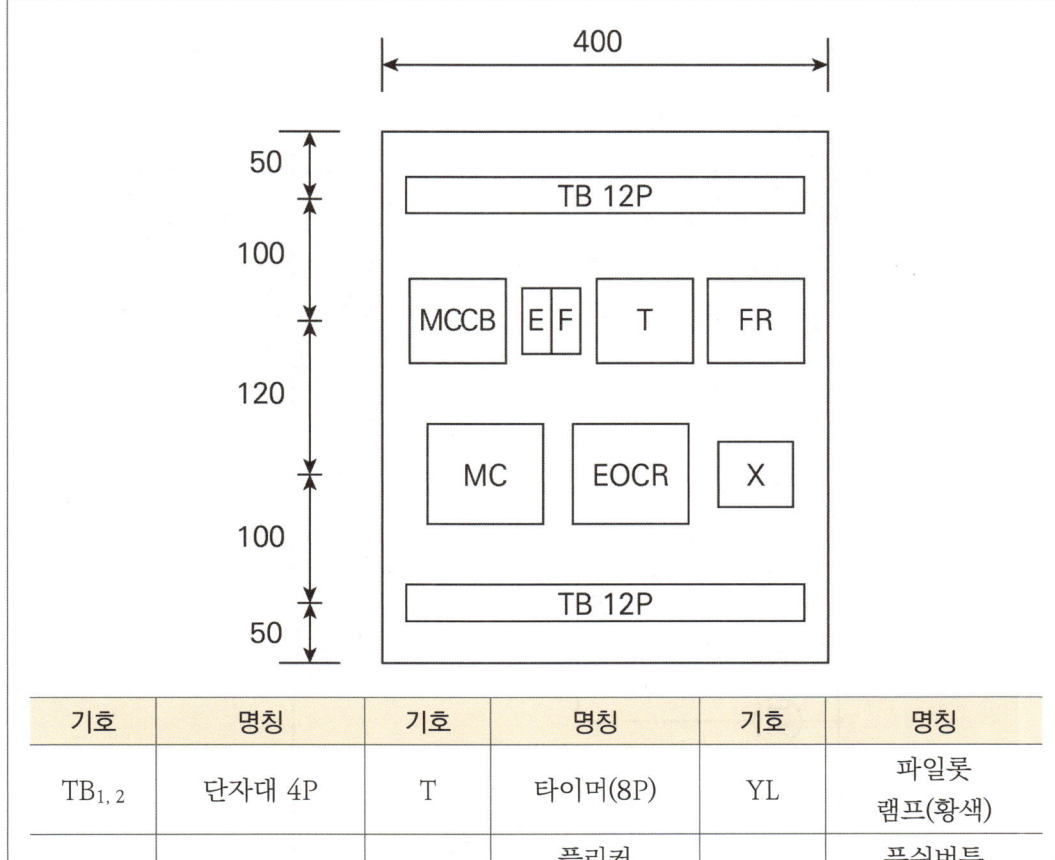

기호	명칭	기호	명칭	기호	명칭
$TB_{1,2}$	단자대 4P	T	타이머(8P)	YL	파일롯 램프(황색)
MCCB	배선용 차단기	FR	플리커 릴레이(8P)	PB1	푸쉬버튼 스위치(녹색)
MC	전자 접촉기(12P)	GL	파일롯 램프(녹색)	PB2	푸쉬버튼 스위치(적색)
EOCR	과전류 계전기(12P)	RL	파일롯 램프(적색)	BZ	부저
SS	셀렉터 스위치(8P)	X	Relay(8P)	SEN	단자대 4P

3 회로도

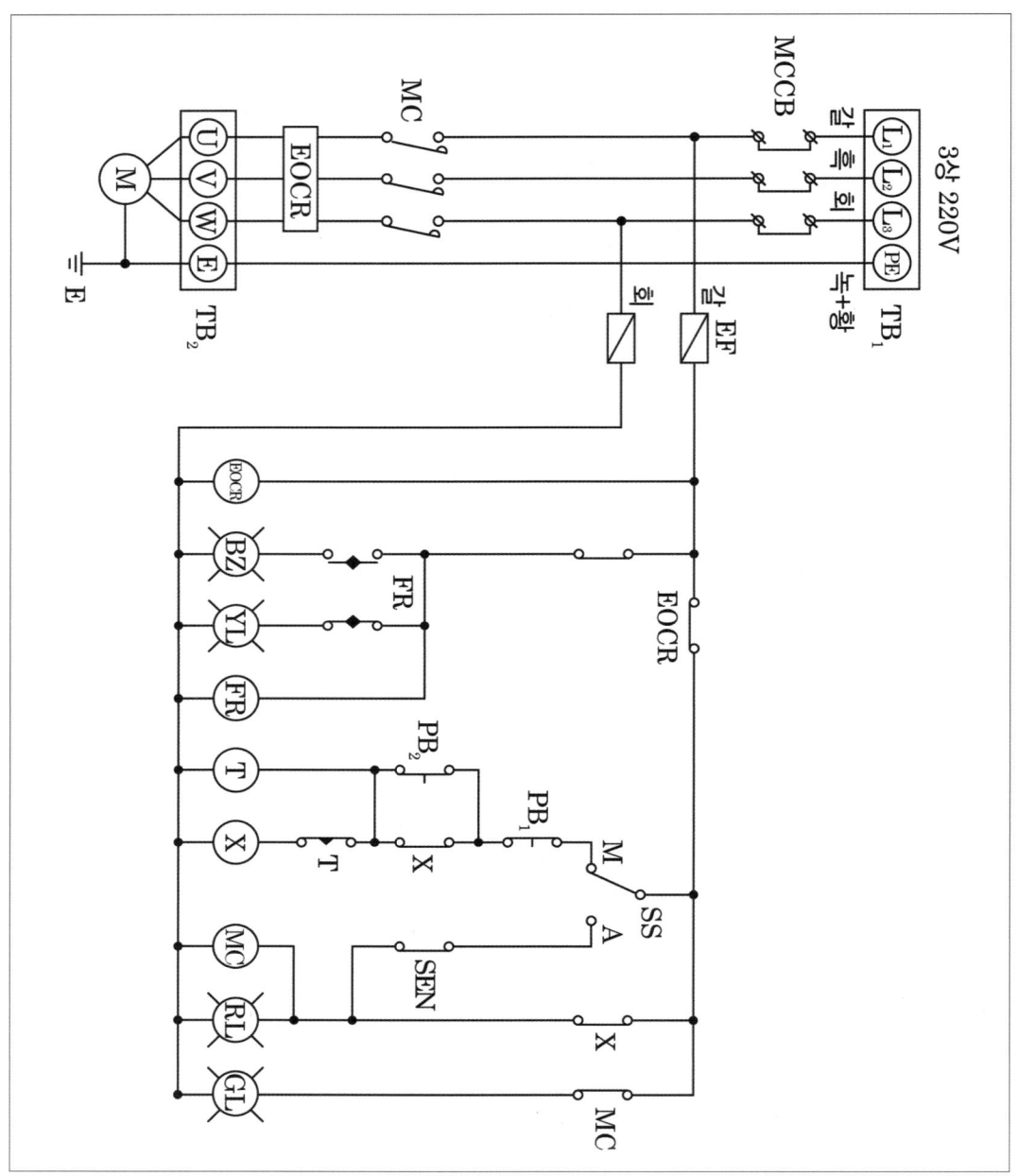

다음 장의 계전기 내부 결선도를 참조하시오.

4 계전기 내부 결선도

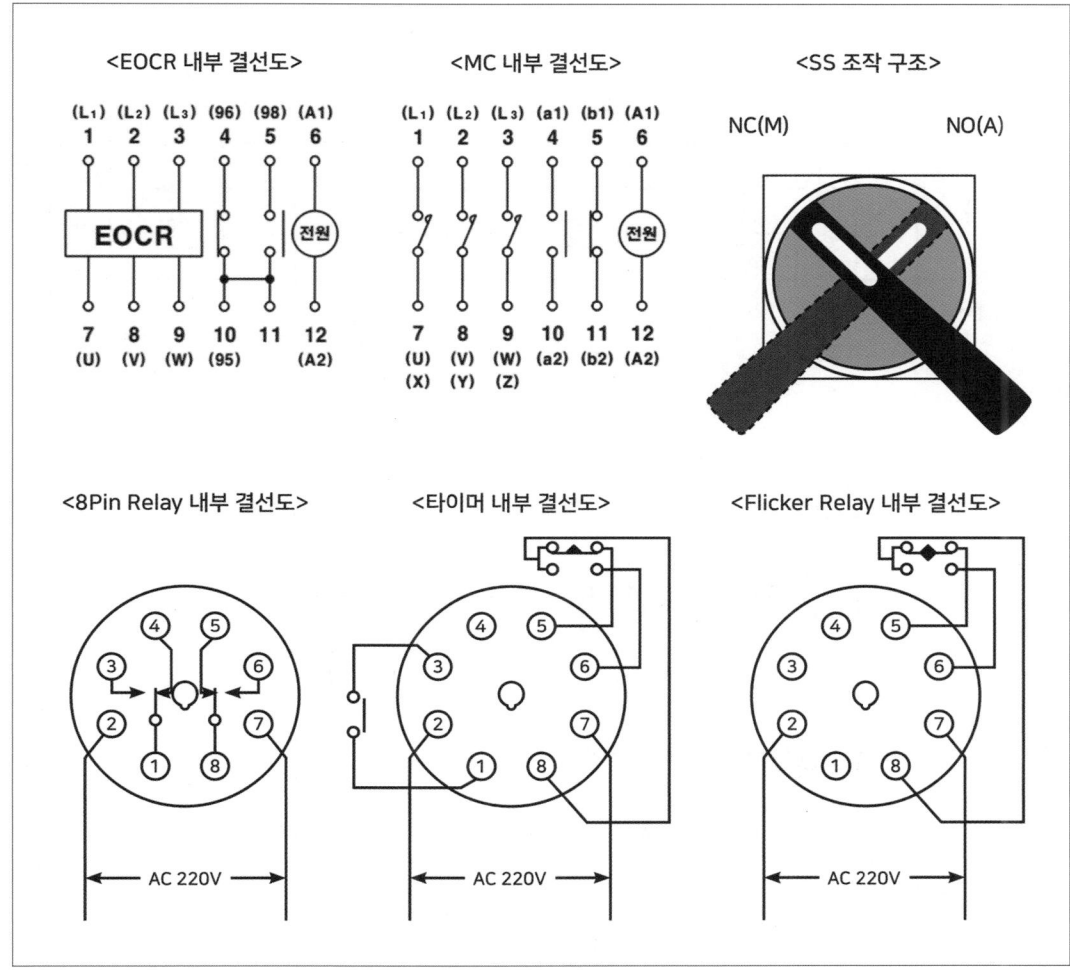

5 넘버링

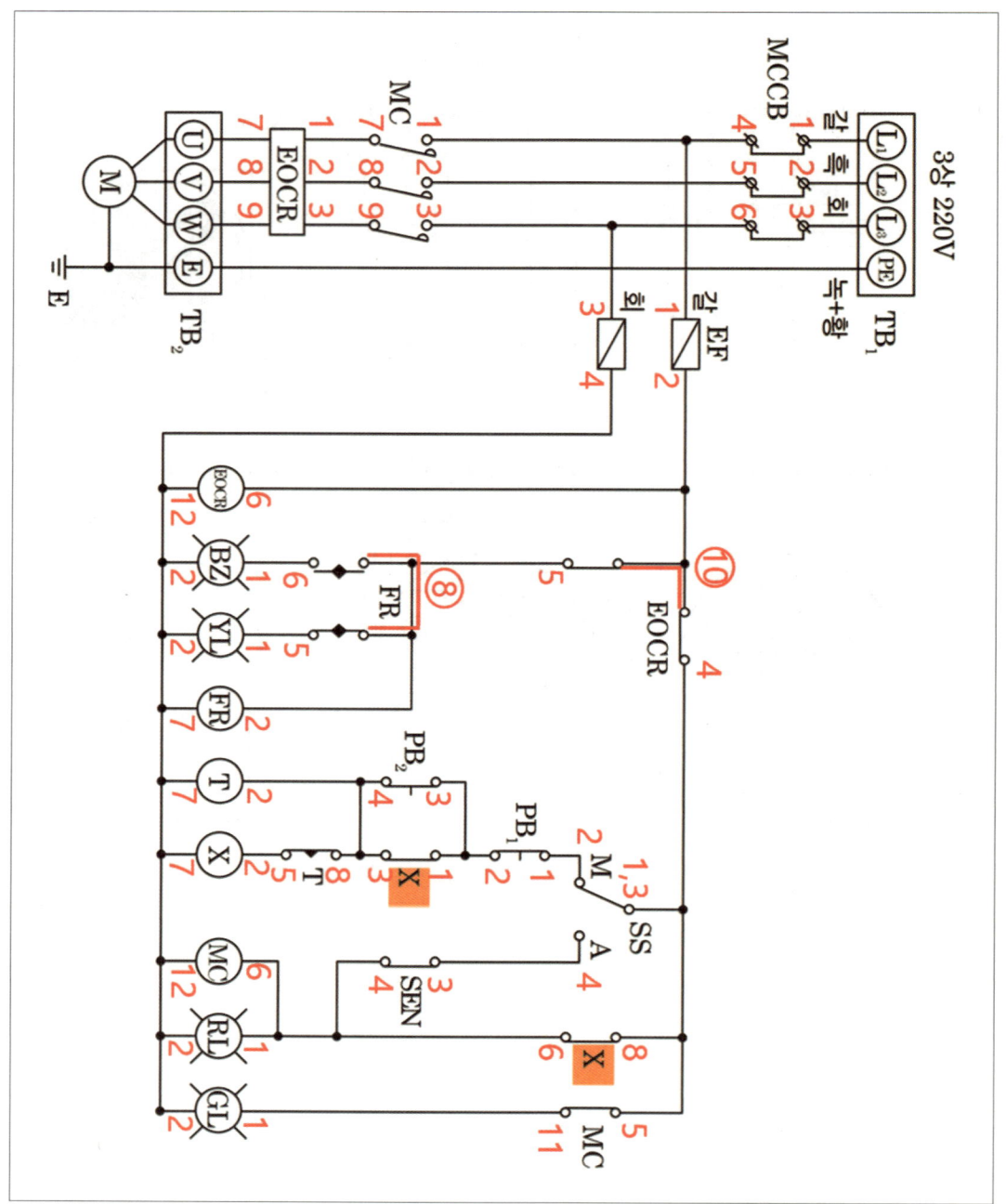

02 [배관공통선의 이해] - 배관공통선은 왜 사용해야 하는가?

1. 제한된 10P 단자대 개수에 맞춰서 배관 결선작업을 할 수 있다.
2. 배관 가닥수를 줄임으로써 작업 양(전선)을 줄일 수 있다.

[충족조건] 같은 컨트롤박스의 배관기구여야 하며 시퀀스도 에서 해당 기구 사이 중간 장애물이 없어야 한다(기구 명, 기구숫자, 접점 상관없이 가능).

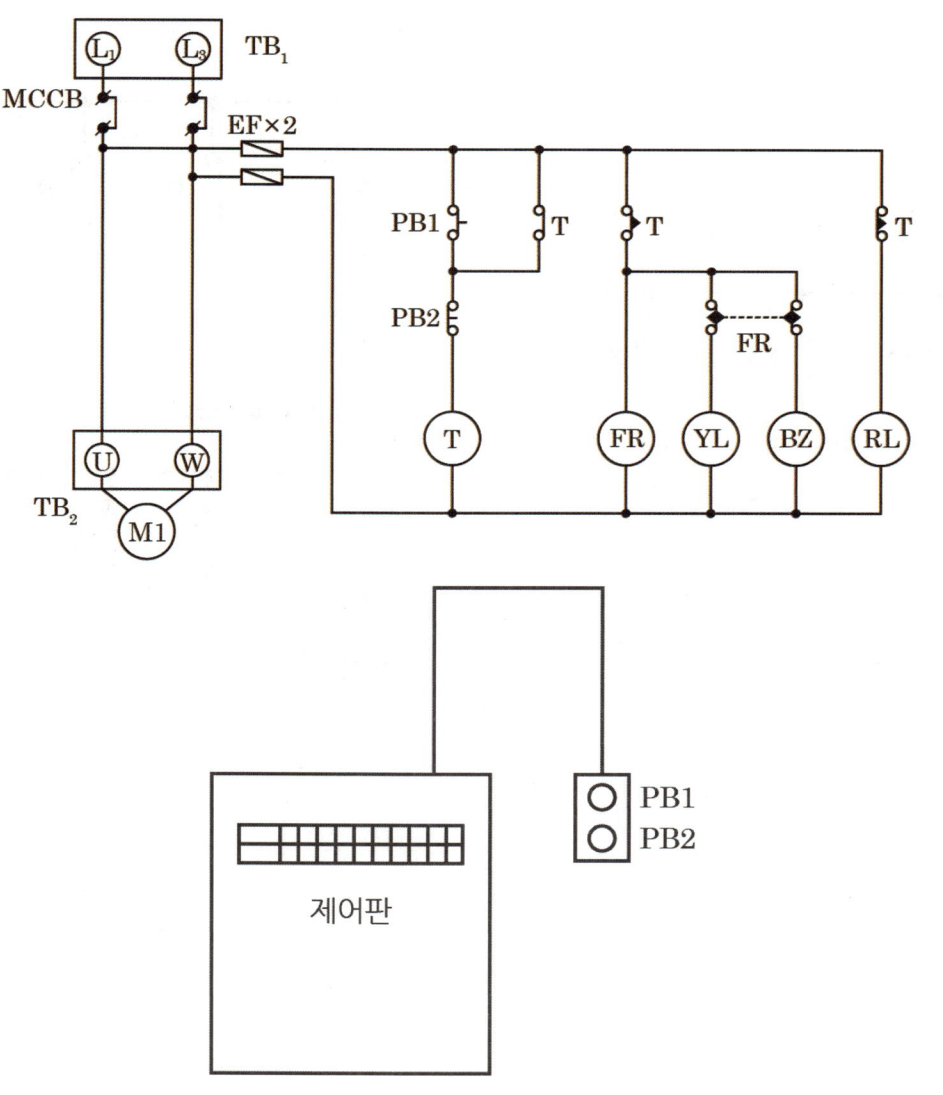

03 [c접점의 이해] – c접점은 왜 사용해야 하는가?

1. 각 계전기는 최대 표현할 수 있는 접점 숫자의 제한이 있다. 예 8PIN RELAY 2A2B
2. 이때 1개의 계전기로 사용할 접점 개수가 경우 초과되는 경우 반드시 공통을 잡아야 한다.

[충족조건] 1. 같은 접점끼리는 안 된다. 예 A접점 + A접점, B접점 + B접점
           2. B접점 + A접점 또는 A접점 + B접점일 때 중간의 장애물이 없어야 가능하다
              (기구명, 기구숫자, 접점조건 충족해야만 가능).

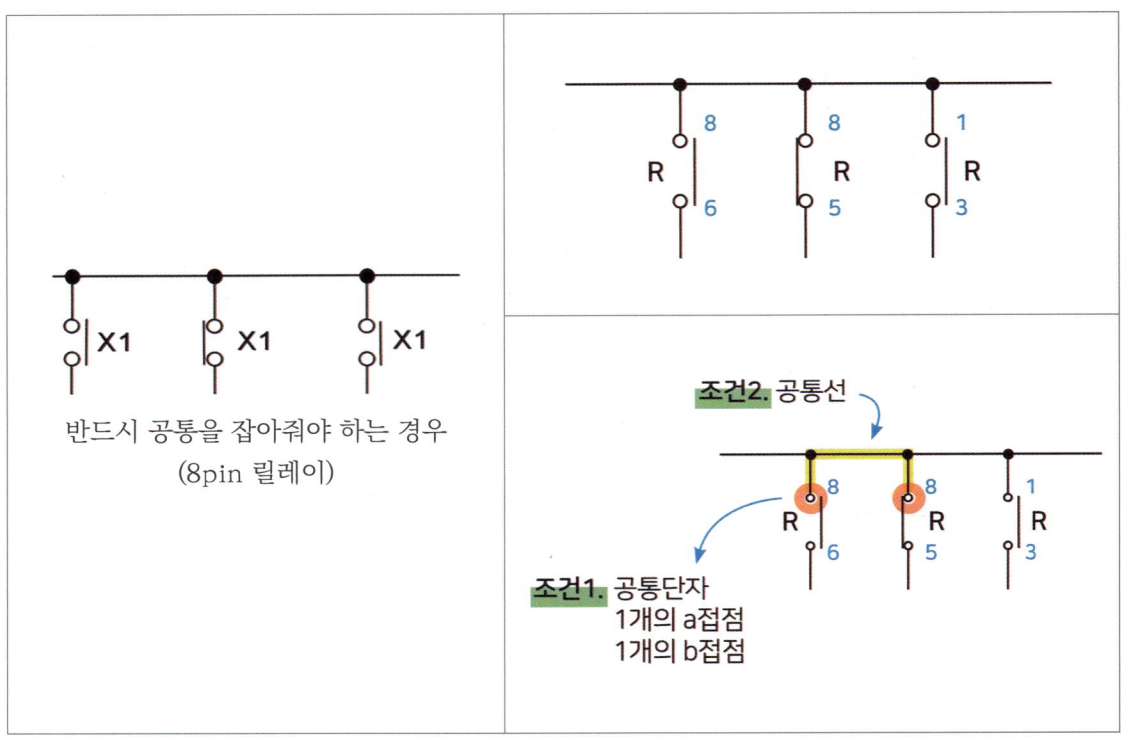

04 [c접점의 이해] - c접점의 잘못된 예시와 사용하지 못하는 경우

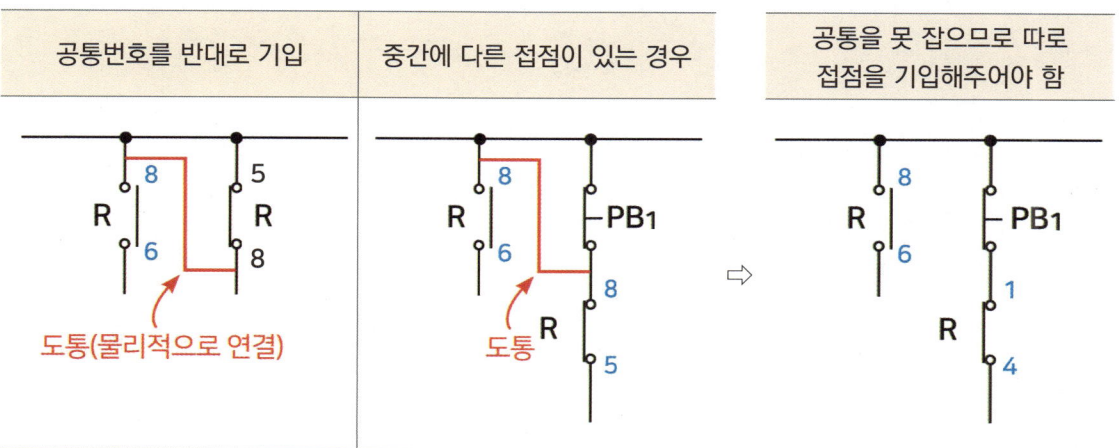

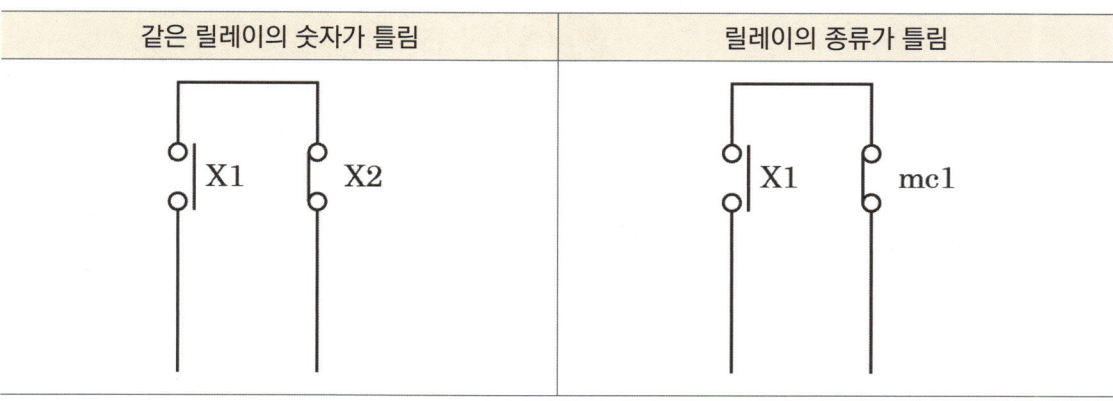

Part 07

시퀀스제어 기초 문제풀이

01 시퀀스제어의 기초회로

시퀀스제어란 미리 정해진 순서 또는 일정한 논리에 의해 정해지는 순서에 따라 진행해나가는 전기 제어를 말한다.

1 개폐접점에는 그 동작방식에 따라 a접점, b접점, c접점이 있다.

- a접점 : (㉠   )있는 접점을 말한다.
- b접점 : (㉡   )있는 접점을 말한다.
- c접점 : (㉢   )되는 접점을 말한다.

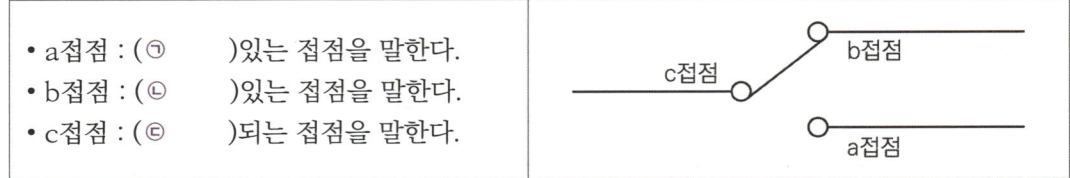

2 접점의 표시법

(1) (㉣   )접점 (㉤   )측, (㉥   )쪽에 있다.

(2) (㉦   )접점 (㉧   )측, (㉨   )쪽에 있다.

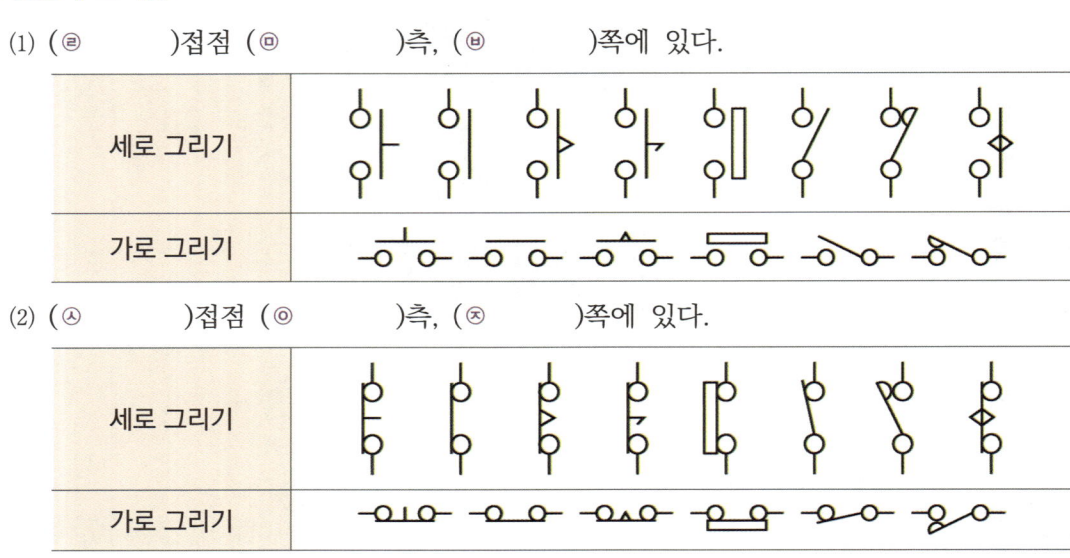

정답 ㉠ 열려 ㉡ 닫혀 ㉢ 전환 ㉣ a ㉤ 우 ㉥ 위(상단) ㉦ b ㉧ 좌 ㉨ 밑(하단)

3 푸시버튼 스위치(영어 약자 : ㉠   )

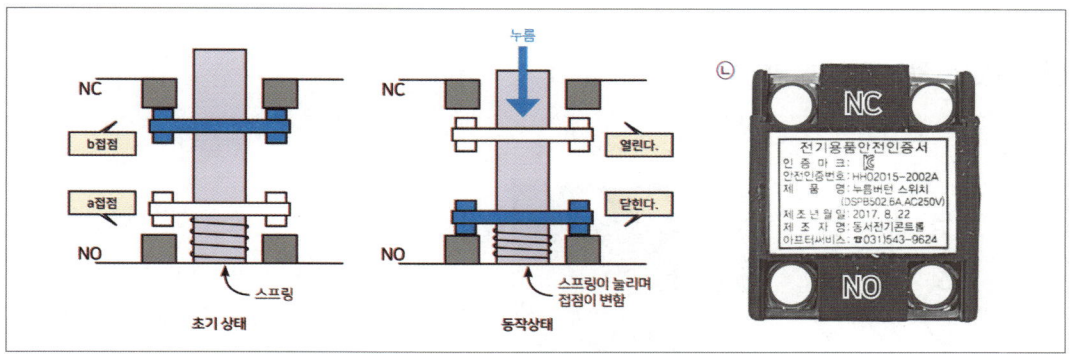

4 파일롯 램프(영어 약자 : ㉢   )

5 셀렉터 스위치(영어 약자 : ㉤   )

정답   ㉠ PB   ㉡ 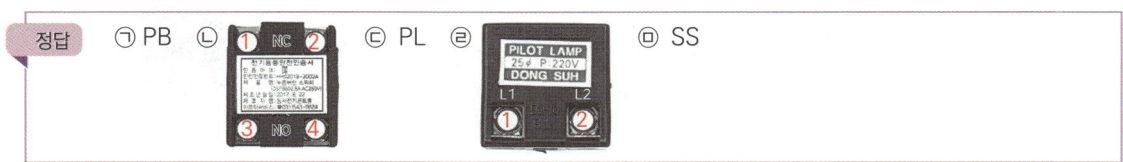   ㉢ PL   ㉣   ㉤ SS

02 계전기, 제어판 기구 설명 및 넘버링

1 배선용 차단기(영어 약자 : ㉠   )

표시기호	소켓번호	결선법
L_1 L_2 L_3	㉡	L_1 : (㉢)번, L_2 : (㉣)번, L_3 : (㉤)번 u : (㉥)번, v : (㉦)번, w : (㉧)번

주회로의 메인 차단기이다.

2 퓨즈(영어 약자 : ㉨   )

표시기호	소켓번호	결선법
개방형 —⌒F⌒— 포장형 —[F]—	㉨	1차 측 : (㉩)회로 2차 측 : (㉪)회로

주회로와 보조(제어)회로를 분리하고 이상전류에서 끊어져 회로를 보호한다.

정답 ㉠ MCCB ㉡ ①②③ ㉢ 1 ㉣ 2 ㉤ 3 ㉥ 4 ㉦ 5 ㉧ 6 ㉨ EF ㉩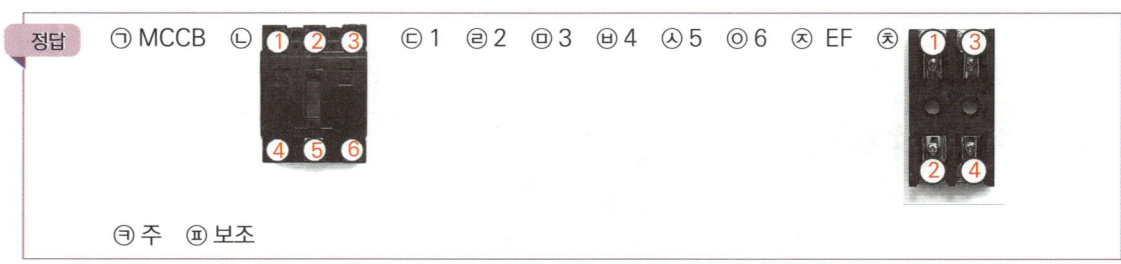

㉩ 주 ㉪ 보조

3 8P 계전기(영어 약자 : ㉠   , ㉡   , ㉢   )

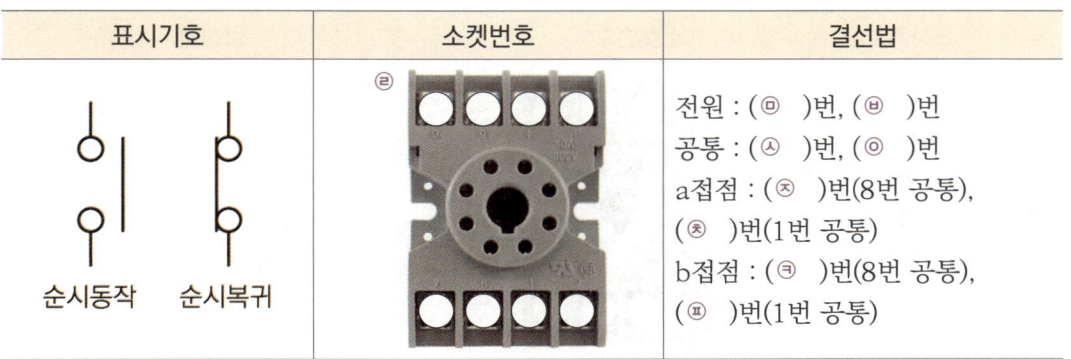

순시동작 순시복귀(2a2b) 접점을 가지고 있다.

4 8P 타이머 계전기(영어 약자 : ㉣   )

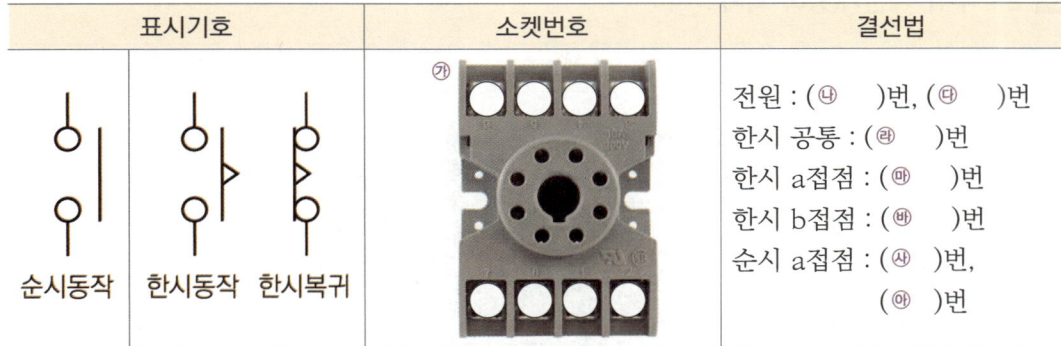

Ondelay Timer : 타이머 여자 후 설정시간 후에 접점이 동작
※ Offdelay Timer : 타이머 소자 후 설정시간 후에 접점이 동작

정답   ㉠ X ㉡ R ㉢ Ry ㉣ 6543 ㉤ 2 ㉥ 7 ㉦ 1 ㉧ 8 ㉨ 6 ㉩ 3 ㉪ 5 ㉫ 4 ㉬ T ㉠ 6543

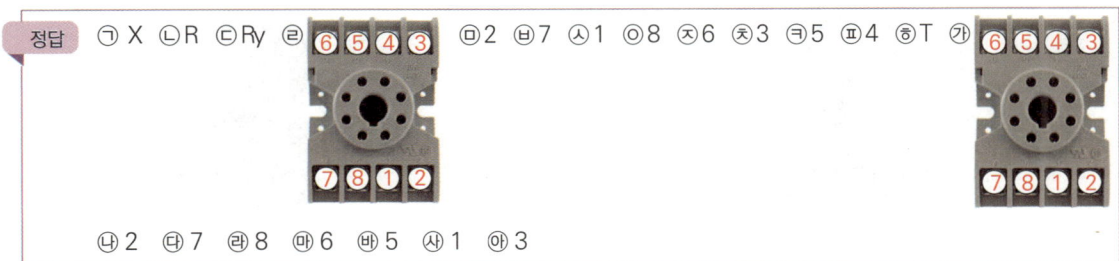

㉭ 2 ㉮ 7 ㉯ 8 ㉰ 6 ㉱ 5 ㉲ 1 ㉳ 3

5 8P 플리커 계전기(영어 약자 : ㉠   )

표시기호	소켓번호	결선법
점멸신호	㉡	전원 : (㉢)번, (㉣)번 공통 : (㉤)번 a접점 : (㉥)번(8번 공통) b접점 : (㉦)번(8번 공통)

설정시간만큼 a접점, b접점이 점멸한다(경보 및 신호용으로 사용).
예시) 자동차 깜박이 등

6 8P 수위 계전기(영어 약자 : ㉧   )

표시기호	소켓번호	결선법
FLS₁ FLS₂	㉨	전원 : (㉪)번, (㉫)번 공통 : (㉬)번 a접점 : (㉭)번 b접점 : (㉮)번 E_1 : (㉯)번 E_2 : (㉰)번 E_3 : (㉱)번

수면이 E_1까지 도달하면 모터펌프가 자동운전되며, E_2이하로 되면 모터펌프가 자동정지한다.

정답 ㉠ FR ㉡ 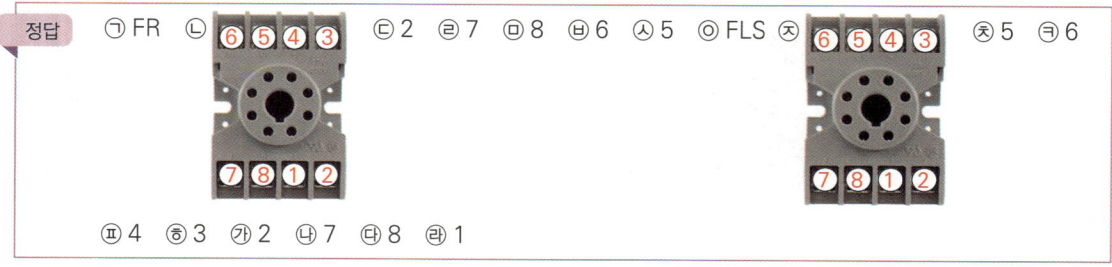 ㉢ 2 ㉣ 7 ㉤ 8 ㉥ 6 ㉦ 5 ㉧ FLS ㉨   ㉪ 5 ㉫ 6
㉬ 4 ㉭ 3 ㉮ 2 ㉯ 7 ㉰ 8 ㉱ 1

7 12P 전자 접촉기(영어 약자 : ㉠   )

전자석의 흡인력을 이용하여 접점을 개폐하는 기능을 하는 기기

표시기호	소켓번호	결선법
	㉡	L_1 : (㉢)번, L_2 : (㉣)번, L_3 : (㉤)번 u : (㉥)번, v : (㉦)번, w : (㉧)번 전원 : (㉨)번, (㉩)번 a접점 : (㉪)번 - (㉫)번 b접점 : (㉬)번 - (㉭)번

전동기를 동작 시킬 때 스위치용으로 사용된다.

정답 ㉠ MC ㉡ 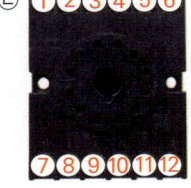 ㉢ 1 ㉣ 2 ㉤ 3 ㉥ 7 ㉦ 8 ㉧ 9 ㉨ 6 ㉩ 12 ㉪ 4 ㉫ 10 ㉬ 5 ㉭ 11

8 12P 전자과부하 계전기(영어 약자 : ㉠   )

(1) 전동기회로에 과전류가 흘렀을 때 회로를 보호하는 역할을 한다.
(2) 전자 개폐기 기능을 하며 12핀 베이스에 꽂아 편리하게 사용한다.
(3) 주회로는 ①, ②, ③ - ⑦, ⑧, ⑨ 단자에 연결한다.

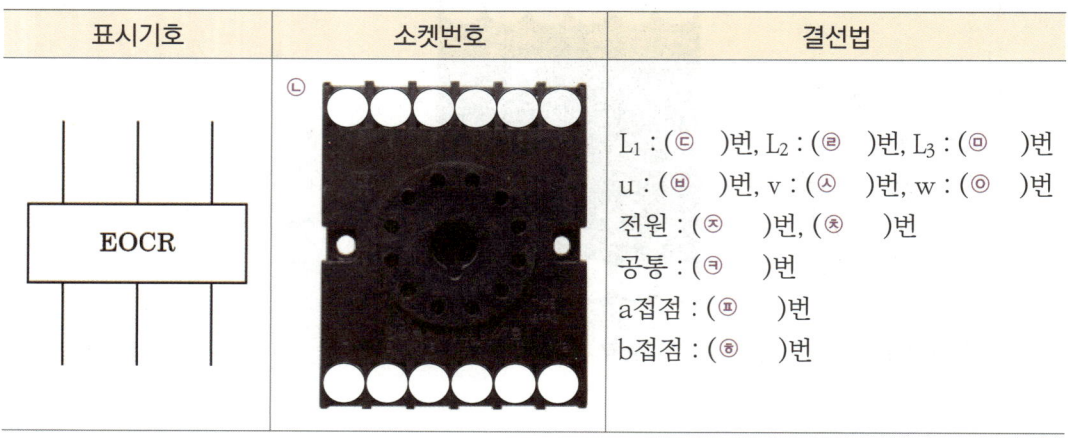

표시기호	소켓번호	결선법
EOCR	㉡	L_1 : (㉢)번, L_2 : (㉣)번, L_3 : (㉤)번 u : (㉥)번, v : (㉦)번, w : (㉧)번 전원 : (㉨)번, (㉩)번 공통 : (㉪)번 a접점 : (㉫)번 b접점 : (㉬)번

회로에 과전류가 흐르면 회로를 차단하여 전동기를 정지시키고 경보회로를 동작한다.

정답 ㉠ EOCR ㉡ ①②③④⑤⑥ ㉢ 1 ㉣ 2 ㉤ 3 ㉥ 7 ㉦ 8 ㉧ 9 ㉨ 6 ㉩ 12 ㉪ 10 ㉫ 5 ㉬ 4

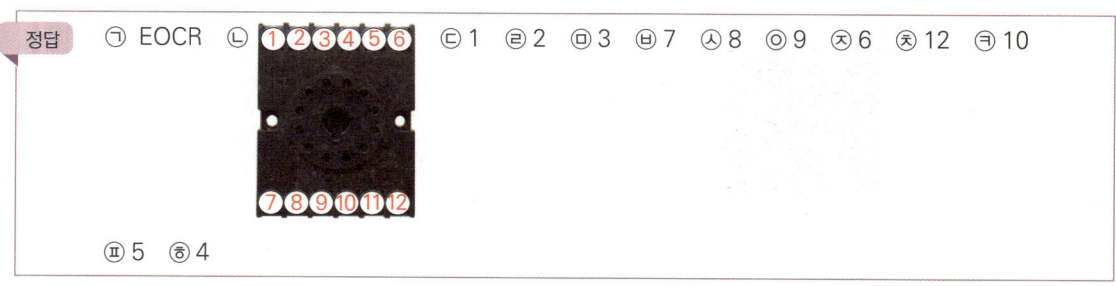

Part 08

시퀀스 길찾기 문제풀이

01 '램프와 푸시버튼'의 넘버링 문제

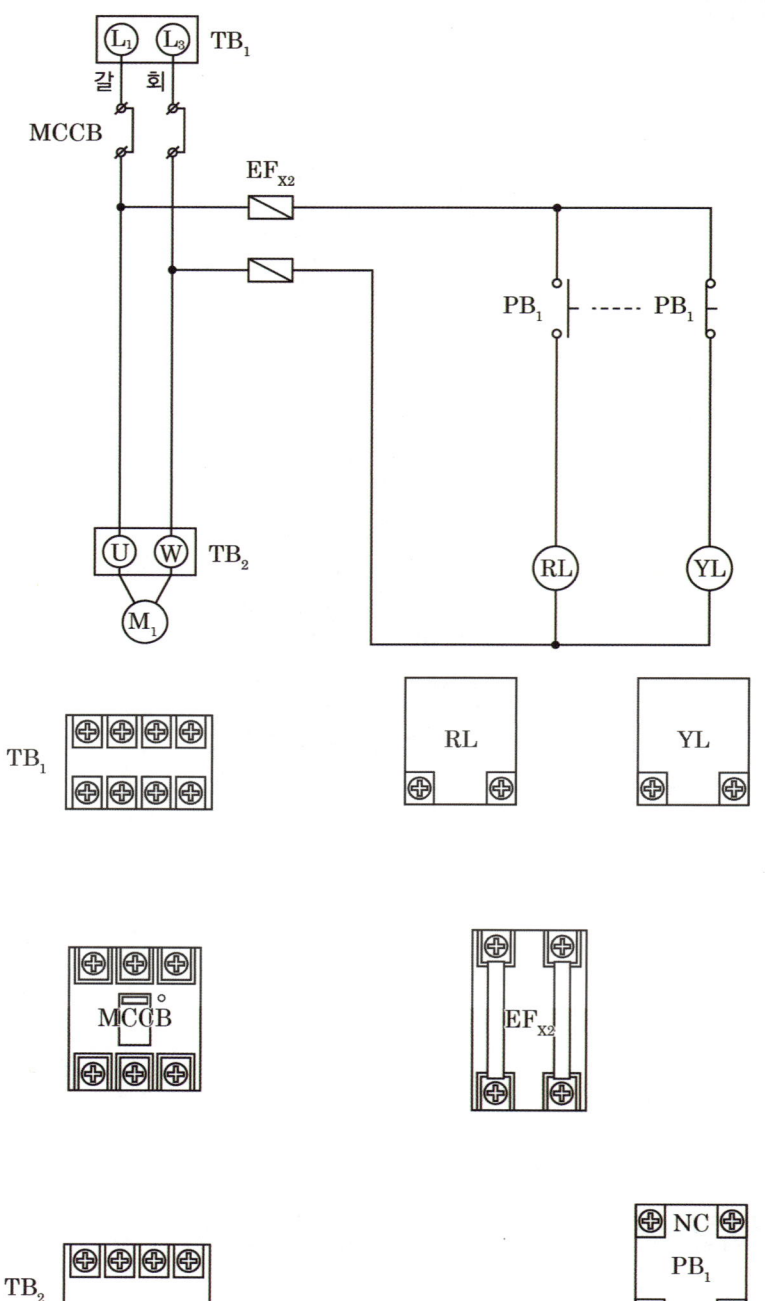

> 해설

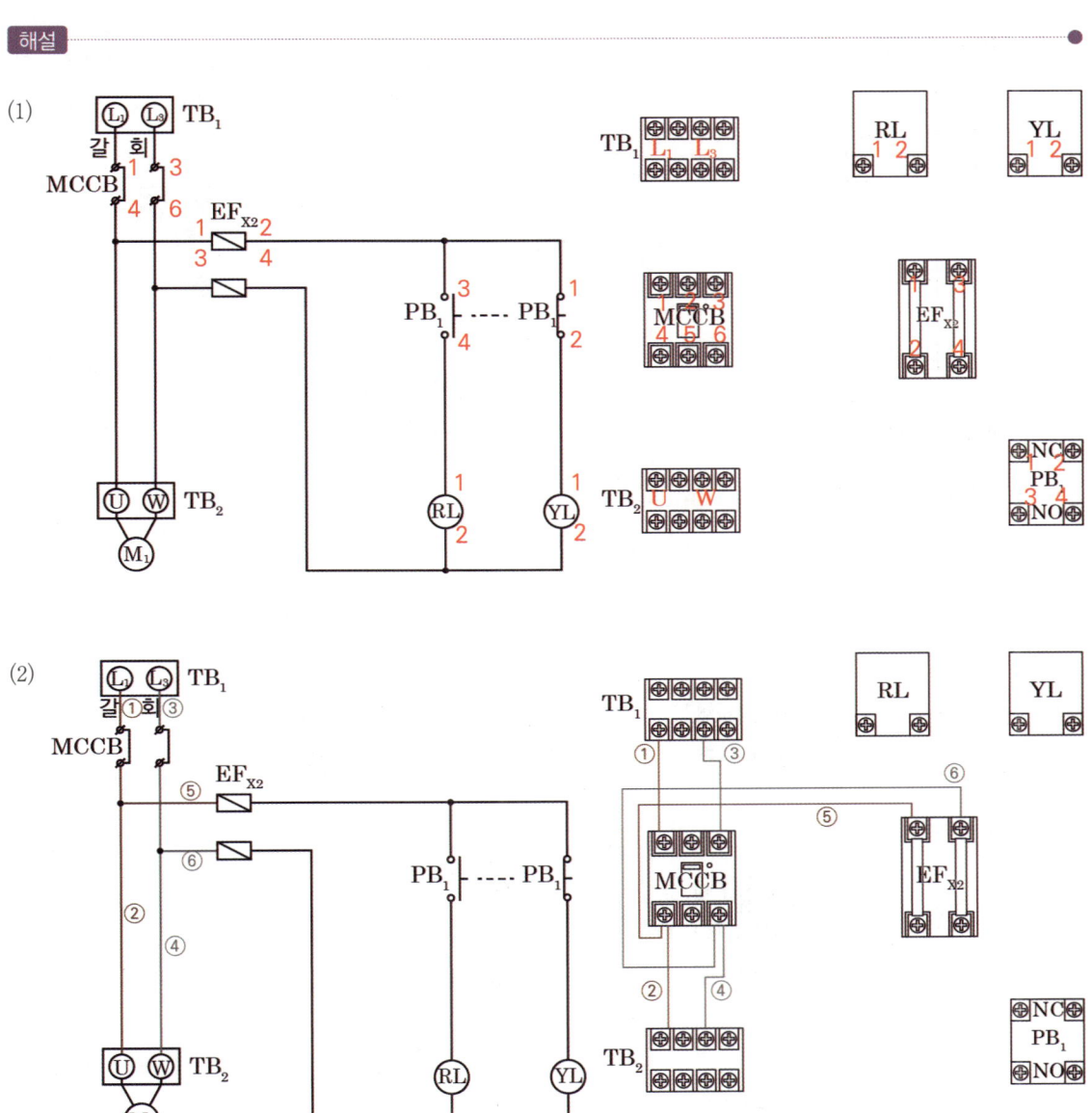

※ 직각으로 결선되어야 한다.

(3)

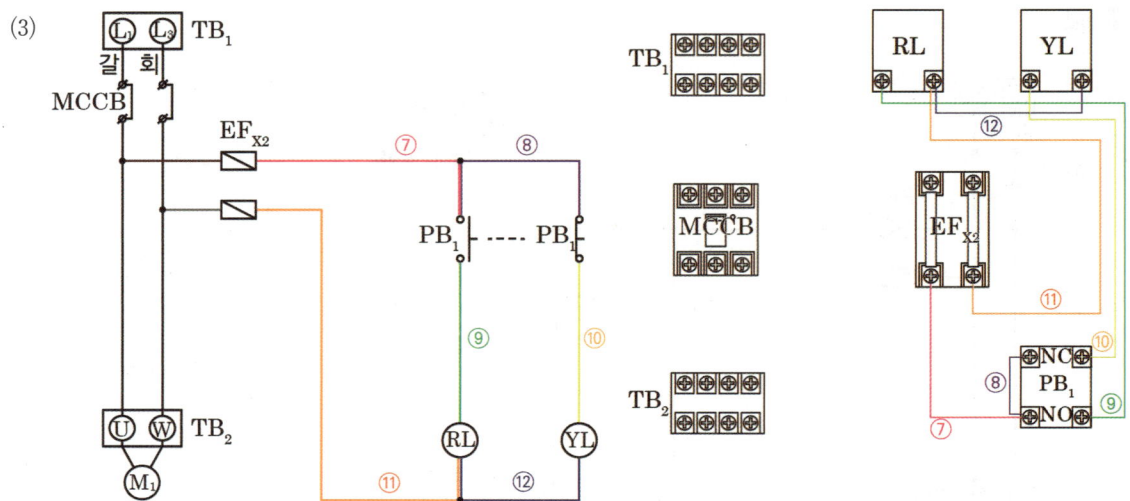

※ 퓨즈홀더(EF)의 2차 측은 전부 황색 배선이다.

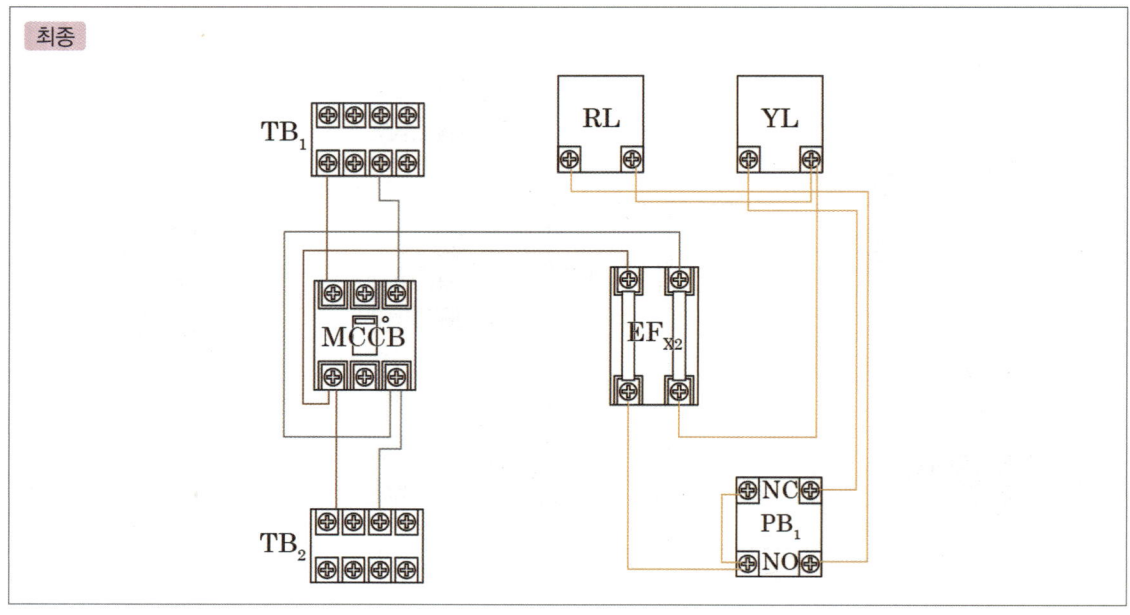

02 '8핀 릴레이'의 넘버링 문제

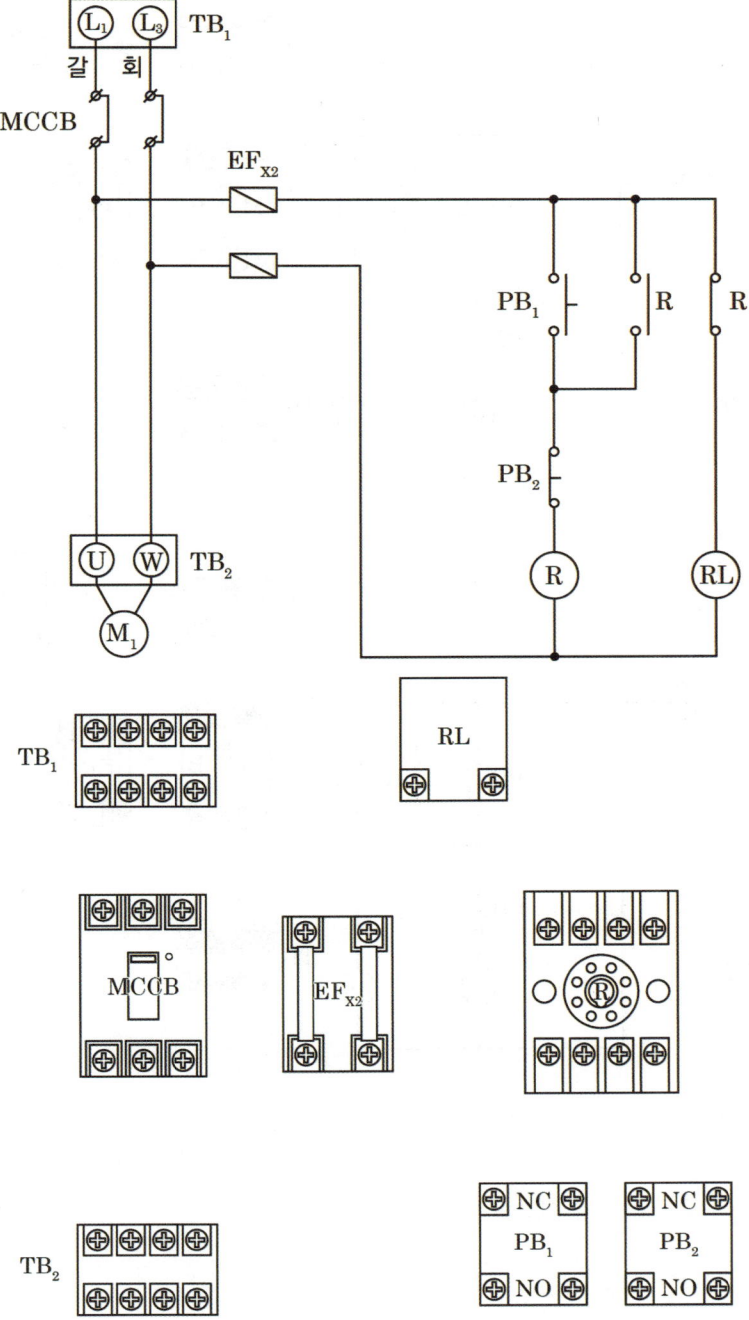

Part 08. 시퀀스길찾기 문제풀이

해설

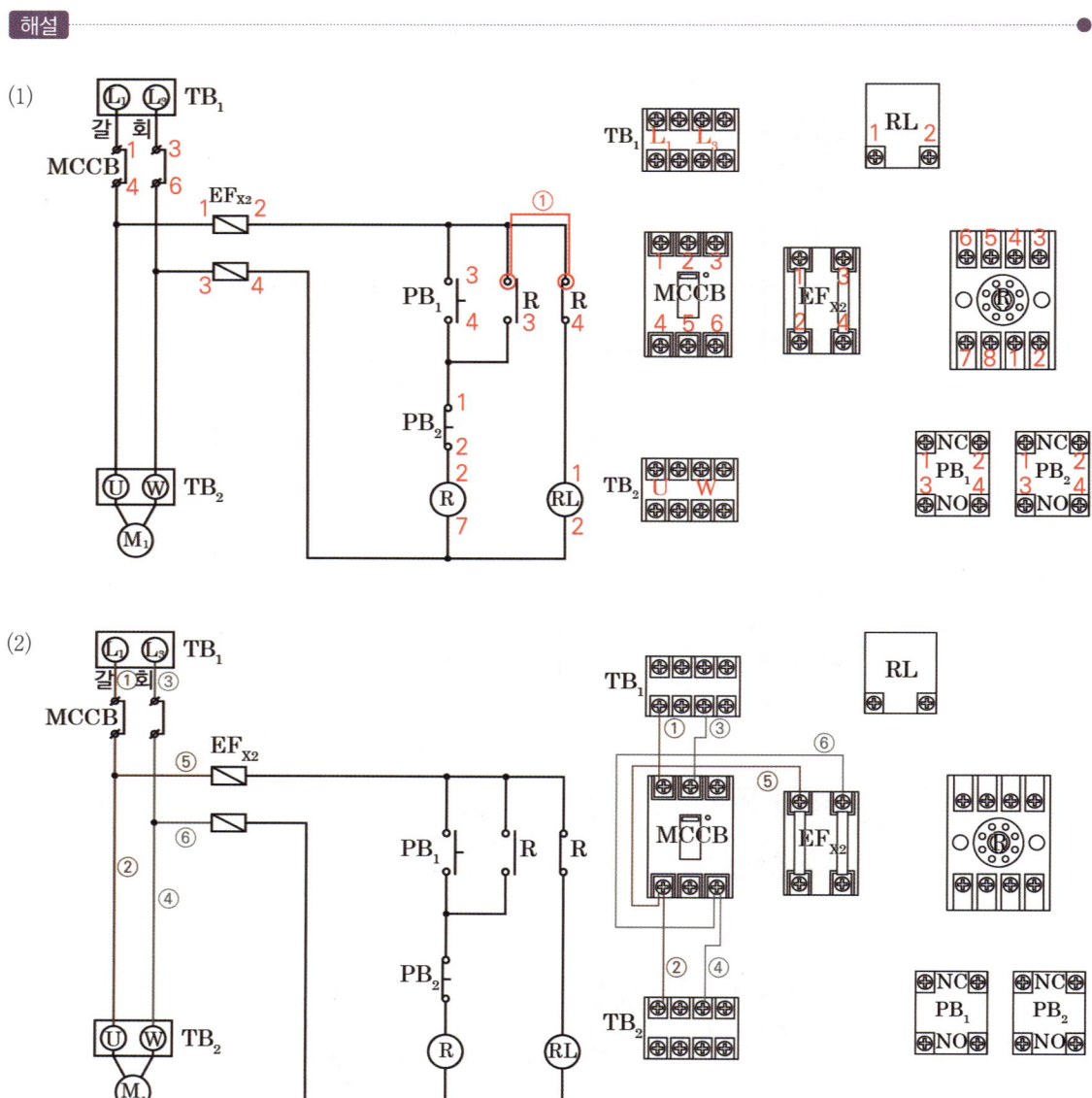

(3)

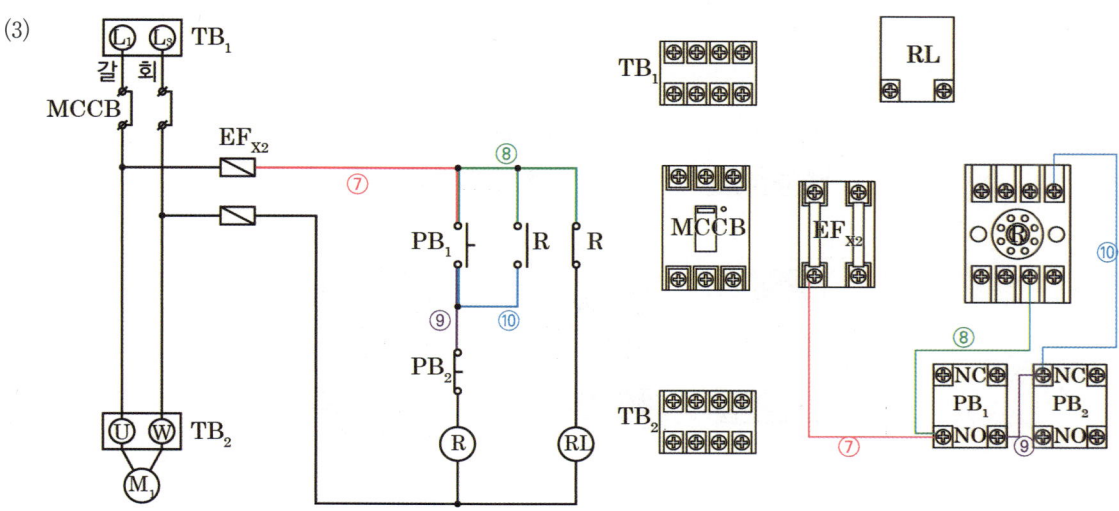

※ 퓨즈홀더(EF)의 2차 측은 전부 황색 배선이다.

(4)

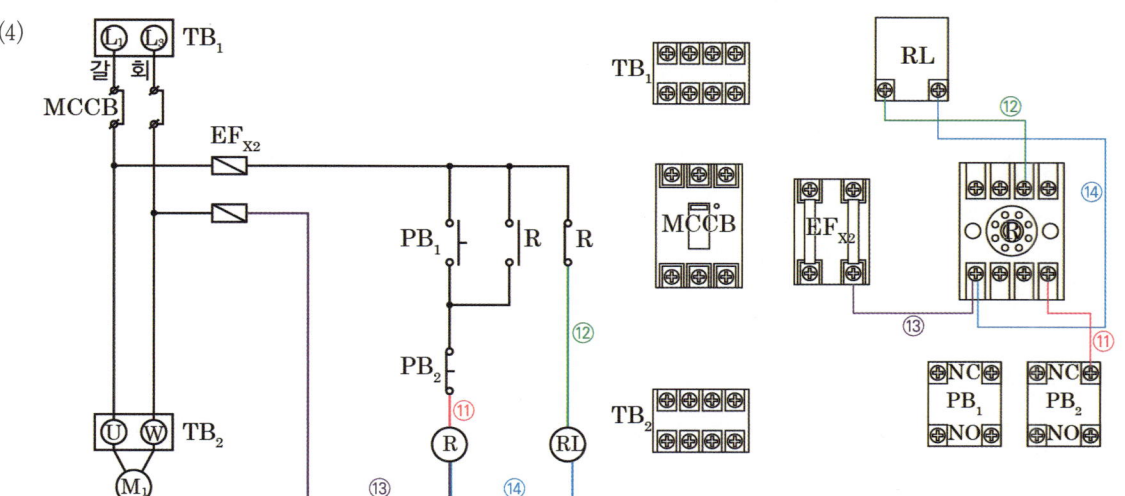

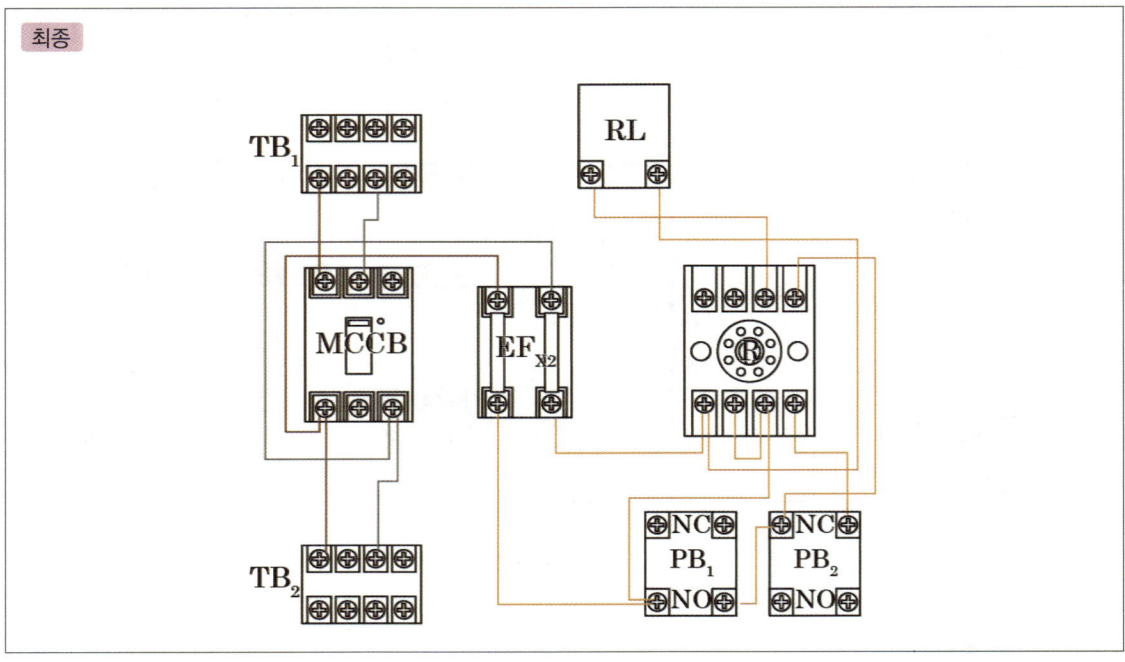

03 '8핀 타이머, 8핀 플리커'의 넘버링 문제

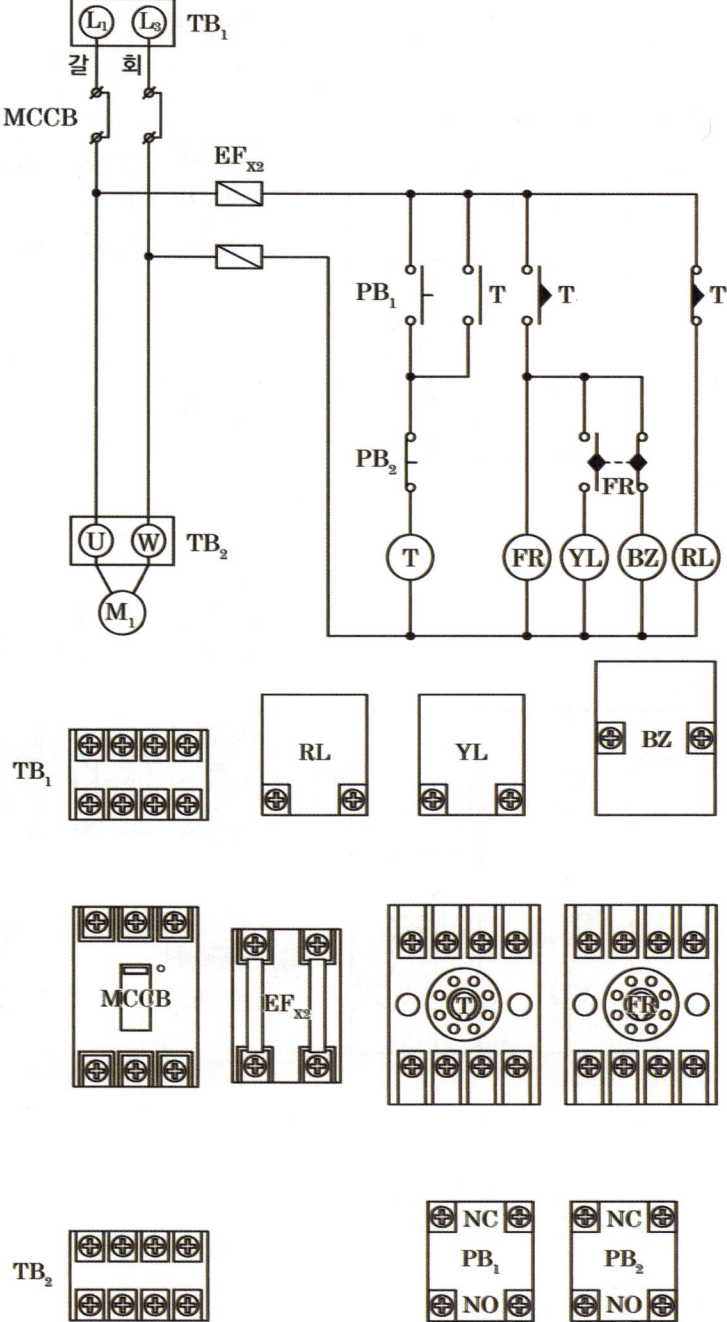

해설

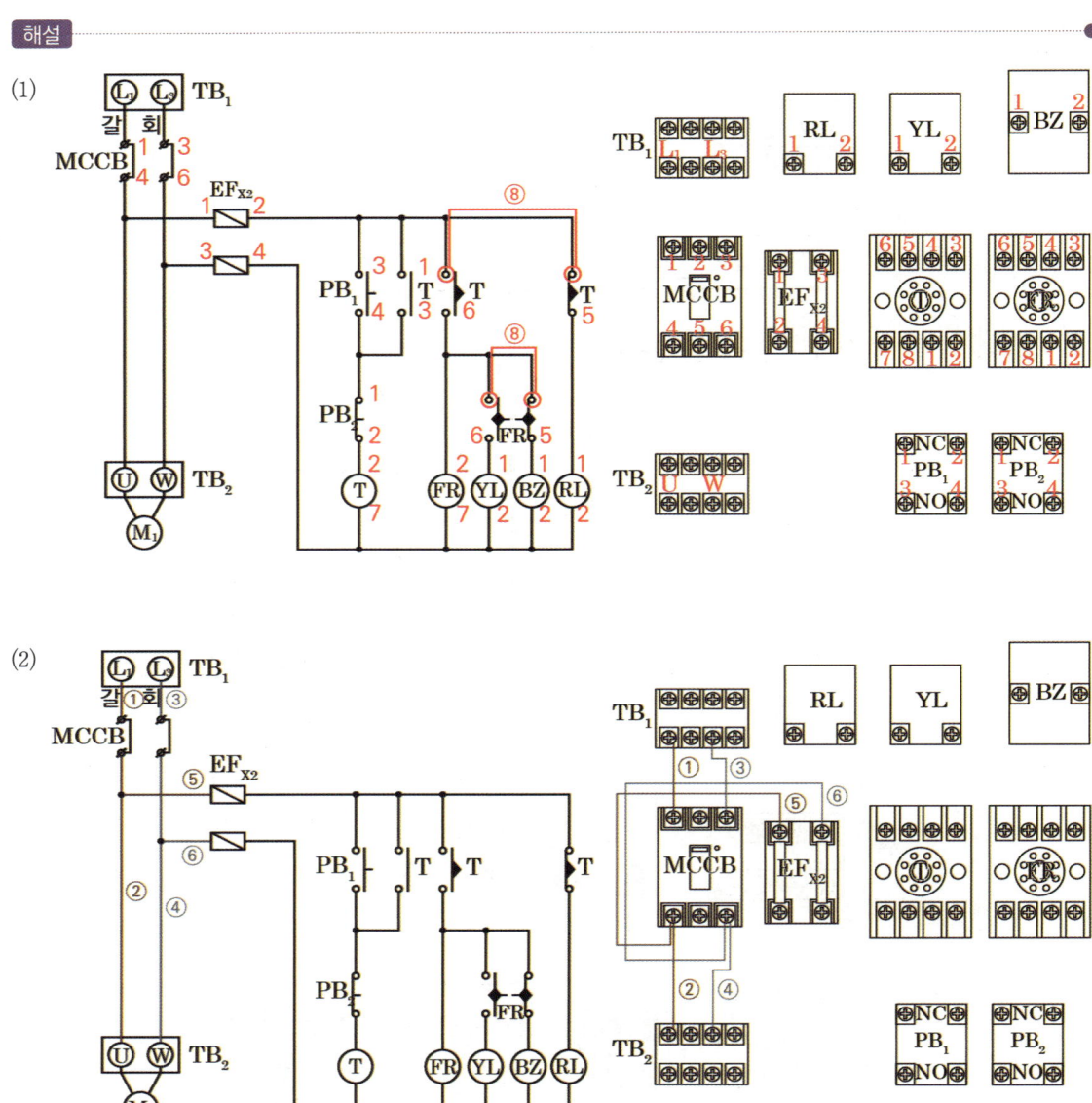

(3)

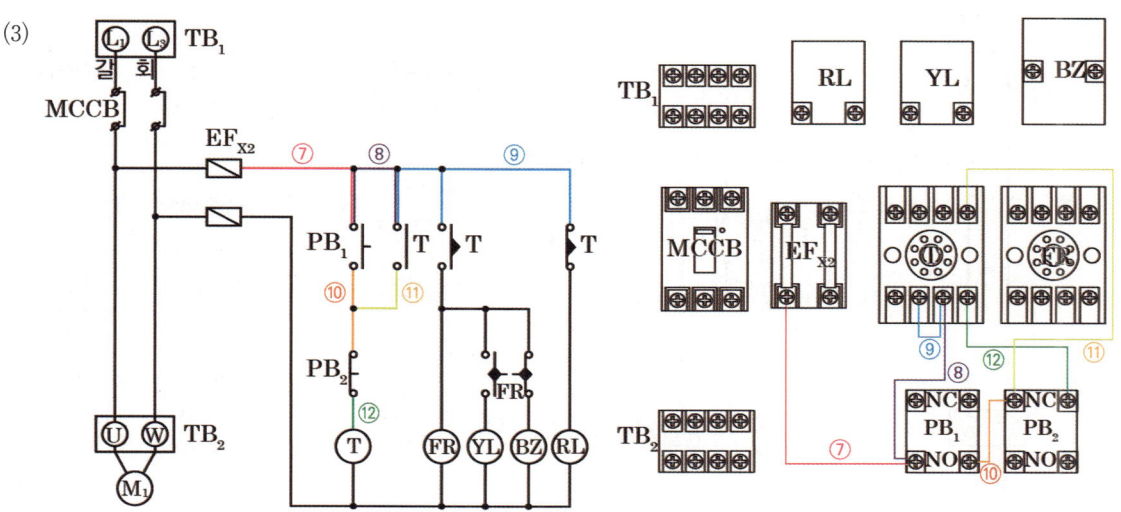

※ 퓨즈홀더(EF)의 2차 측은 전부 황색 배선이다.

(4)

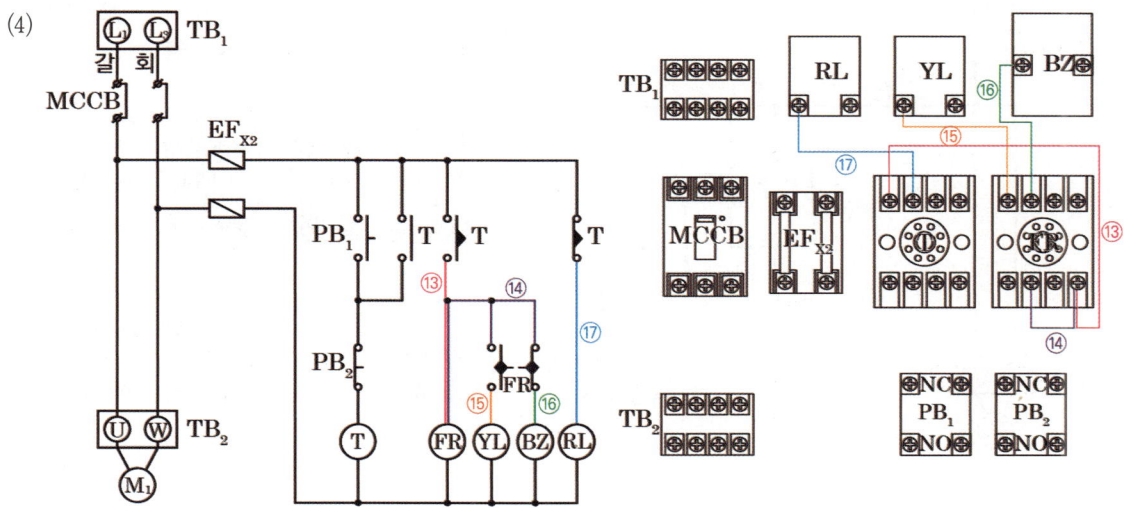

(5)

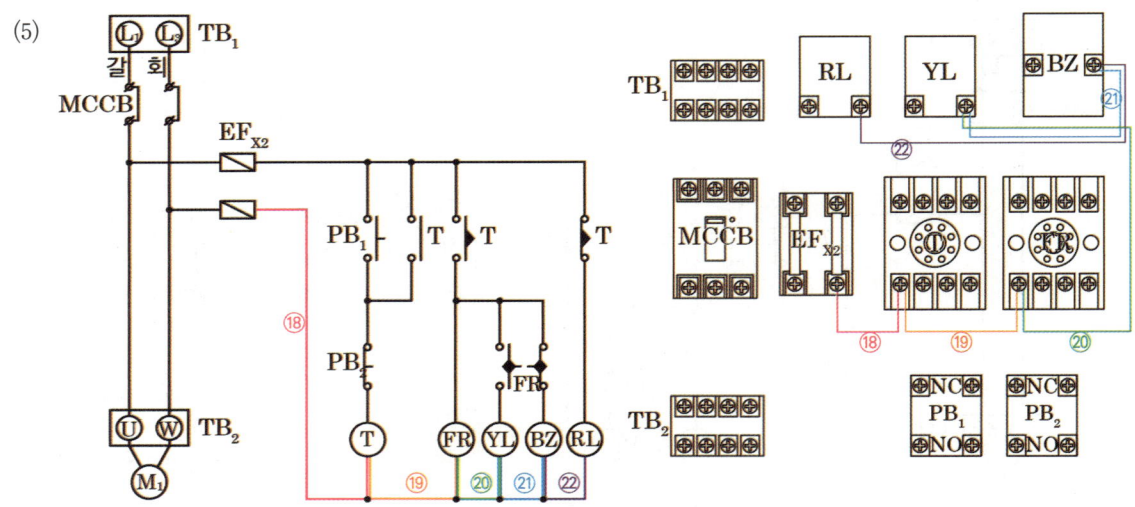

(6)

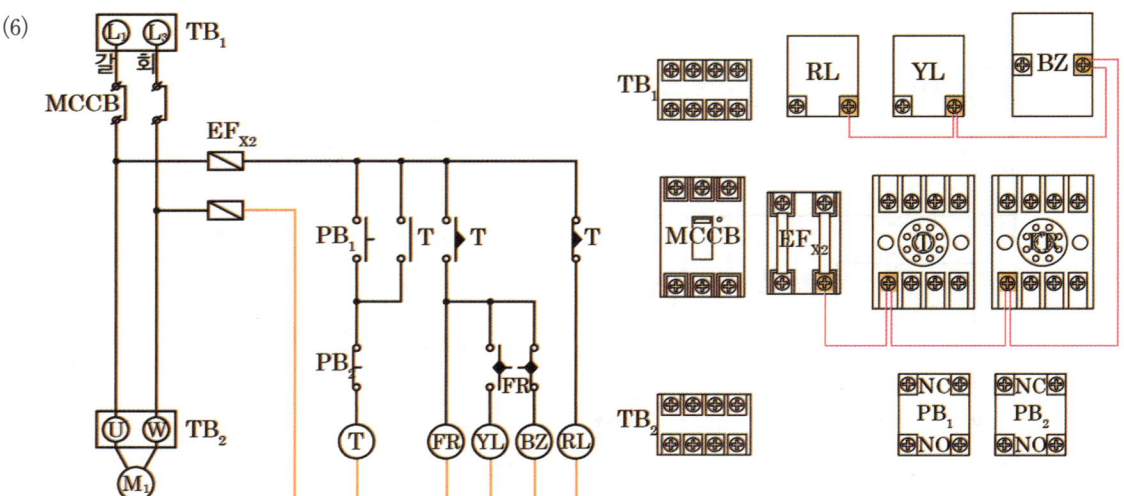

※ 단자자석(제어반자석) 사용 시
① 자석을 미리 부착한 뒤
② 가까운 거리로 연결한다.

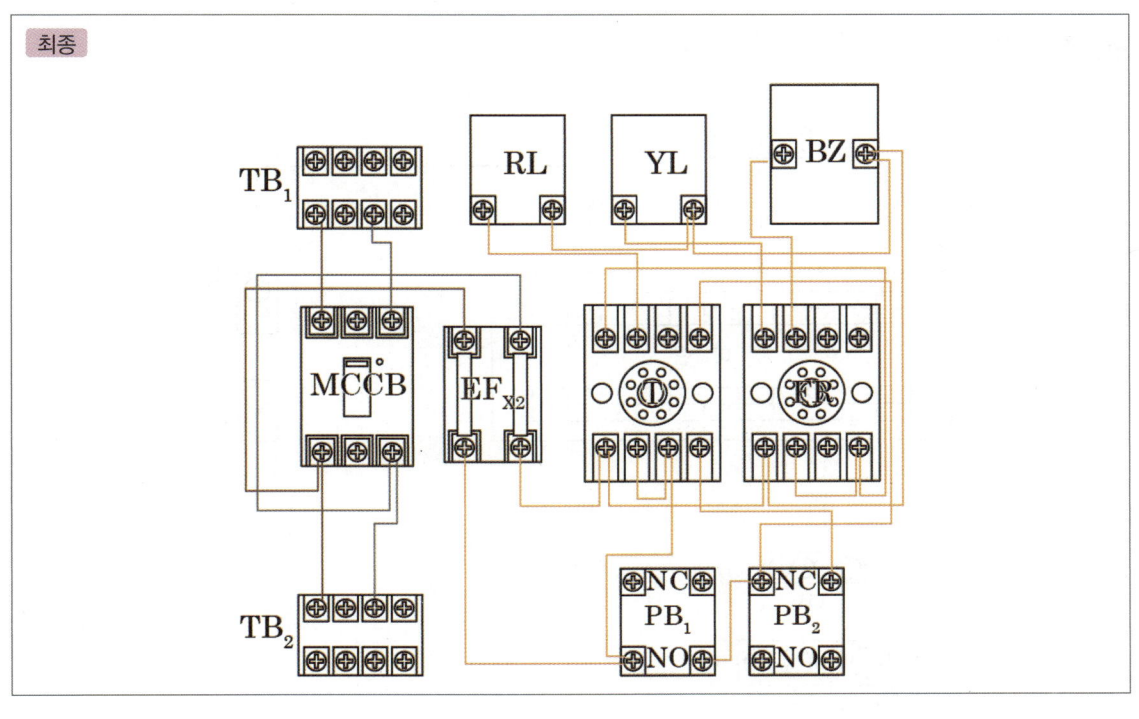

04 'MC(Power Relay)'의 넘버링 문제

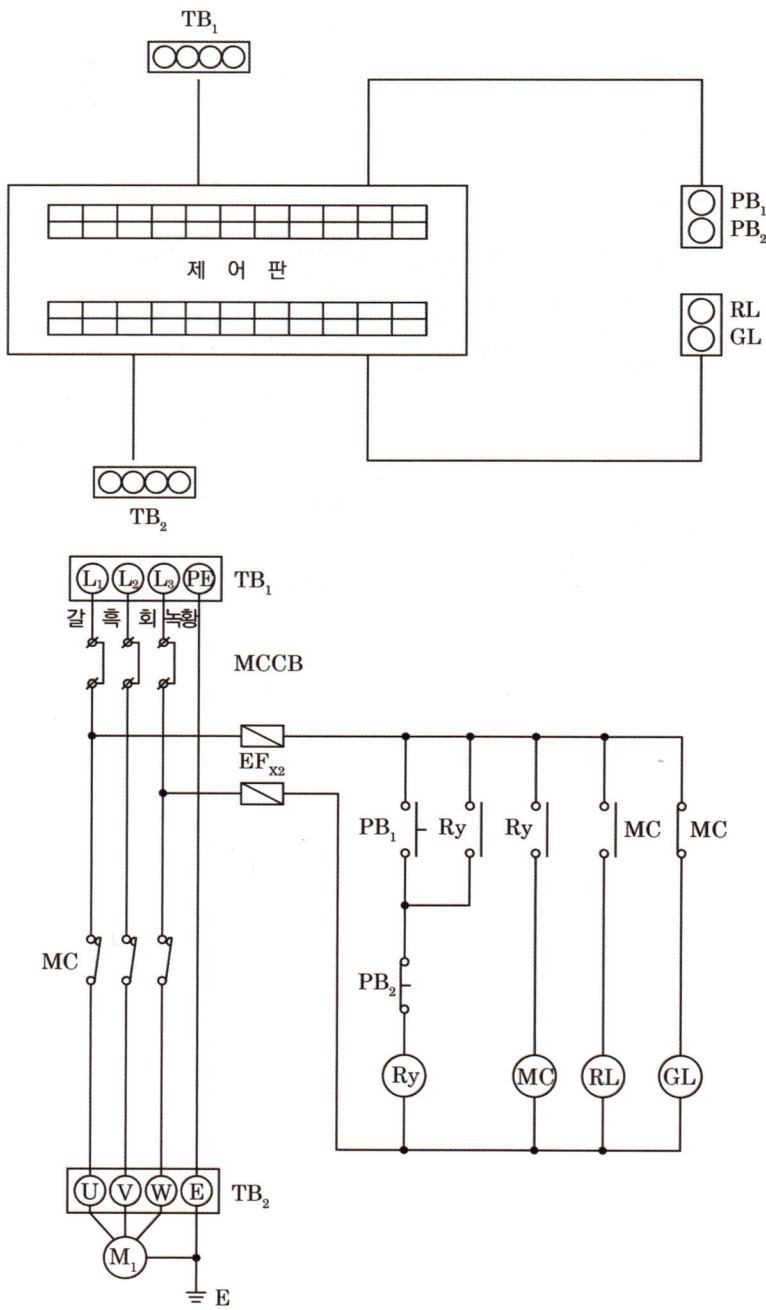

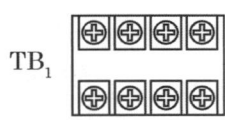  

 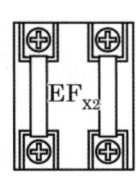 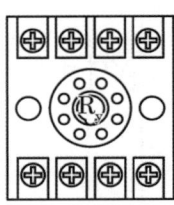 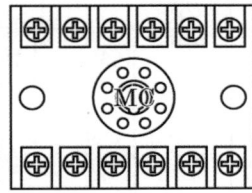

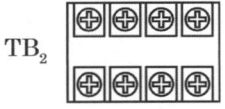 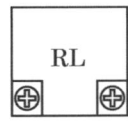 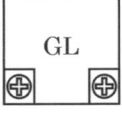

해설

(1)
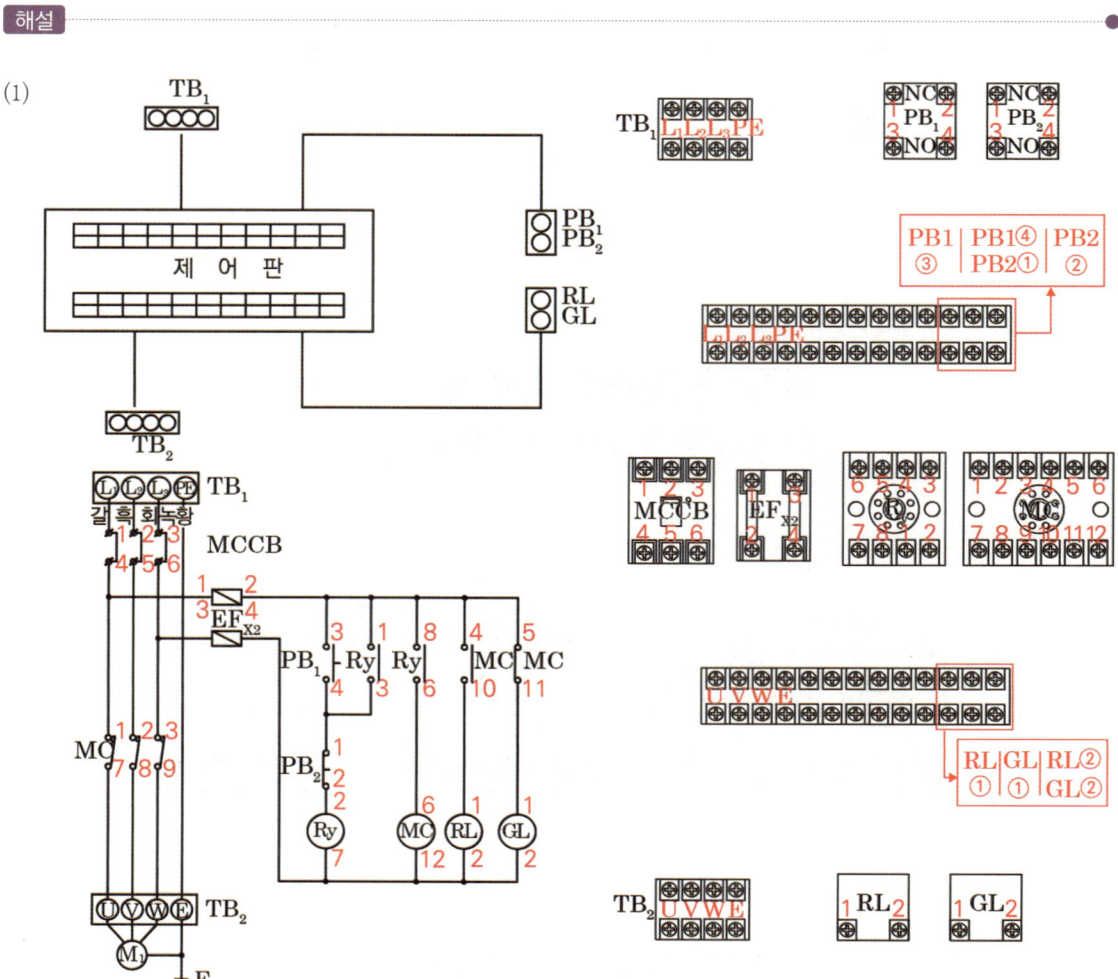

(2)
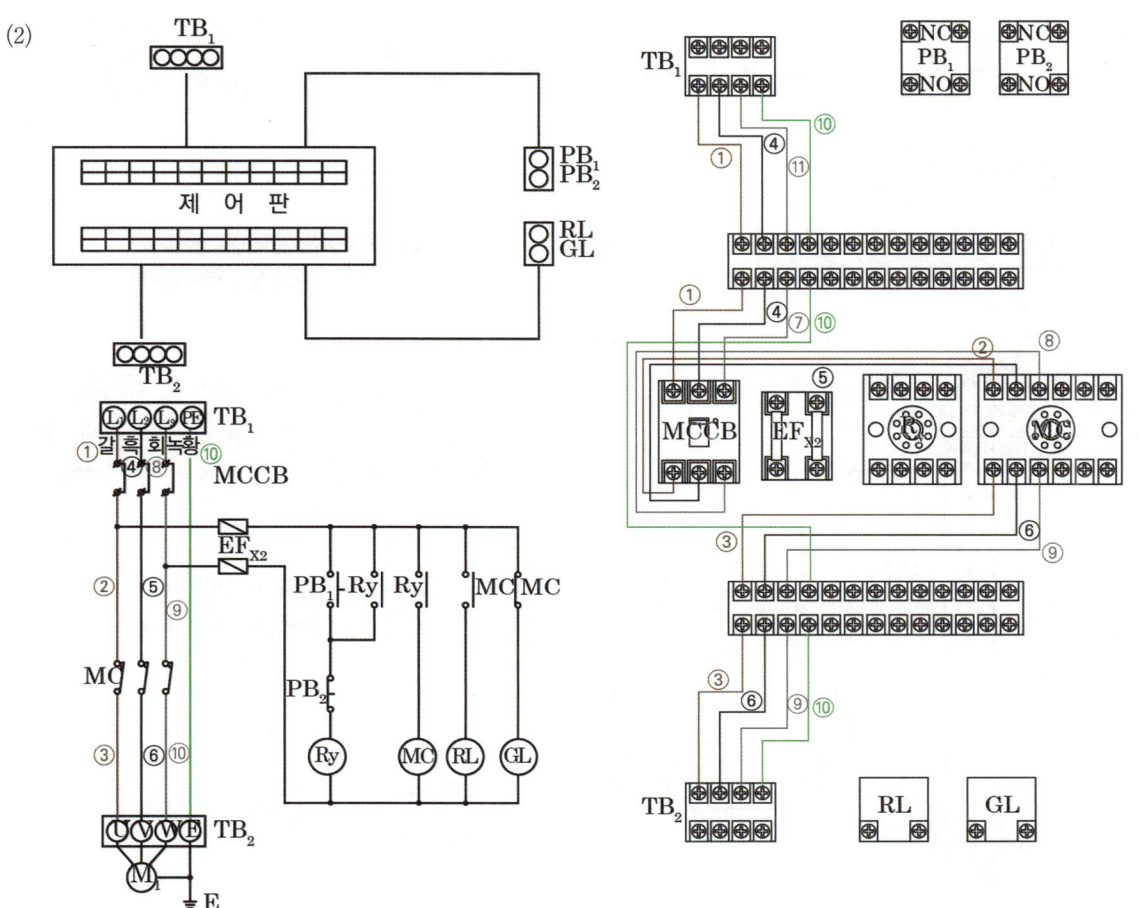

(3)

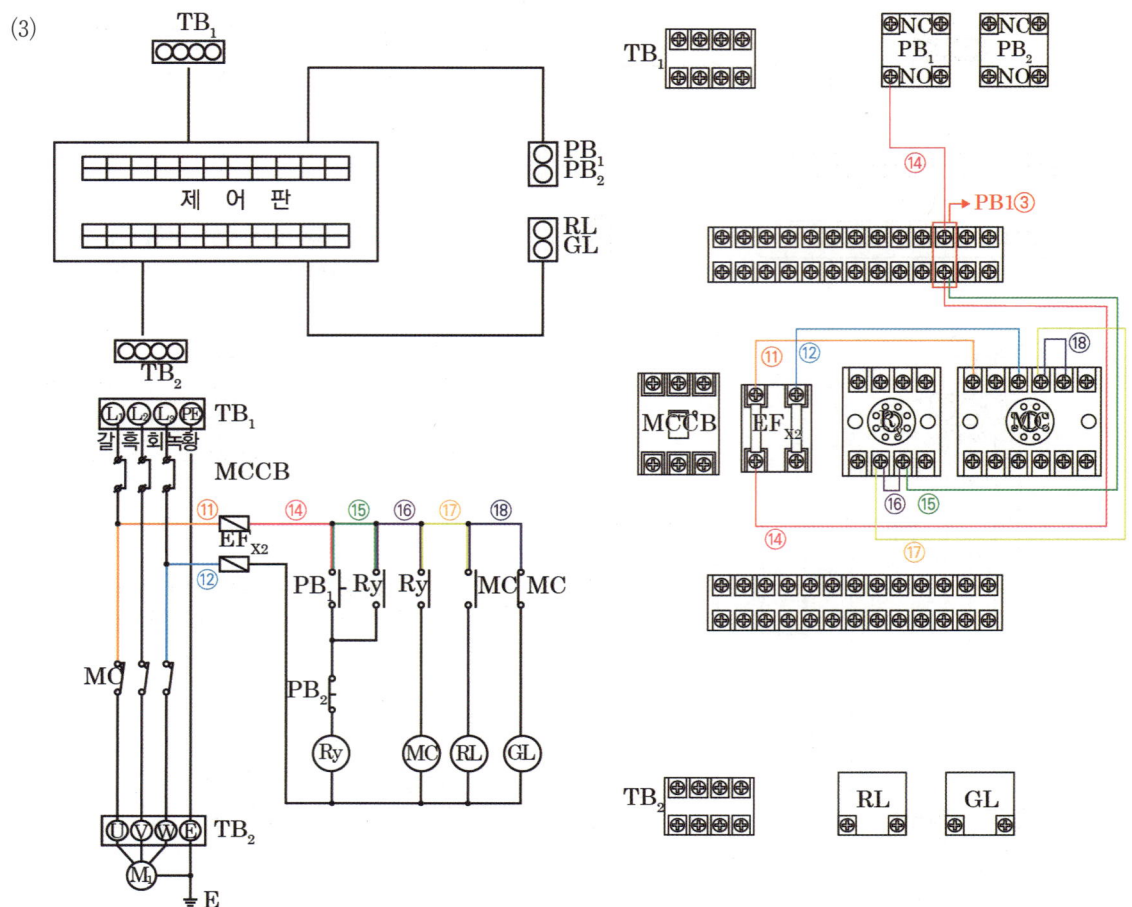

※ 퓨즈홀더(EF)의 2차 측은 전부 황색 배선이다.

(4)

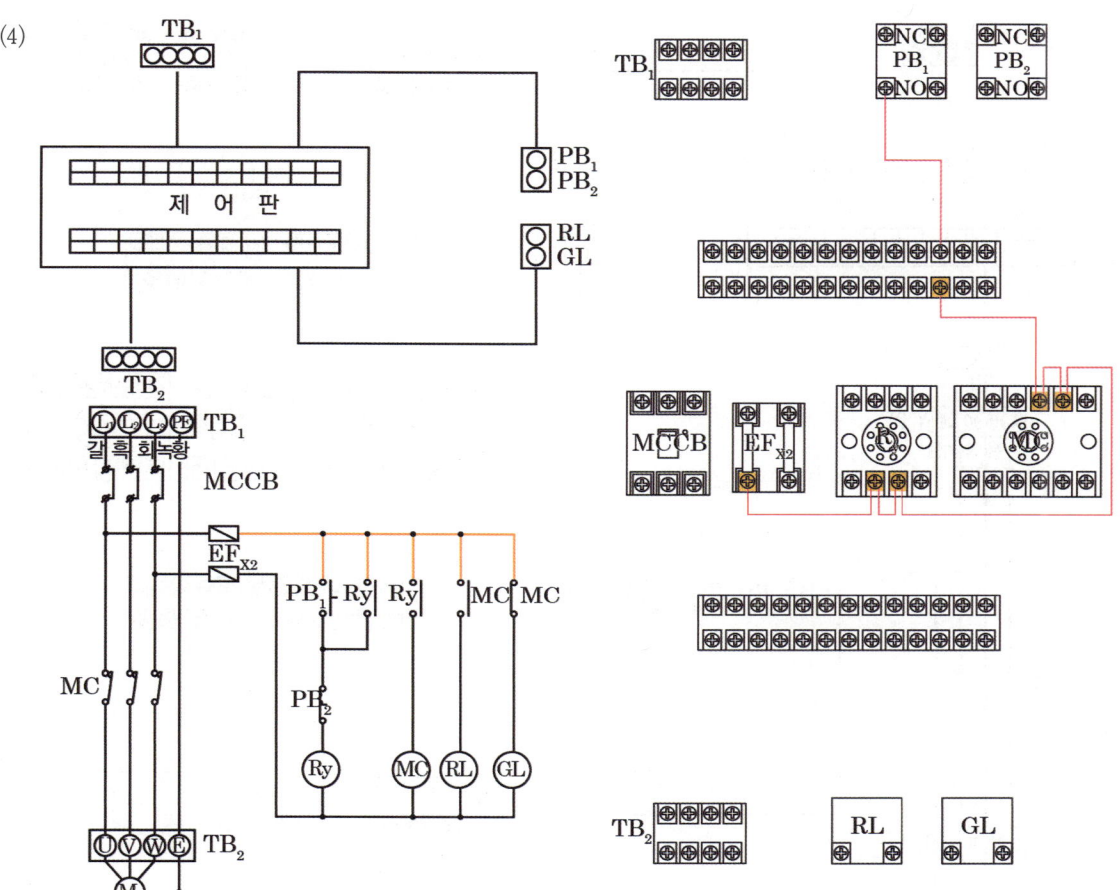

※ 단자자석(제어반자석) 사용 시
① 자석을 미리 부착한 뒤
② 가까운 거리로 연결한다.

(5)

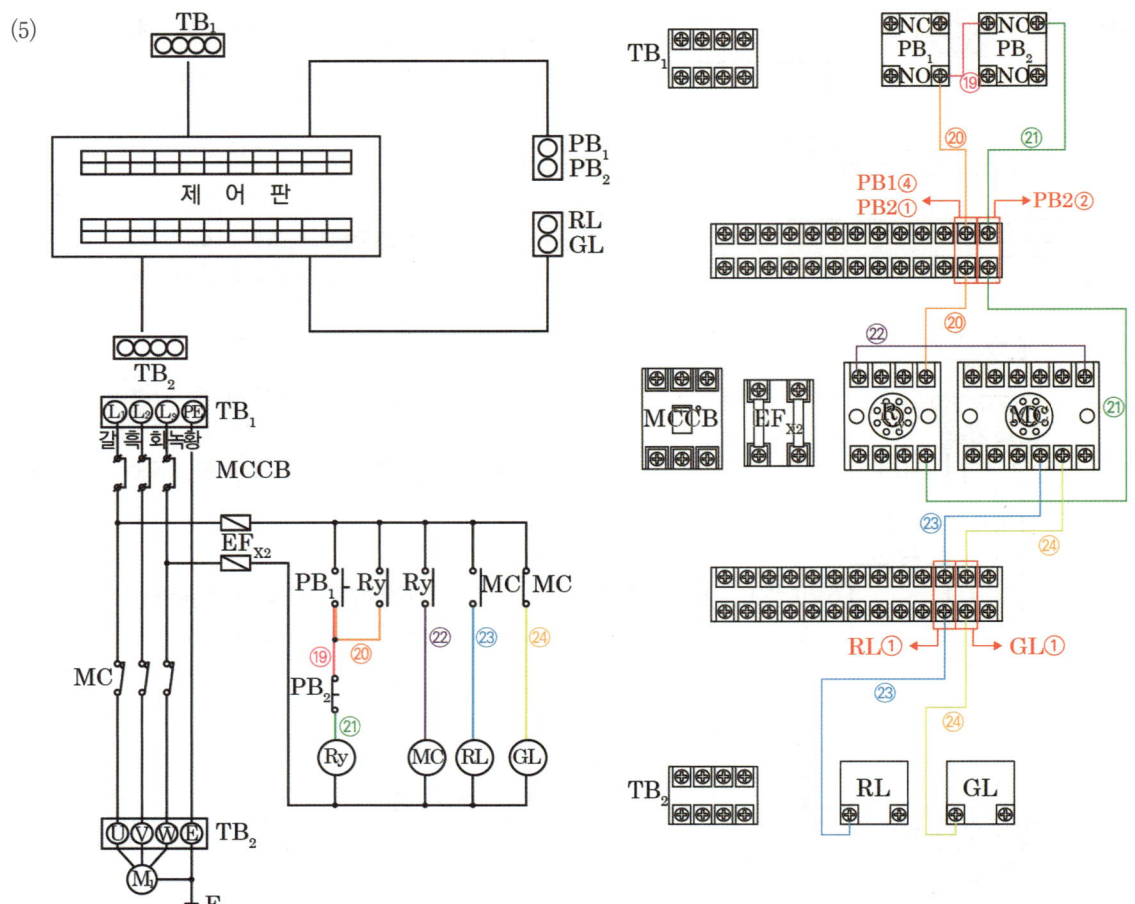

(6)
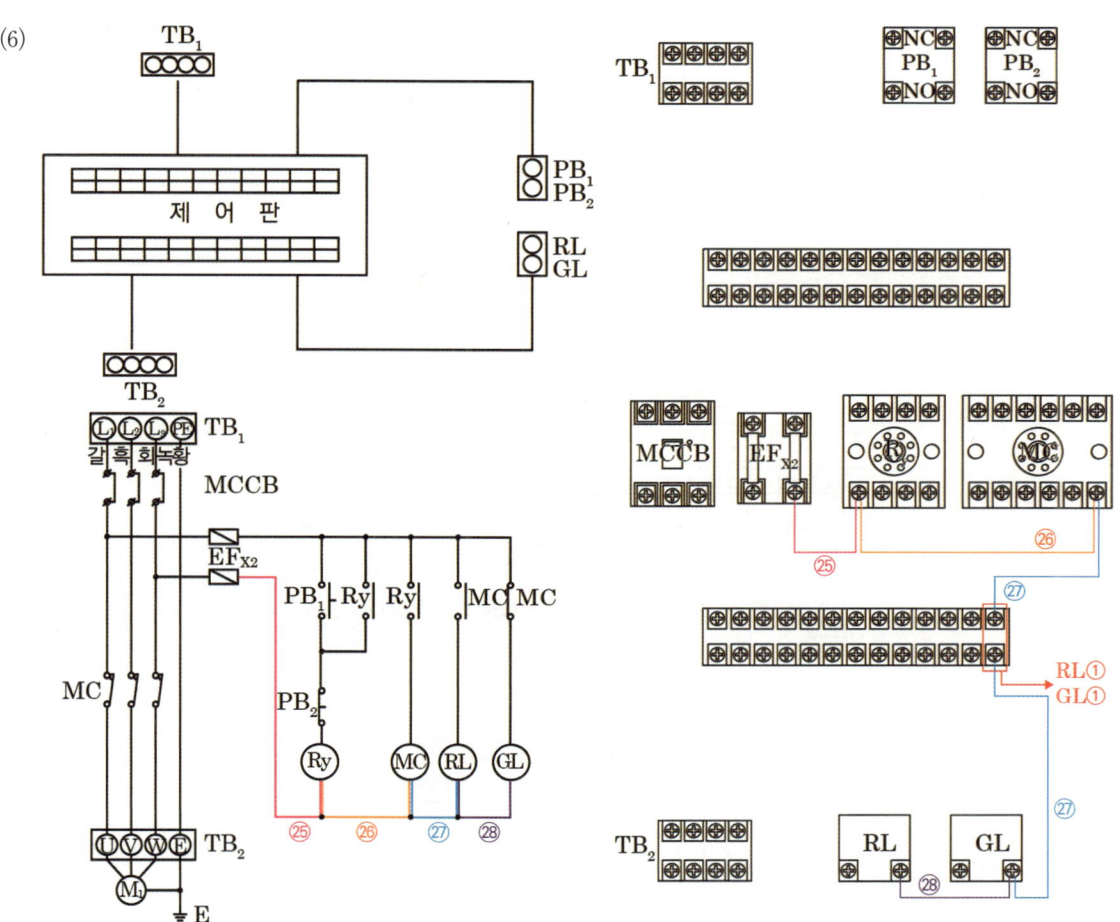

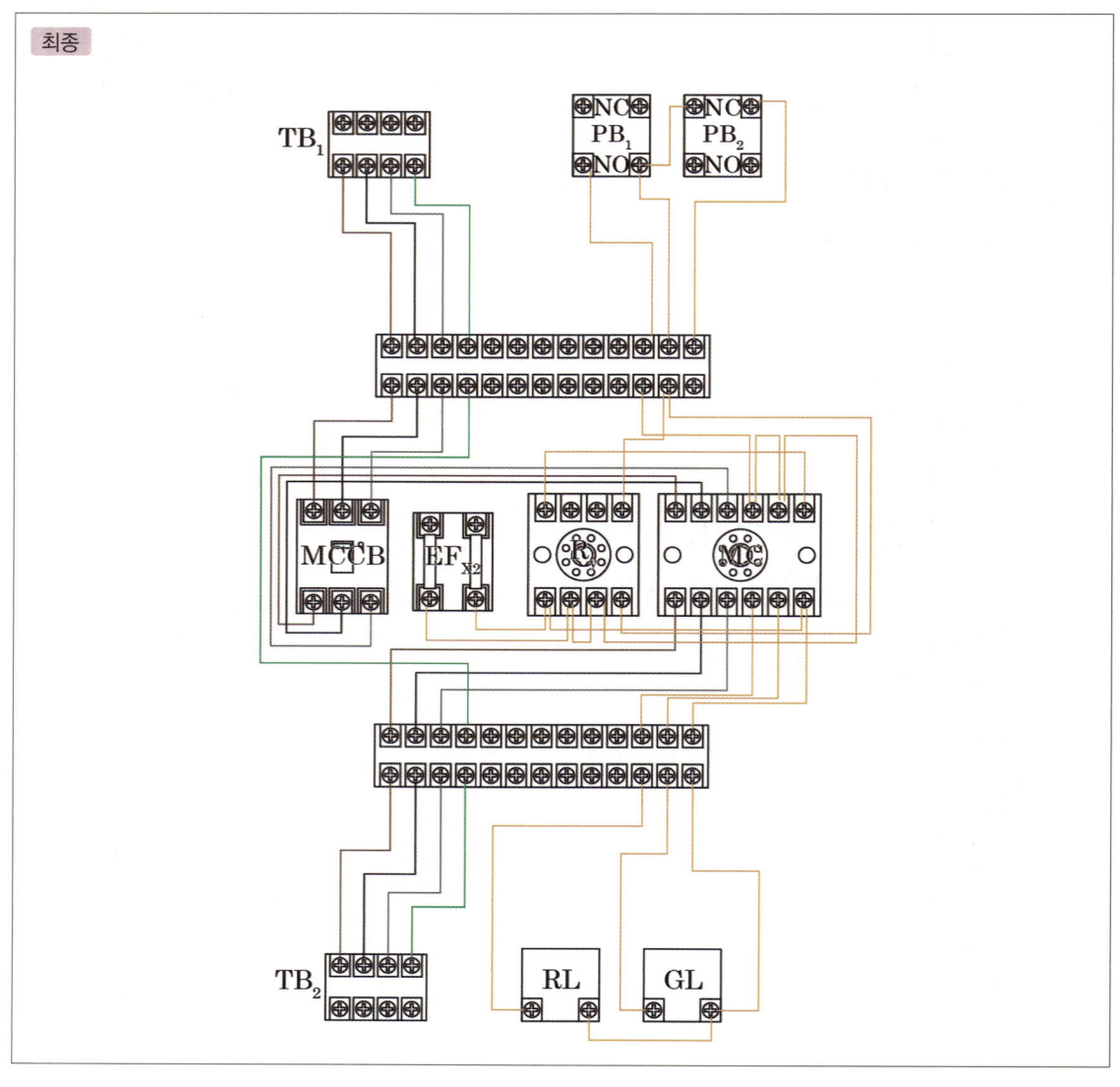

05 'EOCR'의 넘버링 문제

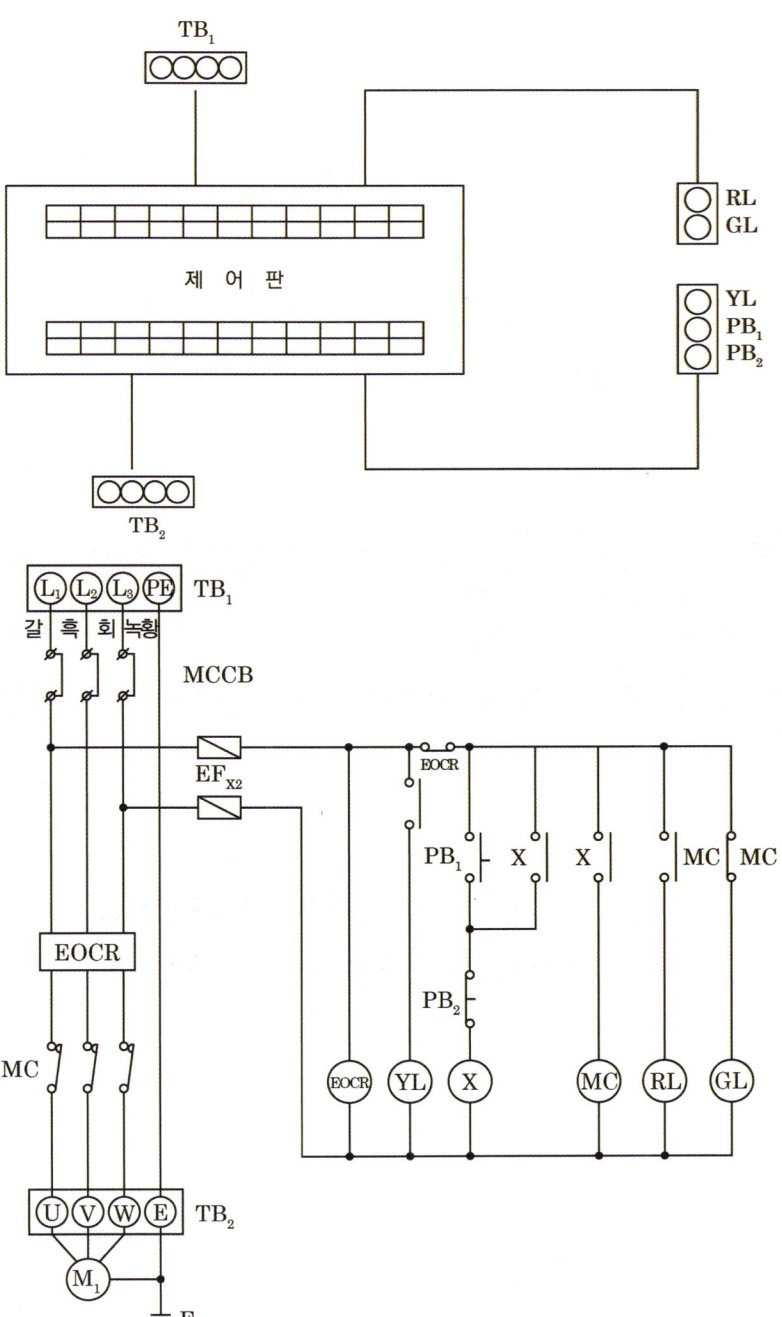

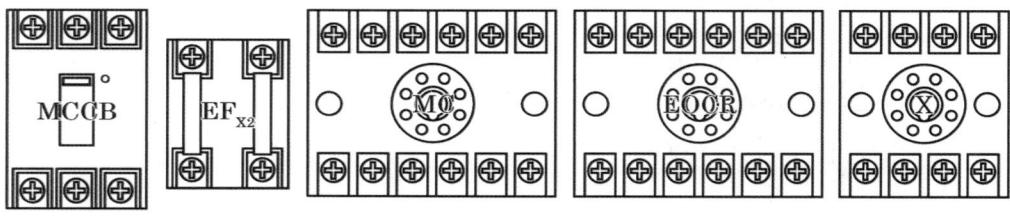

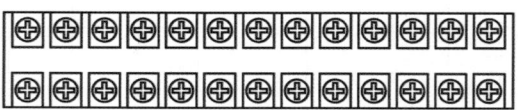

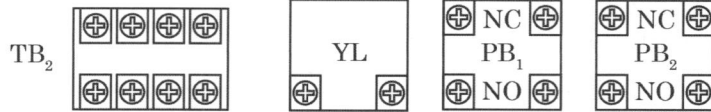

해설

(1)

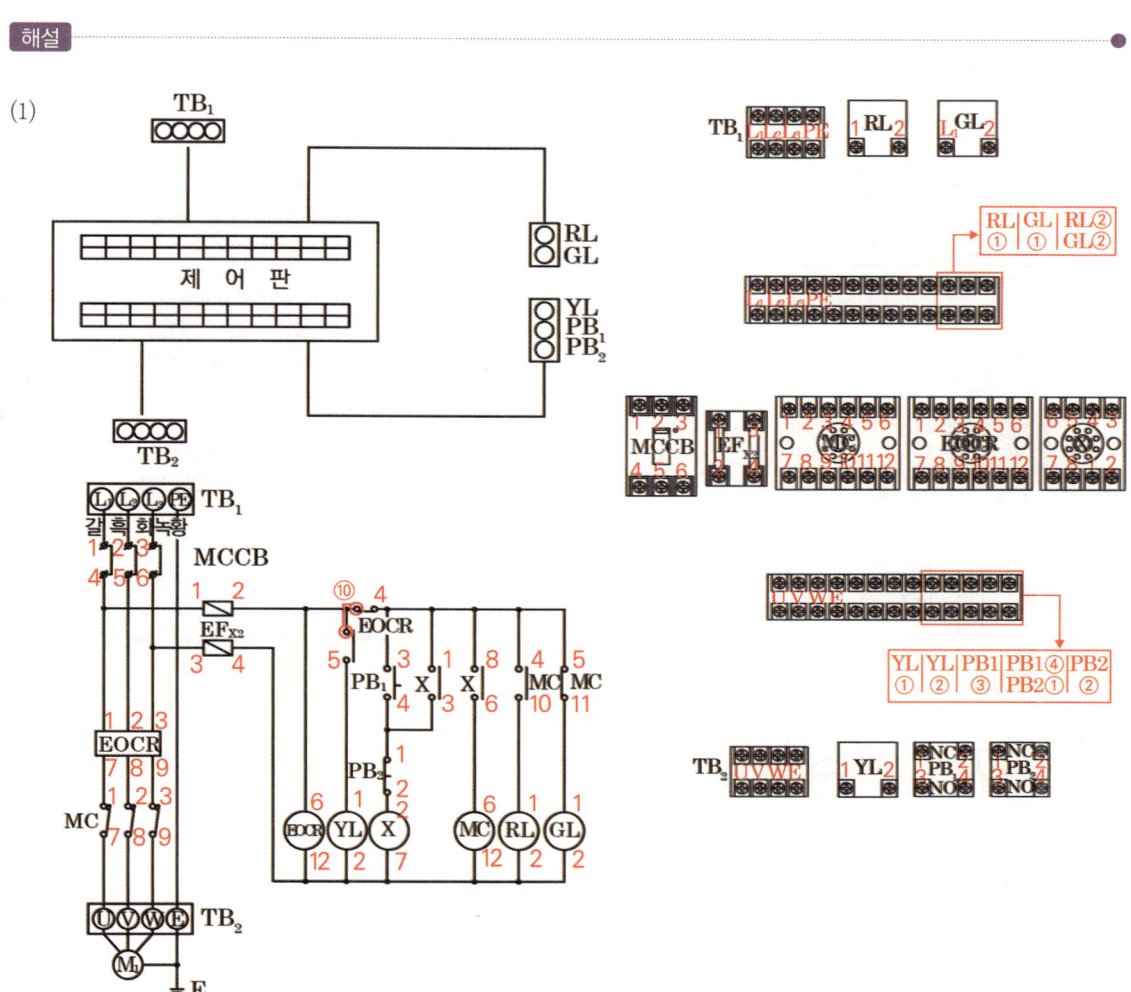

Part 08. 시퀀스길찾기 문제풀이

(2)

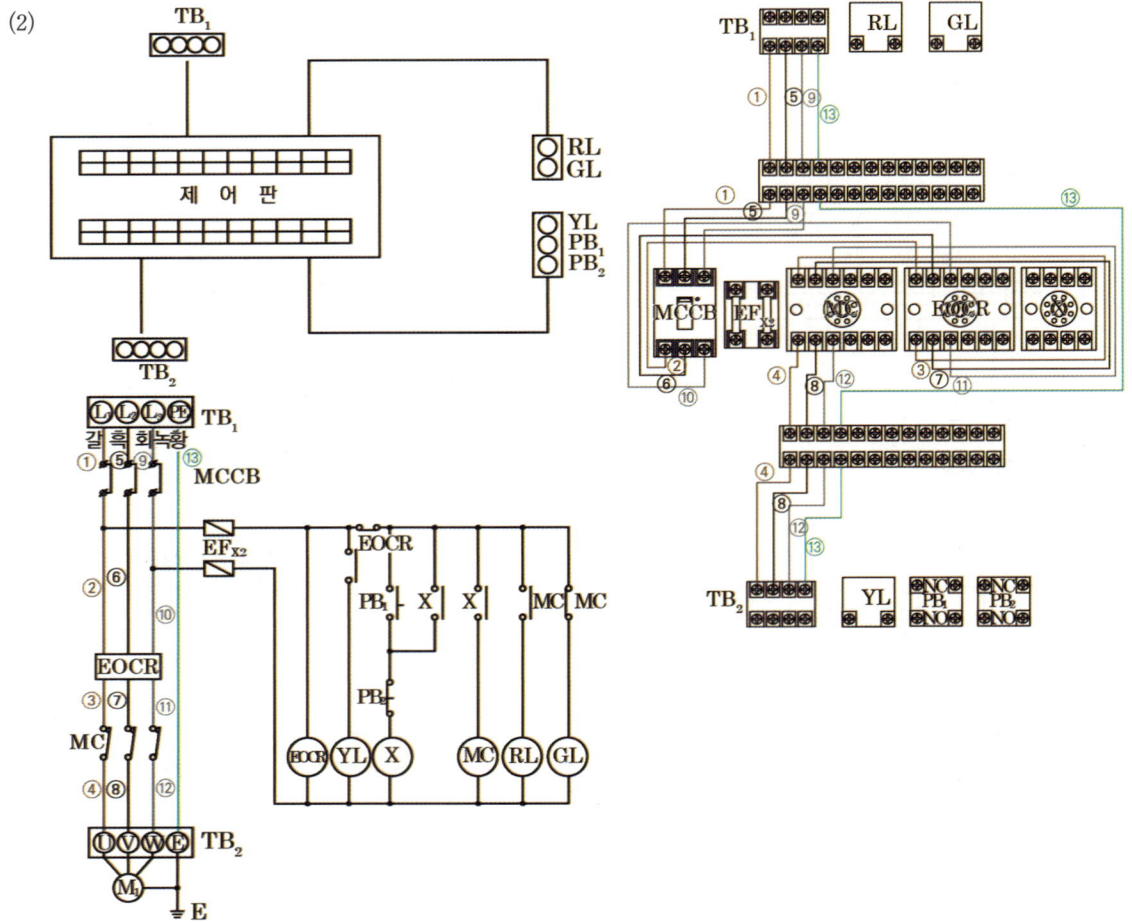

(3)

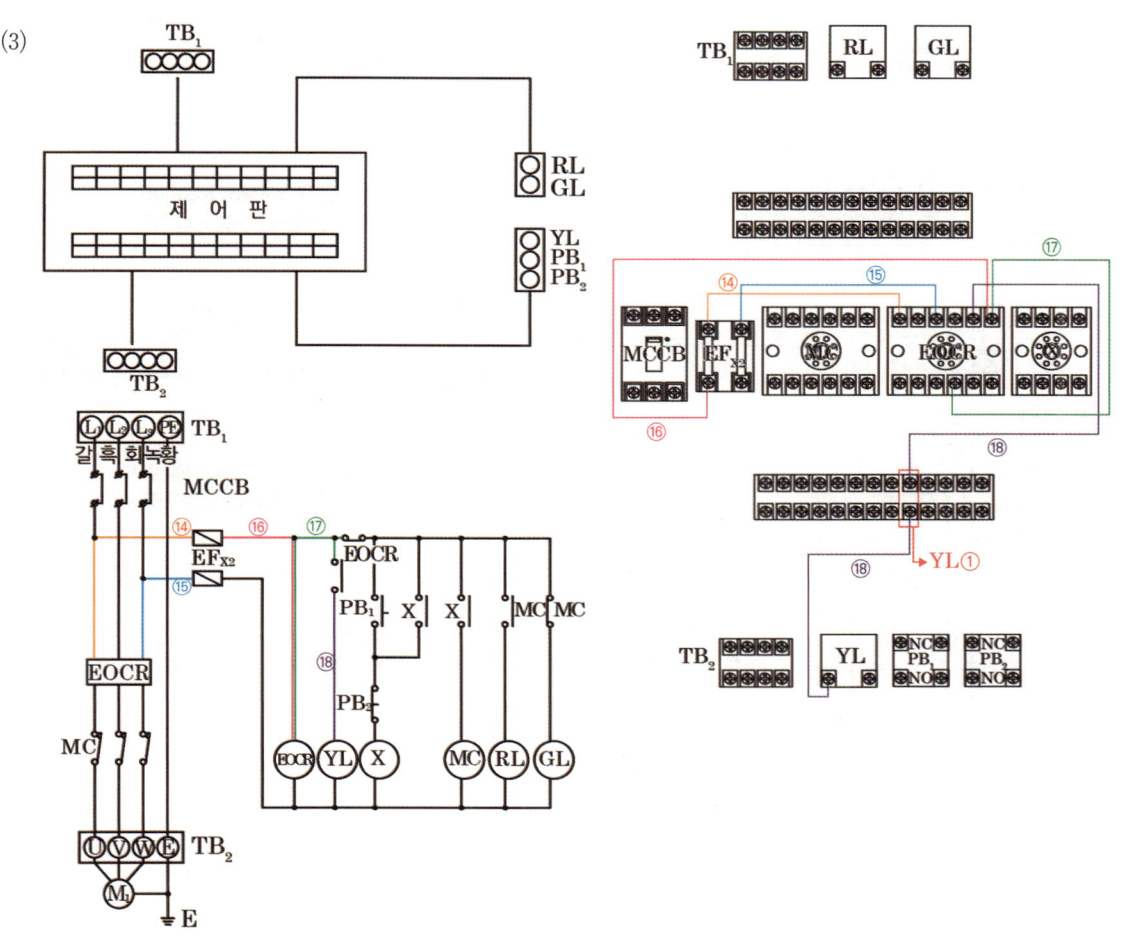

※ 퓨즈홀더(EF)의 2차 측은 전부 황색 배선이다.

(4)
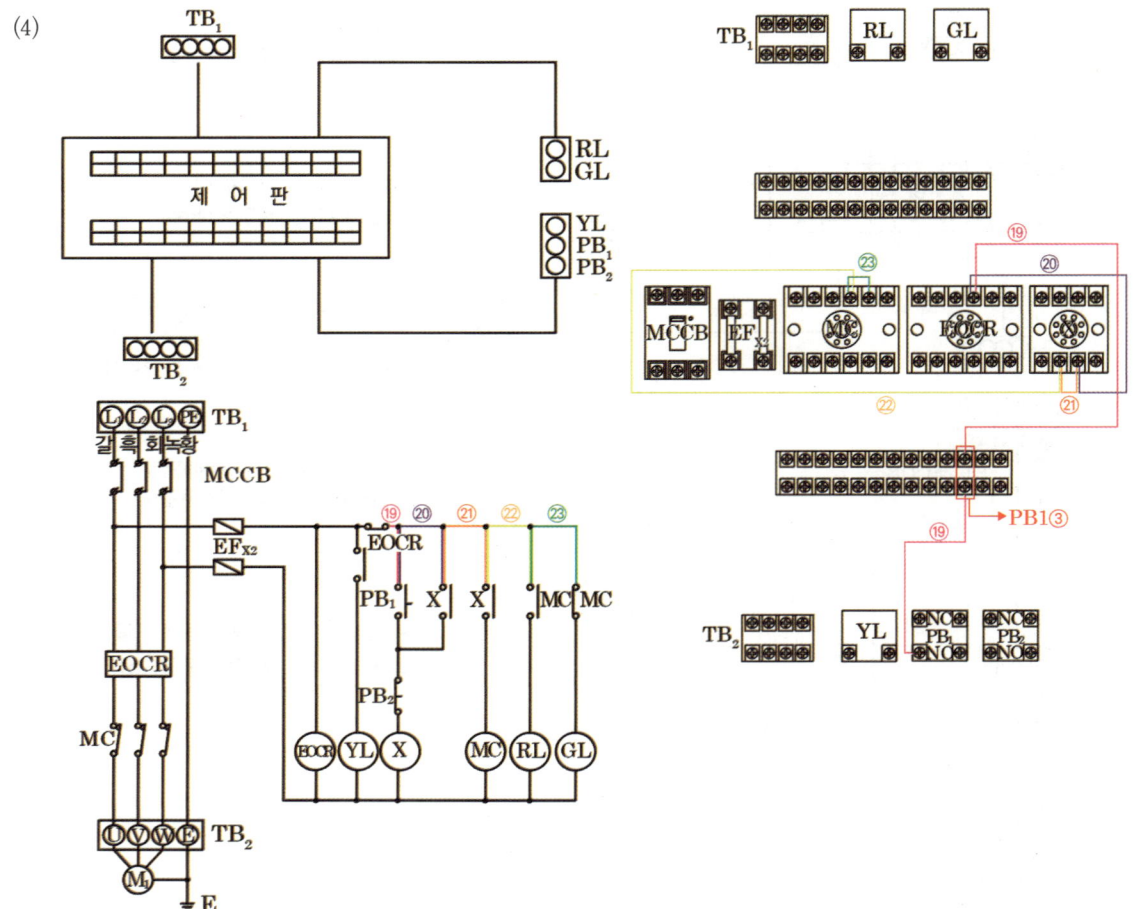

(5)

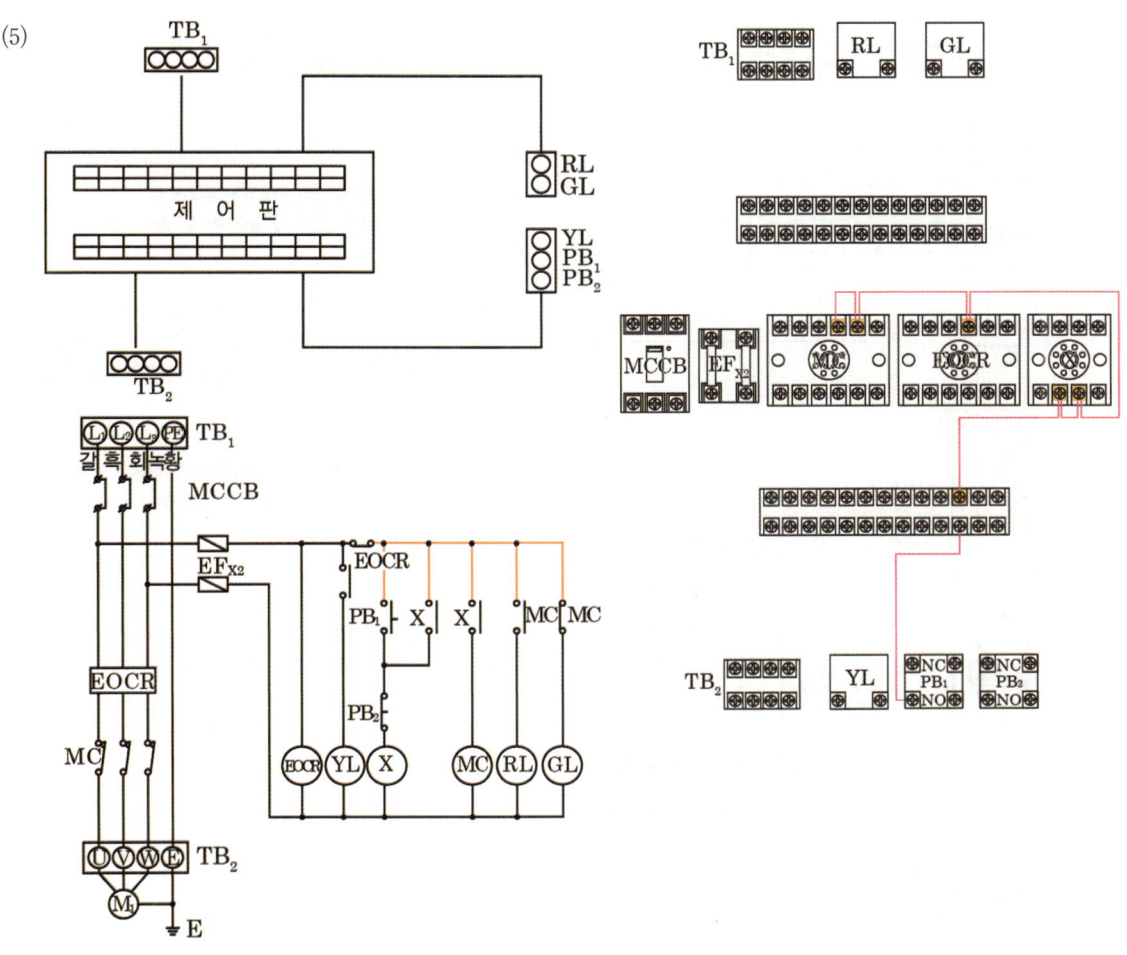

※ 단자자석(제어반자석) 사용 시
① 자석을 미리 부착한 뒤
② 가까운 거리로 연결한다.

Part 08. 시퀀스길찾기 문제풀이

(6)

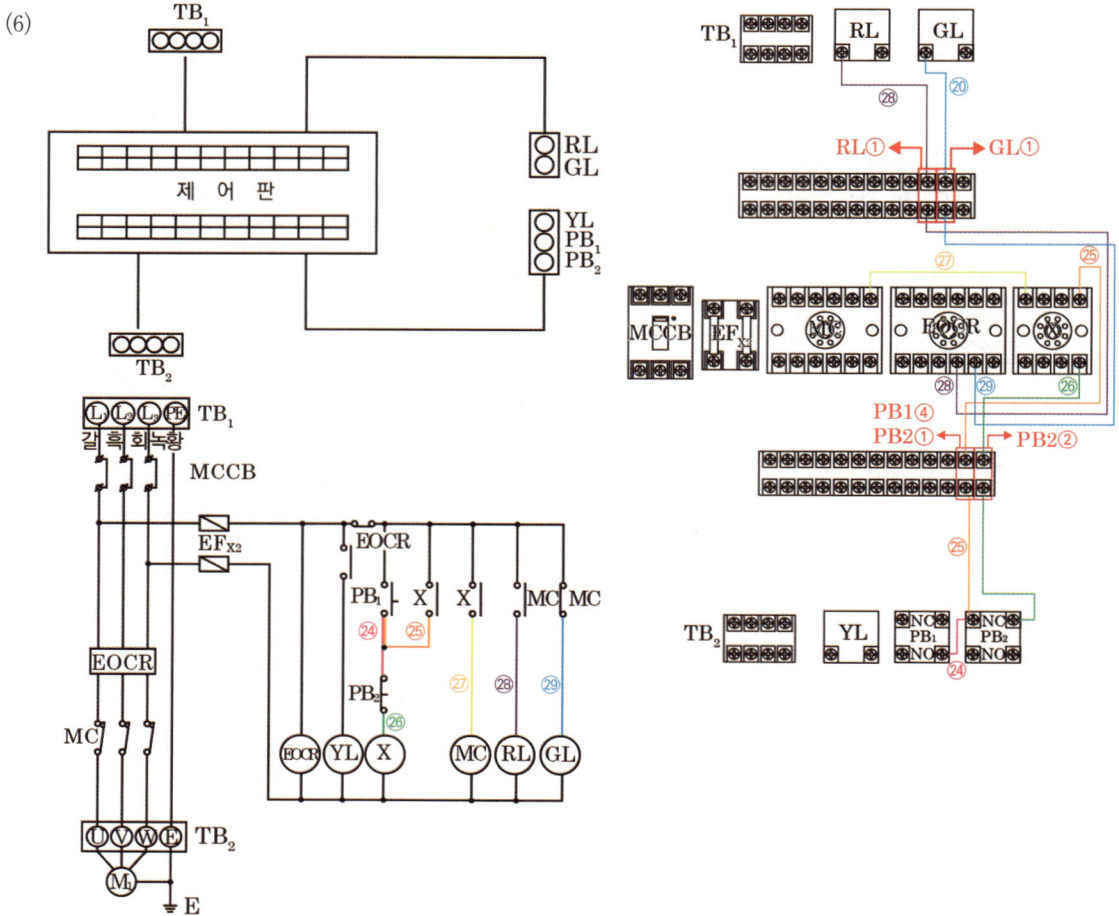

(7)
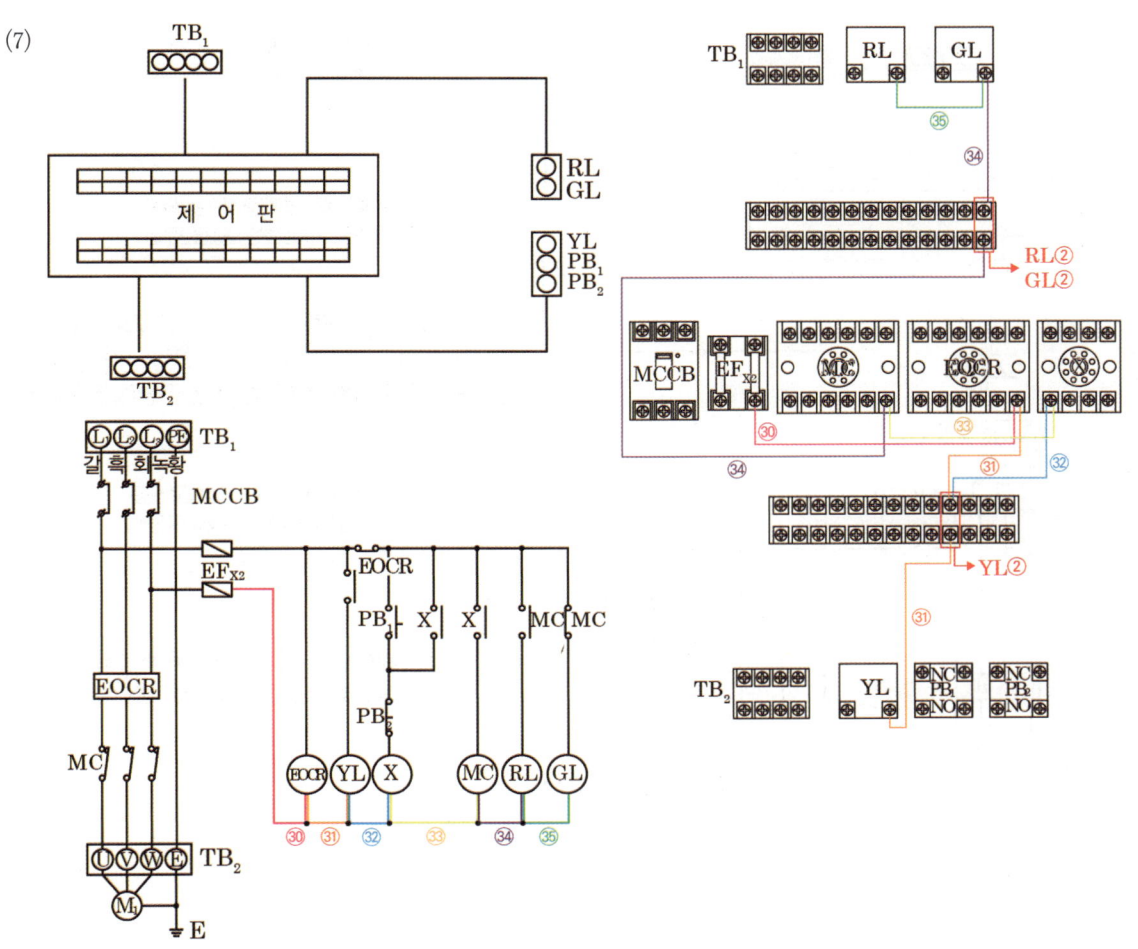

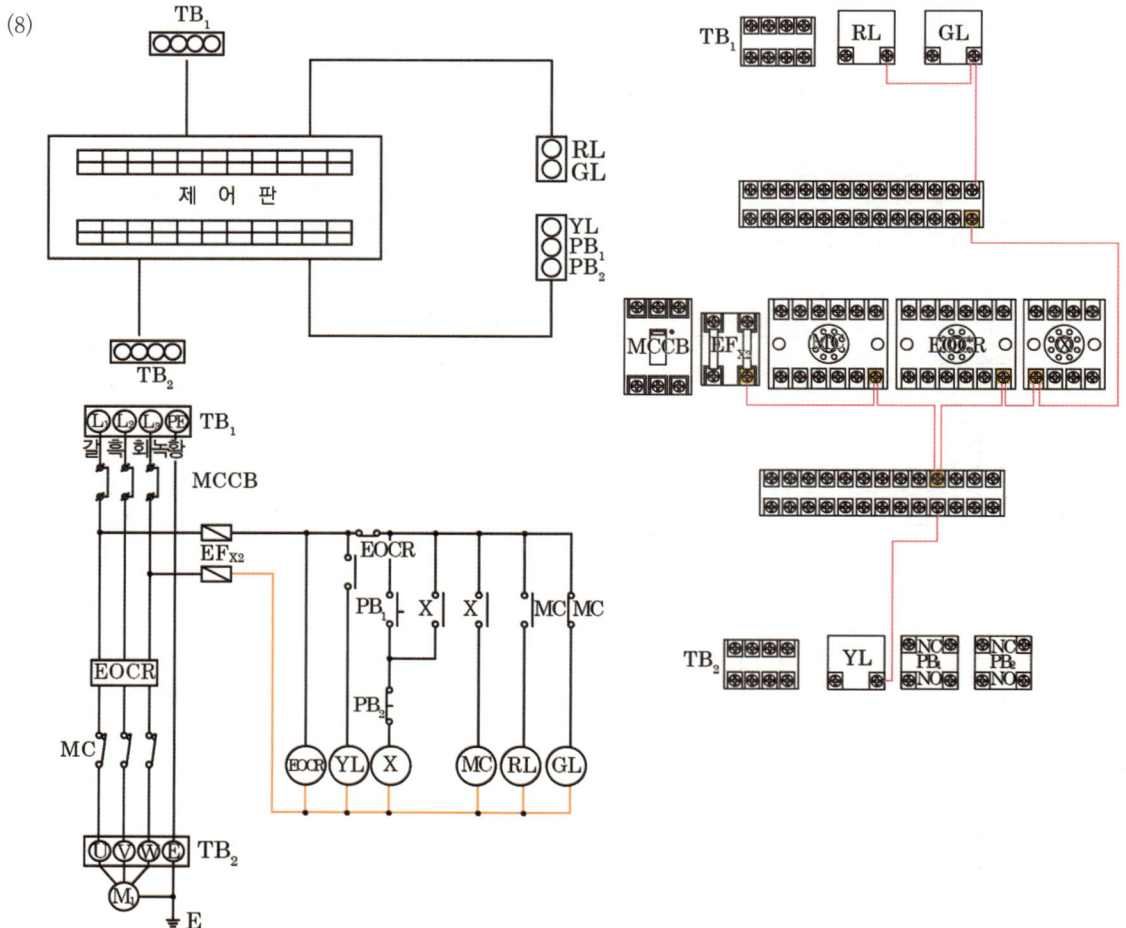

※ 단자자석(제어반자석) 사용 시
 ① 자석을 미리 부착한 뒤
 ② 가까운 거리로 연결한다.

최종

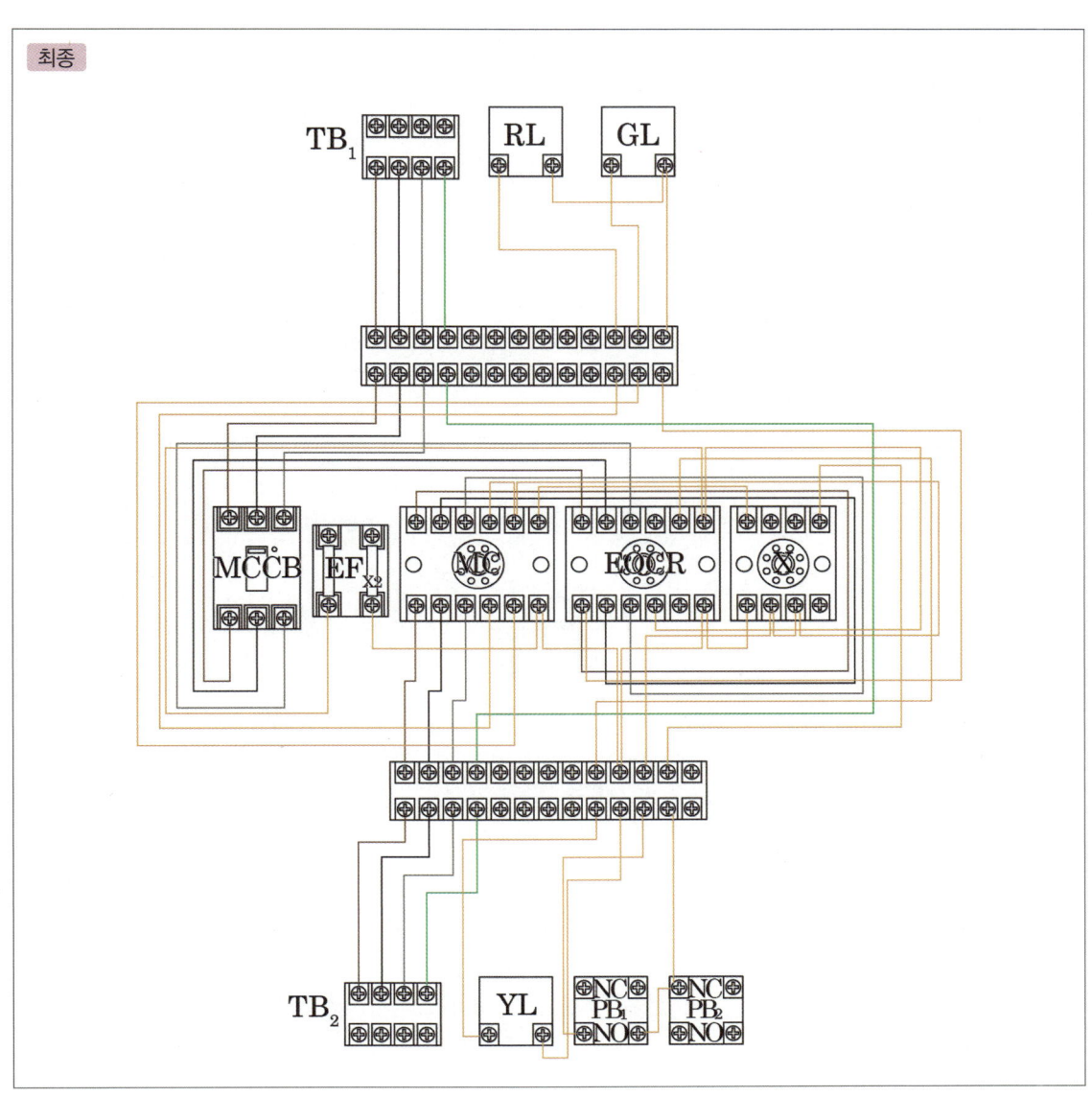

모아바 www.moa-ba.com
모아소방전기학원 www.moate.co.kr

Part 09

공개문제 넘버링 연습

01 공개문제 1번

| 자격종목 | 전기기능사 | 과제명 | 전기설비의 배선 및 배관 공사 | 척도 | NS |

1 배관 및 기구 배치도

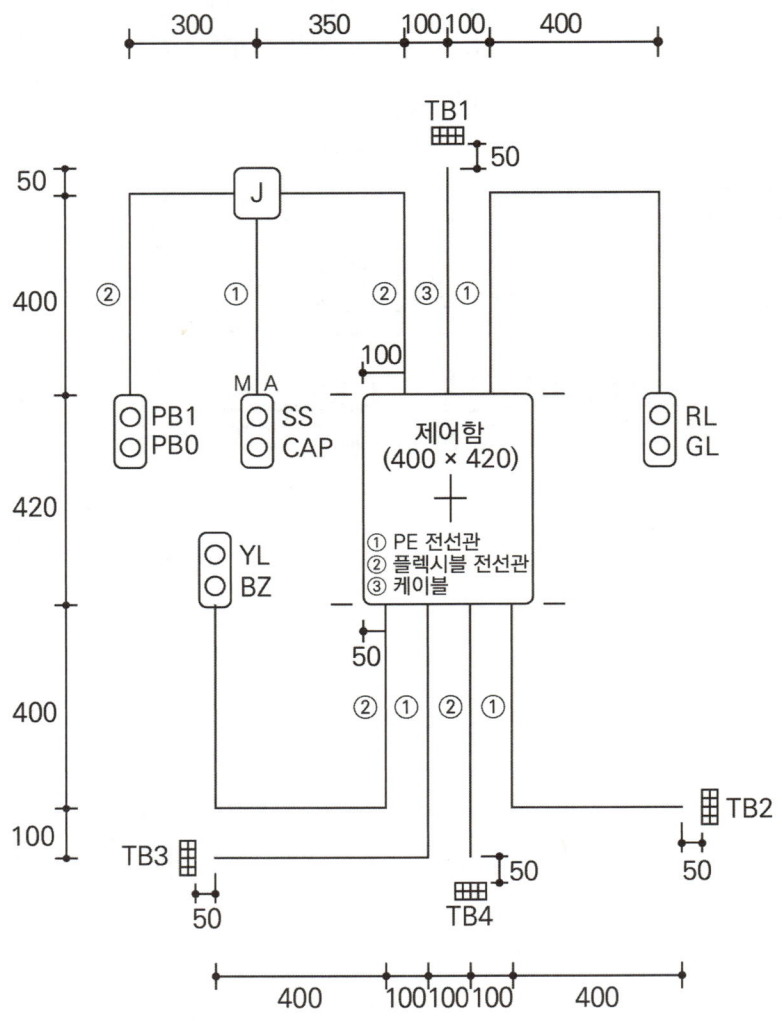

2 제어판 내부 기구 배치도

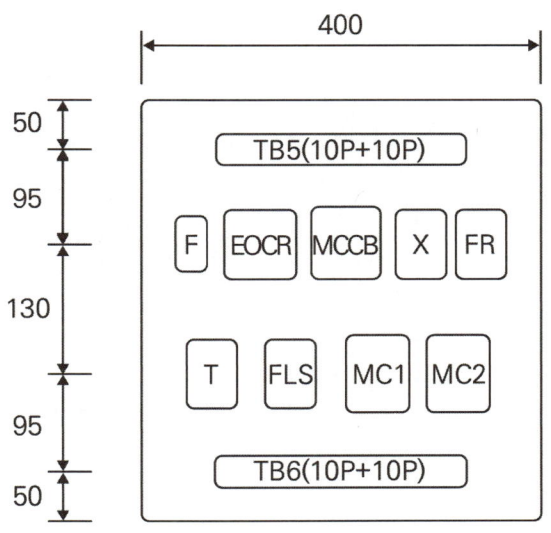

[범례]

기호	명칭	기호	명칭
TB1	전원(단자대 4P)	PB0	푸시버튼 스위치(적색)
TB2, TB3	전동기(단자대 4P)	PB1	푸시버튼 스위치(녹색)
TB4	플로트레스(단자대 4P)	SS	셀렉터 스위치
TB5, TB6	단자대(10P + 10P)	YL	램프(황색)
MC1, MC2	전자접촉기(12P)	GL	램프(녹색)
EOCR	EOCR(12P)	RL	램프(적색)
X	릴레이(12P)	BZ	부저
T	타이머(8P)	CAP	홀마개
FR	플리커릴레이(8P)	ⓙ	8각 박스
FLS	플로트레스 스위치(8P)	F	퓨즈 및 퓨즈홀더
MCCB	배선용차단기		

Part 09. 공개문제 넘버링 연습

3 제어회로의 시퀀스회로도

※ 본 도면은 시험을 위해서 임의 구성한 것으로 상용도면과 상이할 수 있습니다.

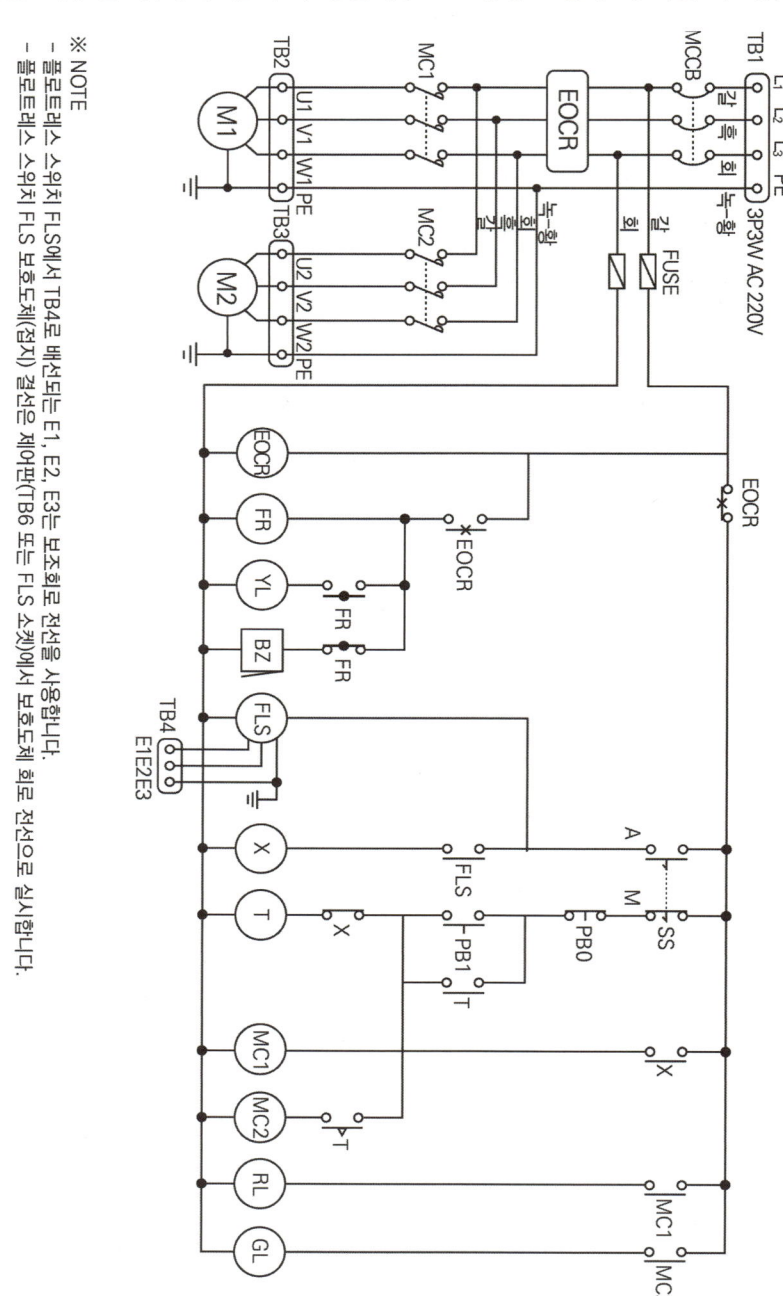

02 공개문제 2번

| 자격종목 | 전기기능사 | 과제명 | 전기설비의 배선 및 배관 공사 | 척도 | NS |

1 배관 및 기구 배치도

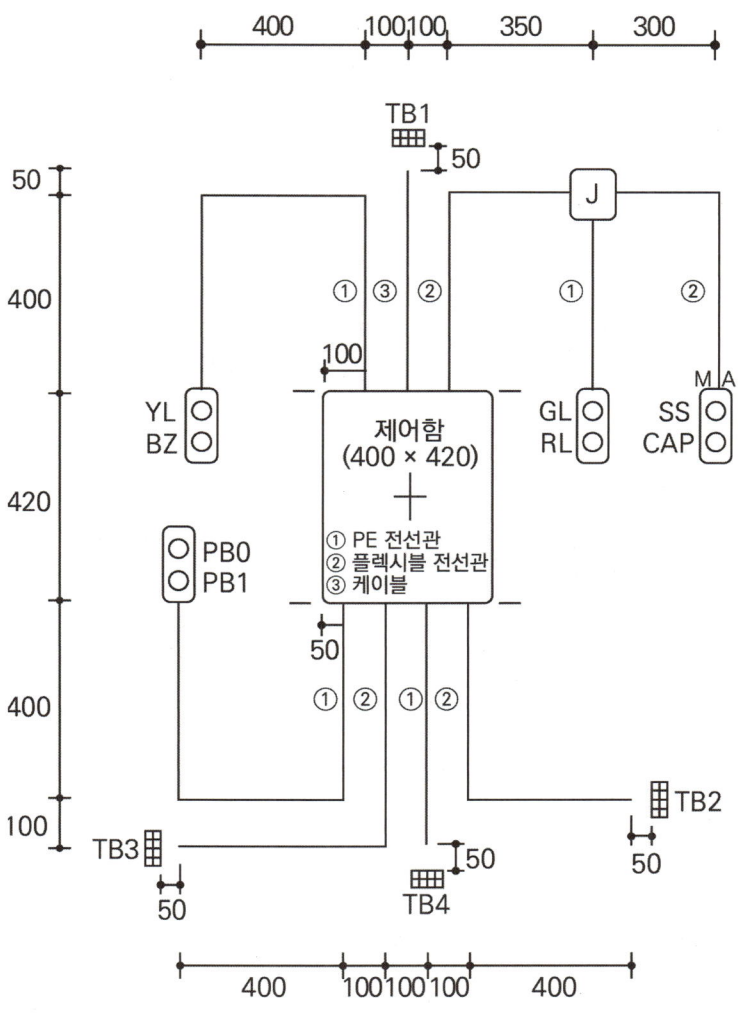

2 제어판 내부 기구 배치도

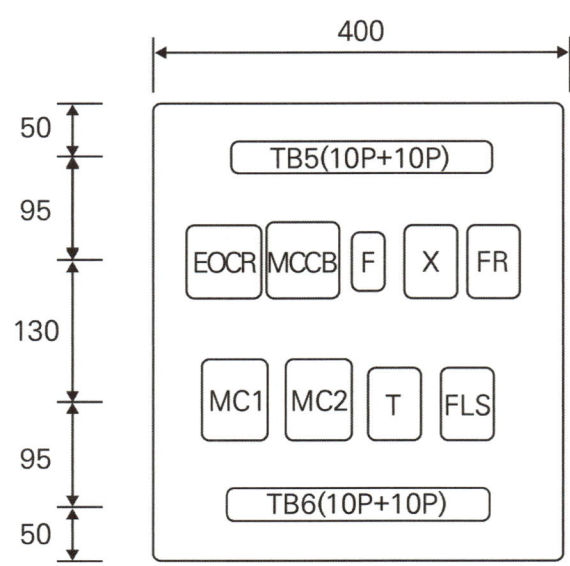

[범례]

기호	명칭	기호	명칭
TB1	전원(단자대 4P)	PB0	푸시버튼 스위치(적색)
TB2, TB3	전동기(단자대 4P)	PB1	푸시버튼 스위치(녹색)
TB4	플로트레스(단자대 4P)	SS	셀렉터 스위치
TB5, TB6	단자대(10P + 10P)	YL	램프(황색)
MC1, MC2	전자접촉기(12P)	GL	램프(녹색)
EOCR	EOCR(12P)	RL	램프(적색)
X	릴레이(12P)	BZ	부저
T	타이머(8P)	CAP	홀마개
FR	플리커릴레이(8P)	ⓙ	8각 박스
FLS	플로트레스 스위치(8P)	F	퓨즈 및 퓨즈홀더
MCCB	배선용차단기		

3 제어회로의 시퀀스회로도

※ 본 도면은 시험을 위해서 임의 구성한 것으로 상용도면과 상이할 수 있습니다.

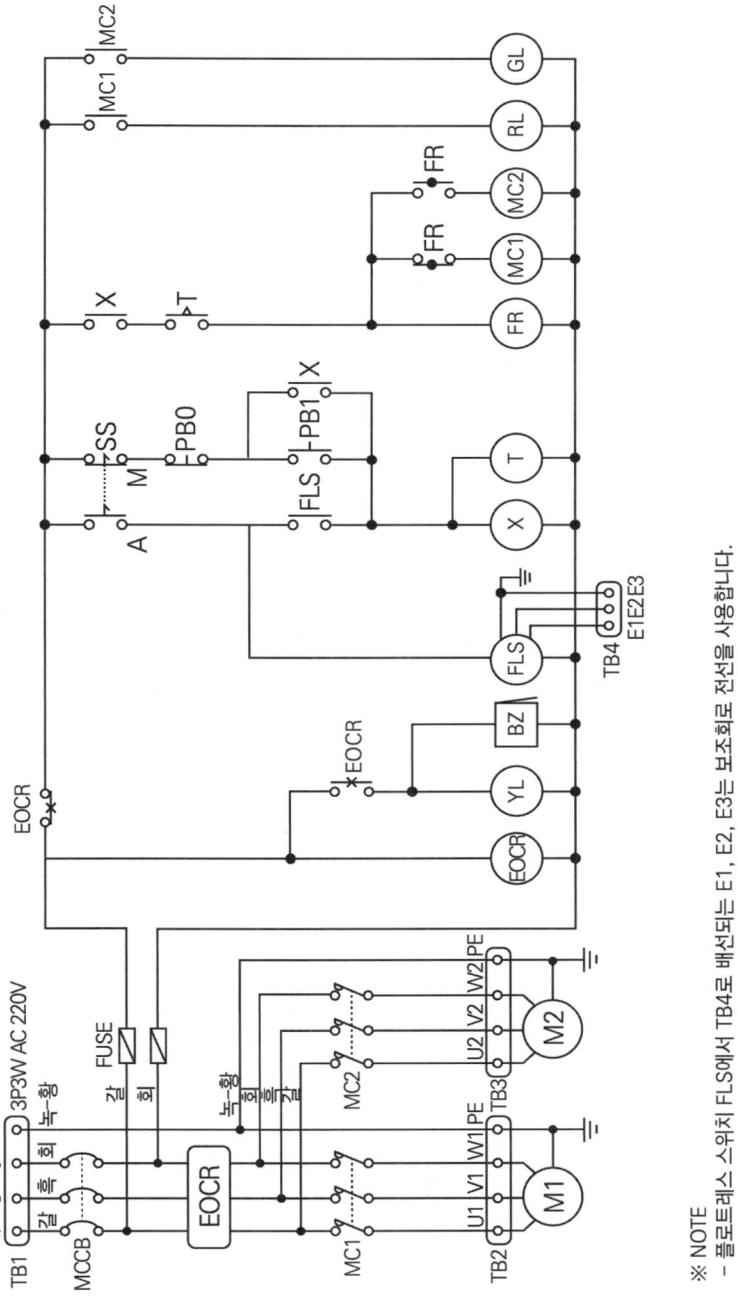

03 공개문제 3번

| 자격종목 | 전기기능사 | 과제명 | 전기설비의 배선 및 배관 공사 | 척도 | NS |

1 배관 및 기구 배치도

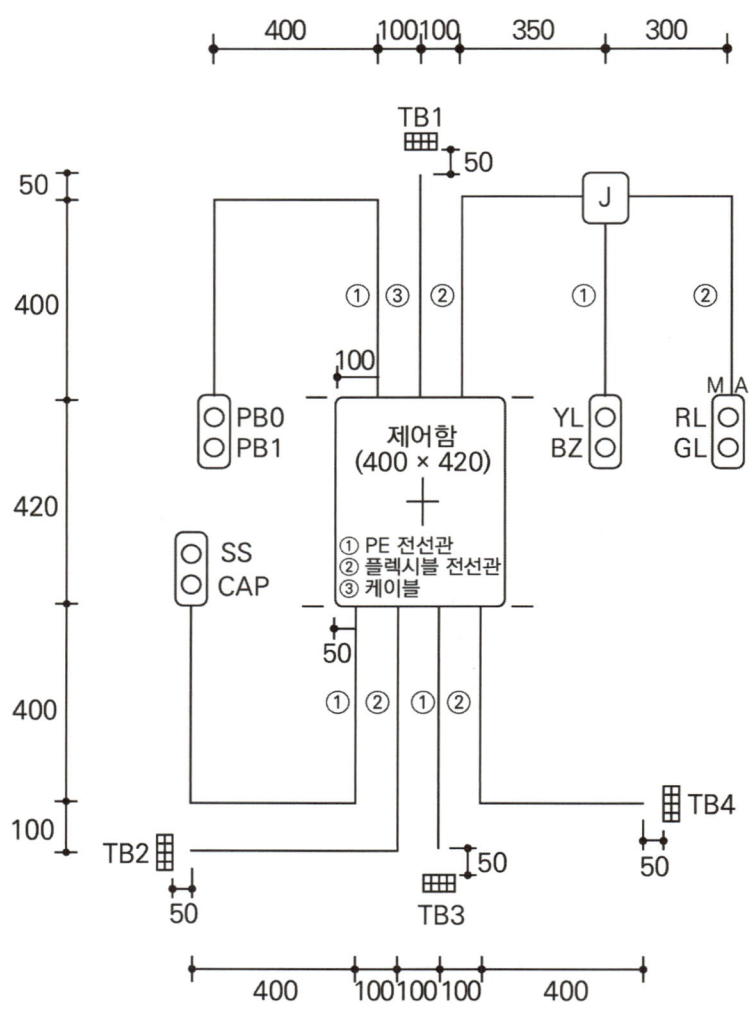

2 제어판 내부 기구 배치도

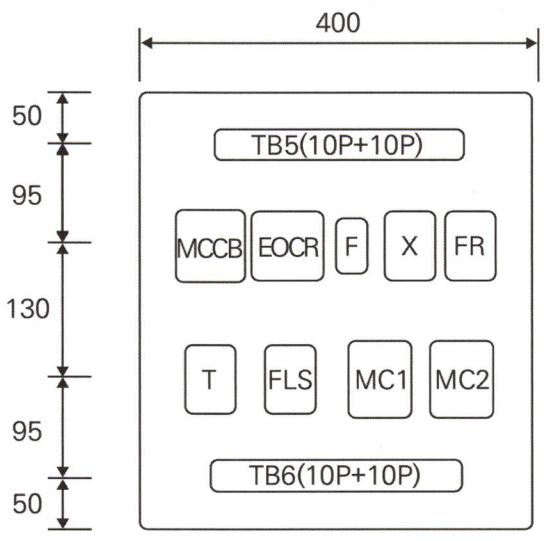

[범례]

기호	명칭	기호	명칭
TB1	전원(단자대 4P)	PB0	푸시버튼 스위치(적색)
TB2, TB3	전동기(단자대 4P)	PB1	푸시버튼 스위치(녹색)
TB4	플로트레스(단자대 4P)	SS	셀렉터 스위치
TB5, TB6	단자대(10P + 10P)	YL	램프(황색)
MC1, MC2	전자접촉기(12P)	GL	램프(녹색)
EOCR	EOCR(12P)	RL	램프(적색)
X	릴레이(12P)	BZ	부저
T	타이머(8P)	CAP	홀마개
FR	플리커릴레이(8P)	ⓙ	8각 박스
FLS	플로트레스 스위치(8P)	F	퓨즈 및 퓨즈홀더
MCCB	배선용차단기		

3 제어회로의 시퀀스회로도

※ 본 도면은 시험을 위해서 임의 구성한 것으로 상용도면과 상이할 수 있습니다.

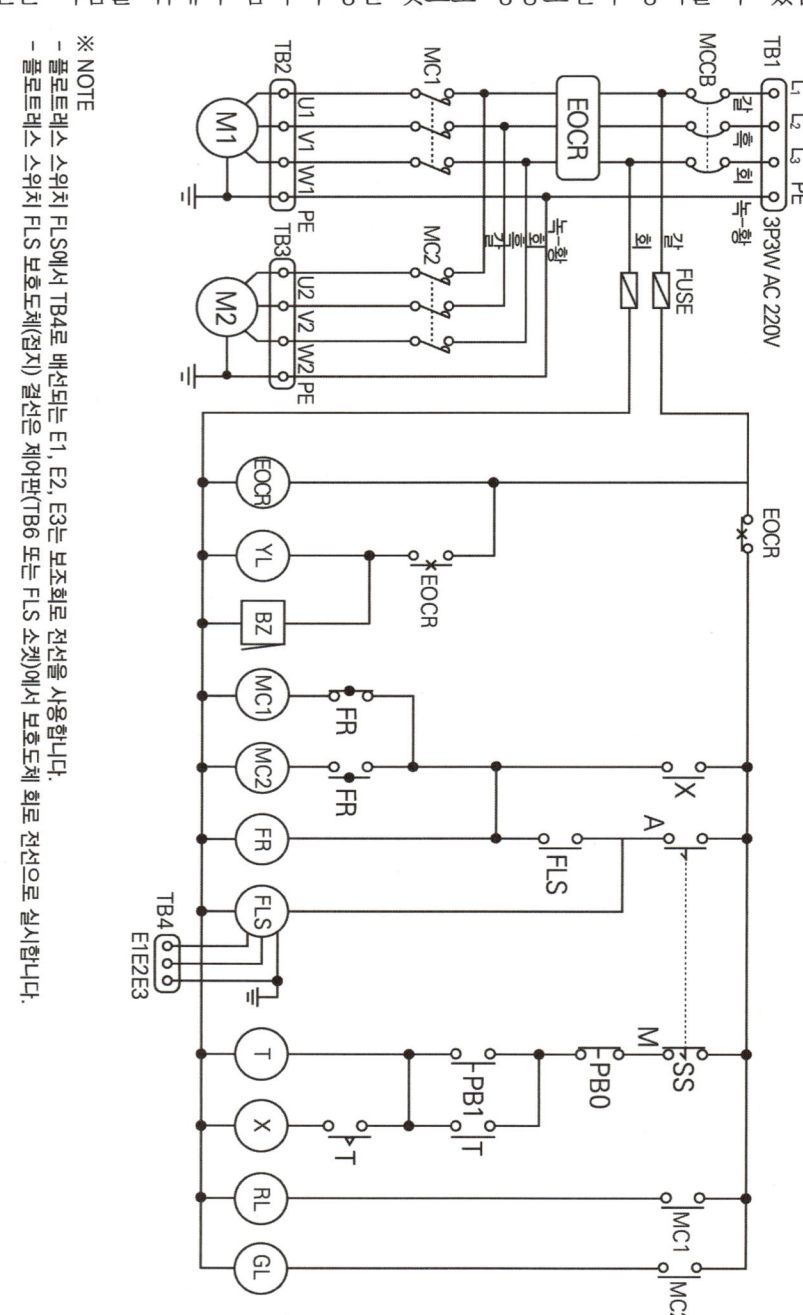

04 공개문제 4번

| 자격종목 | 전기기능사 | 과제명 | 전기설비의 배선 및 배관 공사 | 척도 | NS |

1 배관 및 기구 배치도

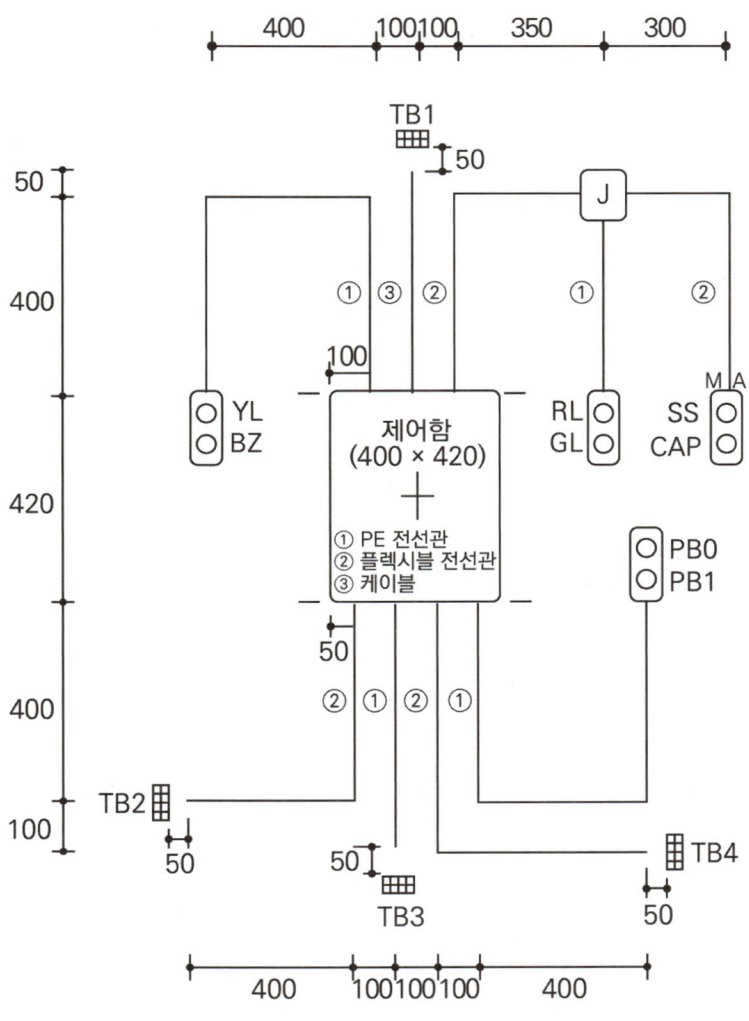

2 제어판 내부 기구 배치도

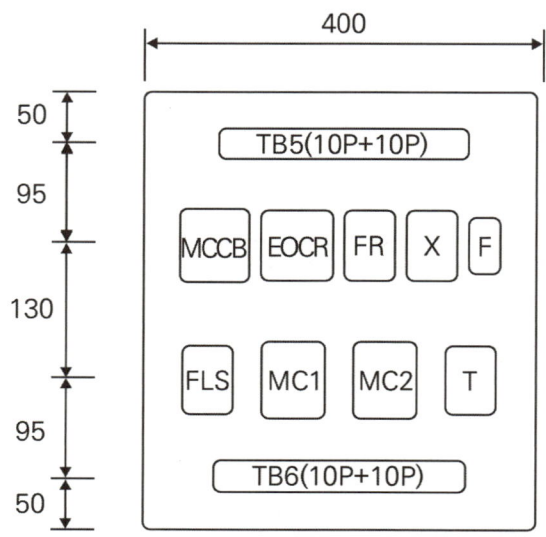

[범례]

기호	명칭	기호	명칭
TB1	전원(단자대 4P)	PB0	푸시버튼 스위치(적색)
TB2, TB3	전동기(단자대 4P)	PB1	푸시버튼 스위치(녹색)
TB4	플로트레스(단자대 4P)	SS	셀렉터 스위치
TB5, TB6	단자대(10P + 10P)	YL	램프(황색)
MC1, MC2	전자접촉기(12P)	GL	램프(녹색)
EOCR	EOCR(12P)	RL	램프(적색)
X	릴레이(12P)	BZ	부저
T	타이머(8P)	CAP	홀마개
FR	플리커릴레이(8P)	ⓙ	8각 박스
FLS	플로트레스 스위치(8P)	F	퓨즈 및 퓨즈홀더
MCCB	배선용차단기		

3 제어회로의 시퀀스회로도

※ 본 도면은 시험을 위해서 임의 구성한 것으로 상용도면과 상이할 수 있습니다.

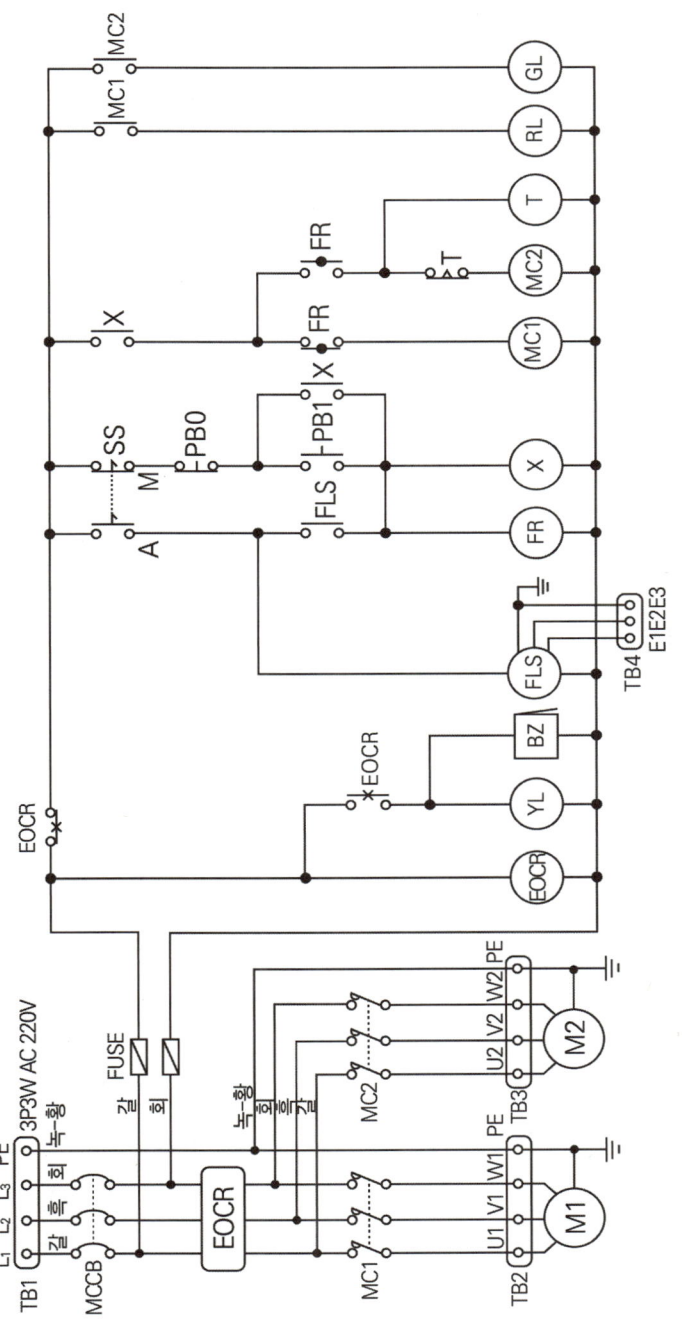

05 공개문제 5번

| 자격종목 | 전기기능사 | 과제명 | 전기설비의 배선 및 배관 공사 | 척도 | NS |

1 배관 및 기구 배치도

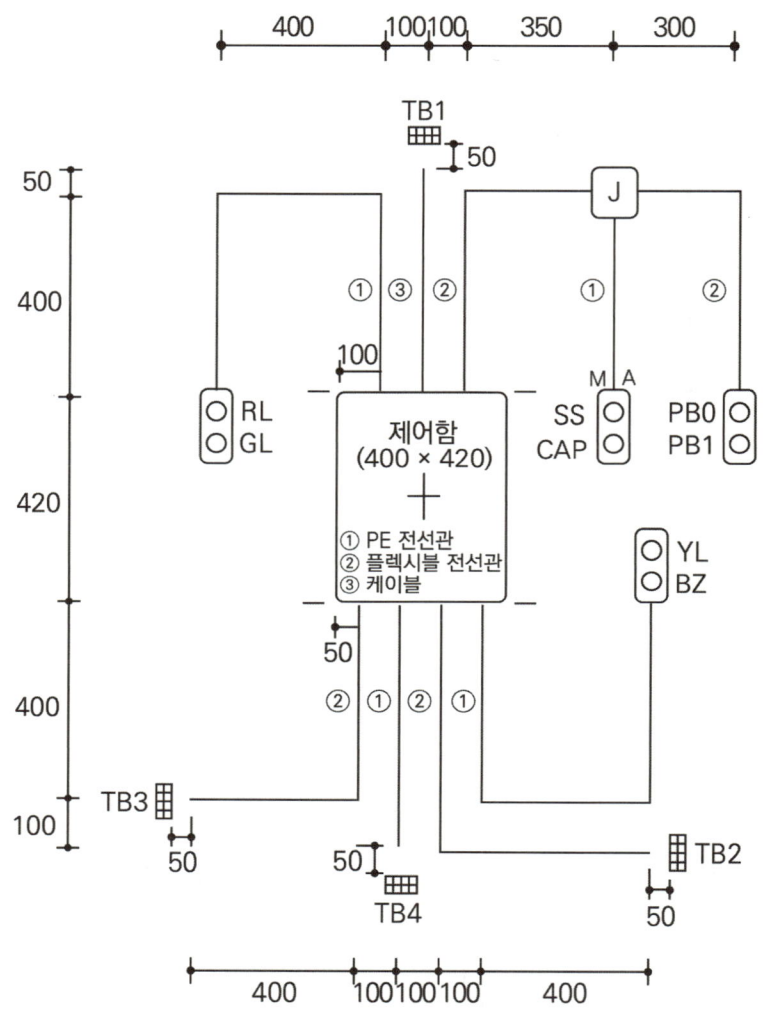

2 제어판 내부 기구 배치도

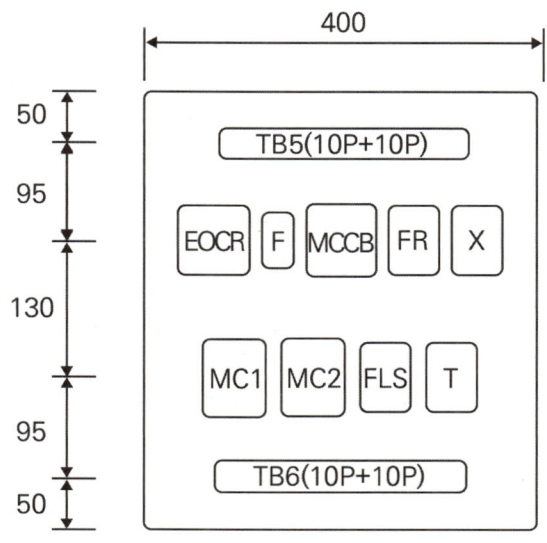

[범례]

기호	명칭	기호	명칭
TB1	전원(단자대 4P)	PB0	푸시버튼 스위치(적색)
TB2, TB3	전동기(단자대 4P)	PB1	푸시버튼 스위치(녹색)
TB4	플로트레스(단자대 4P)	SS	셀렉터 스위치
TB5, TB6	단자대(10P + 10P)	YL	램프(황색)
MC1, MC2	전자접촉기(12P)	GL	램프(녹색)
EOCR	EOCR(12P)	RL	램프(적색)
X	릴레이(12P)	BZ	부저
T	타이머(8P)	CAP	홀마개
FR	플리커릴레이(8P)	ⓙ	8각 박스
FLS	플로트레스 스위치(8P)	F	퓨즈 및 퓨즈홀더
MCCB	배선용차단기		

3 제어회로의 시퀀스회로도

※ 본 도면은 시험을 위해서 임의 구성한 것으로 상용도면과 상이할 수 있습니다.

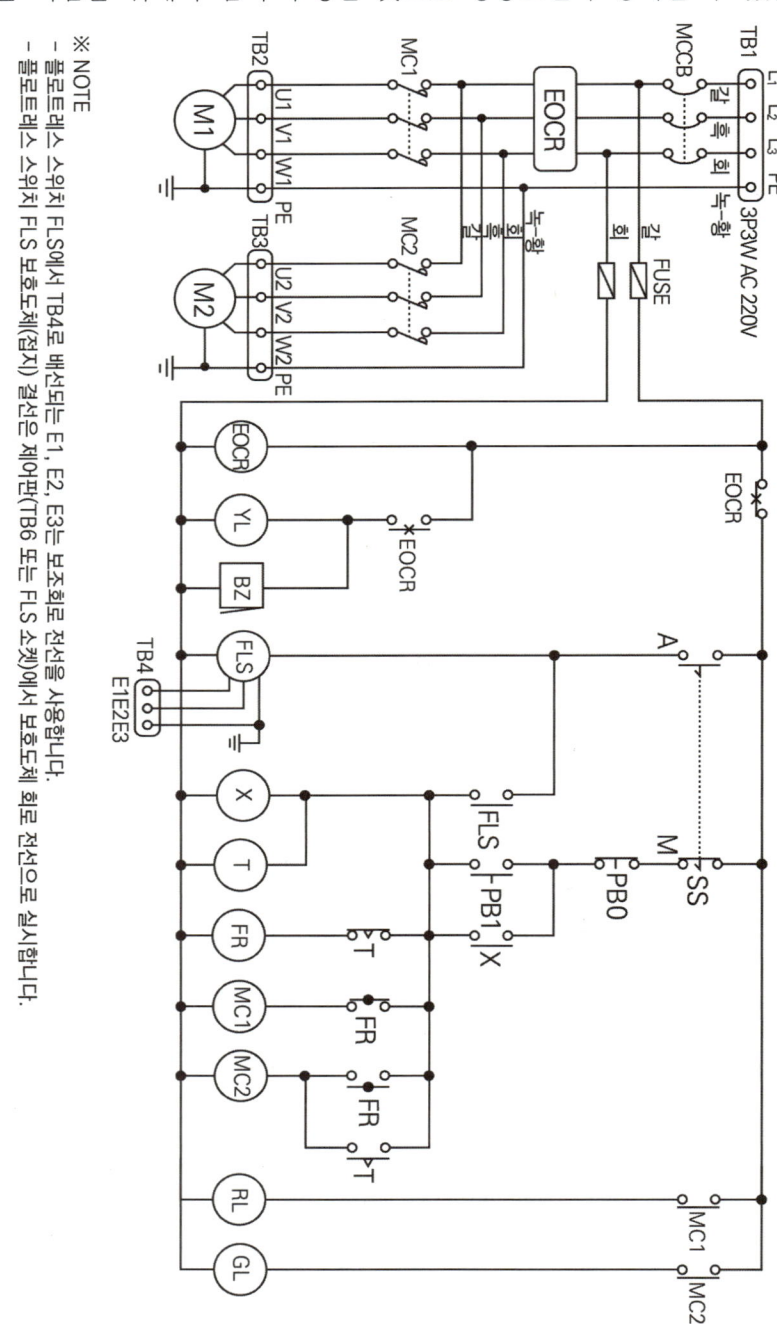

06 공개문제 6번

| 자격종목 | 전기기능사 | 과제명 | 전기설비의 배선 및 배관 공사 | 척도 | NS |

1 배관 및 기구 배치도

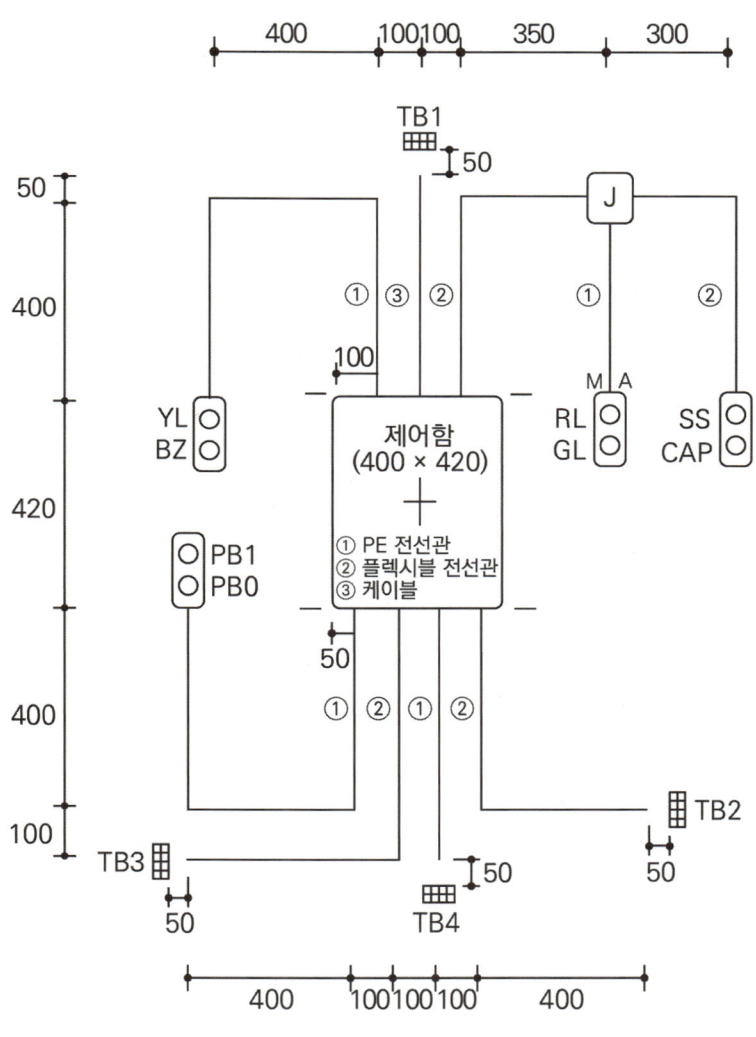

2 제어판 내부 기구 배치도

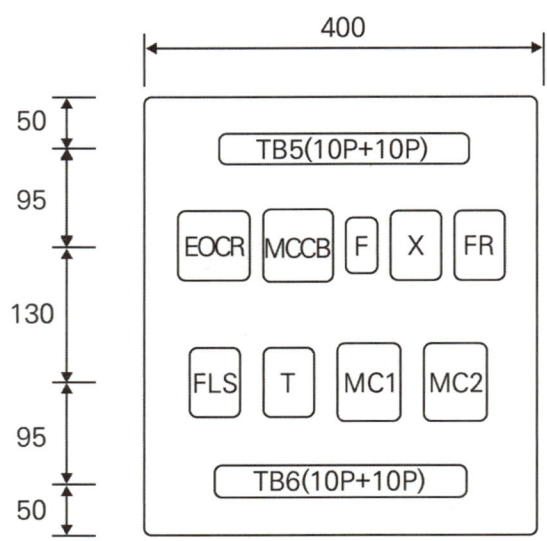

[범례]

기호	명칭	기호	명칭
TB1	전원(단자대 4P)	PB0	푸시버튼 스위치(적색)
TB2, TB3	전동기(단자대 4P)	PB1	푸시버튼 스위치(녹색)
TB4	플로트레스(단자대 4P)	SS	셀렉터 스위치
TB5, TB6	단자대(10P + 10P)	YL	램프(황색)
MC1, MC2	전자접촉기(12P)	GL	램프(녹색)
EOCR	EOCR(12P)	RL	램프(적색)
X	릴레이(12P)	BZ	부저
T	타이머(8P)	CAP	홀마개
FR	플리커릴레이(8P)	ⓙ	8각 박스
FLS	플로트레스 스위치(8P)	F	퓨즈 및 퓨즈홀더
MCCB	배선용차단기		

3 제어회로의 시퀀스회로도

※ 본 도면은 시험을 위해서 임의 구성한 것으로 상용도면과 상이할 수 있습니다.

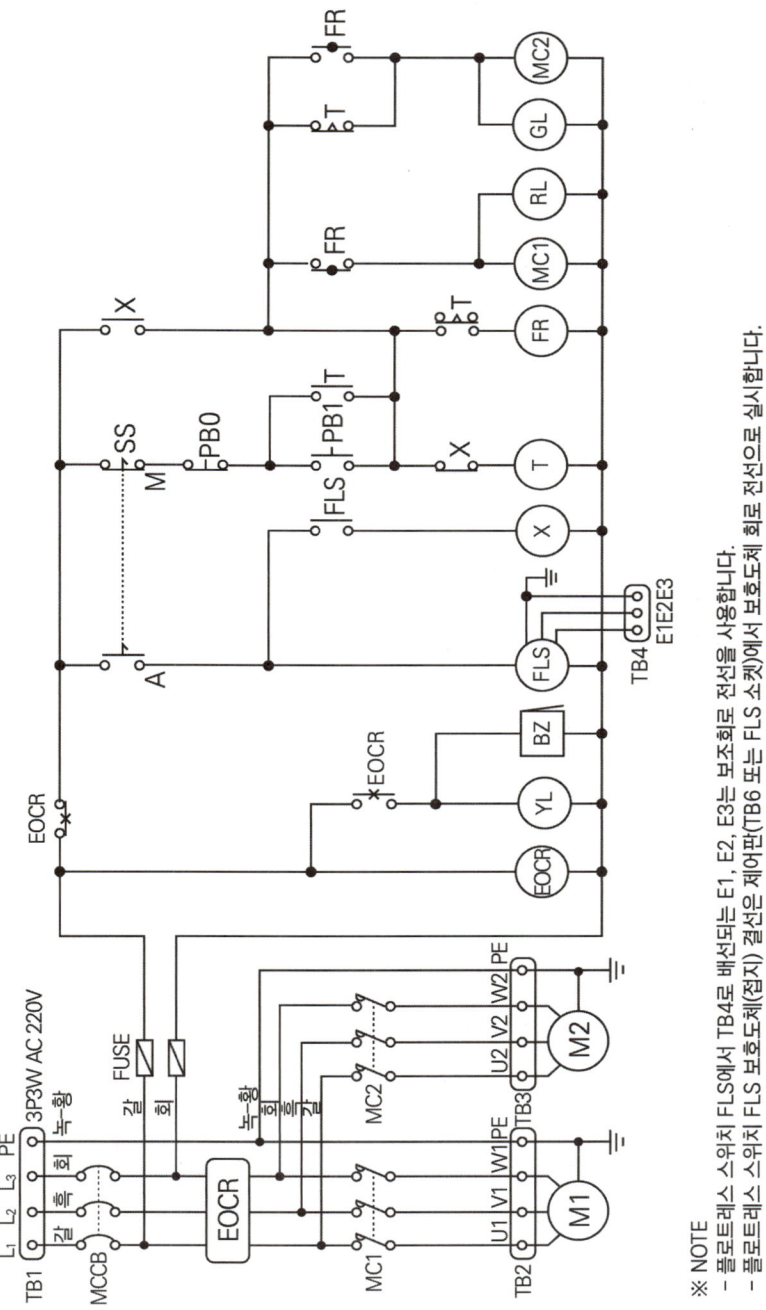

07 공개문제 7번

| 자격종목 | 전기기능사 | 과제명 | 전기설비의 배선 및 배관 공사 | 척도 | NS |

1 배관 및 기구 배치도

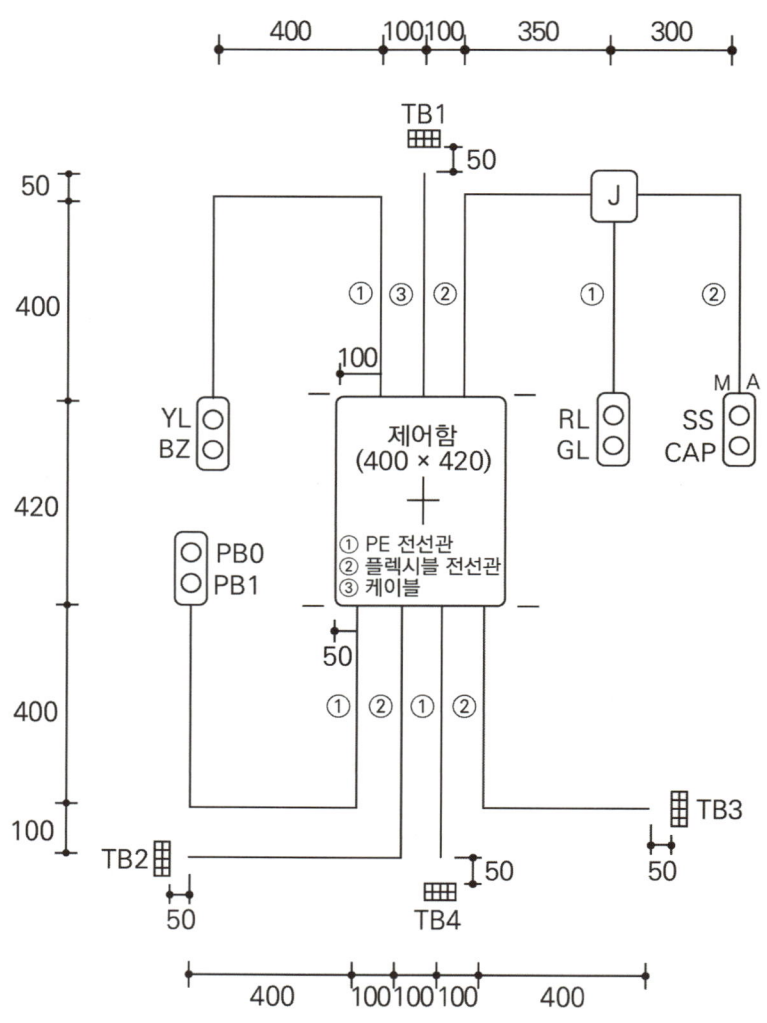

2 제어판 내부 기구 배치도

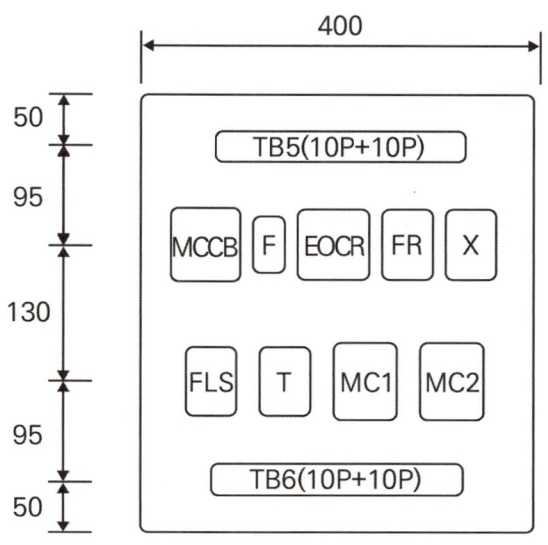

[범례]

기호	명칭	기호	명칭
TB1	전원(단자대 4P)	PB0	푸시버튼 스위치(적색)
TB2, TB3	전동기(단자대 4P)	PB1	푸시버튼 스위치(녹색)
TB4	플로트레스(단자대 4P)	SS	셀렉터 스위치
TB5, TB6	단자대(10P + 10P)	YL	램프(황색)
MC1, MC2	전자접촉기(12P)	GL	램프(녹색)
EOCR	EOCR(12P)	RL	램프(적색)
X	릴레이(12P)	BZ	부저
T	타이머(8P)	CAP	홀마개
FR	플리커릴레이(8P)	ⓙ	8각 박스
FLS	플로트레스 스위치(8P)	F	퓨즈 및 퓨즈홀더
MCCB	배선용차단기		

Part 09. 공개문제 넘버링 연습

3 제어회로의 시퀀스회로도

※ 본 도면은 시험을 위해서 임의 구성한 것으로 상용도면과 상이할 수 있습니다.

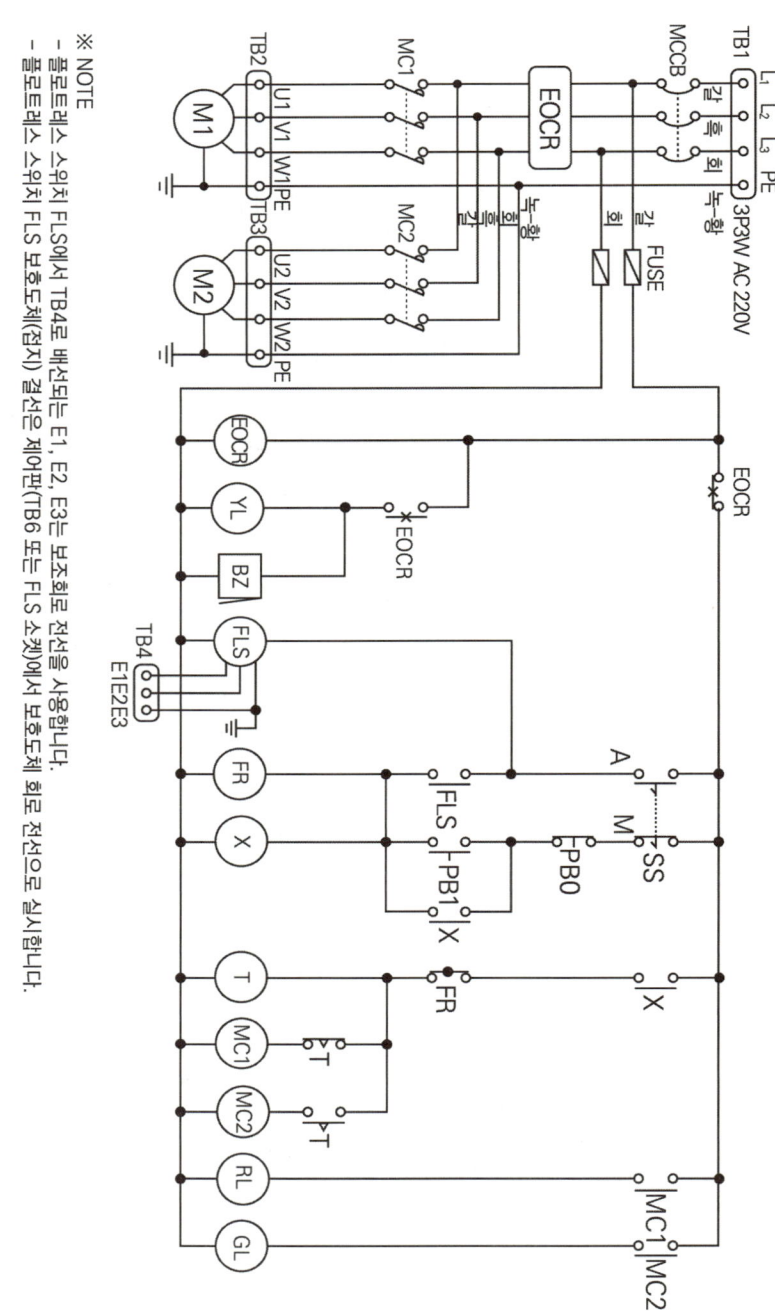

08 공개문제 8번

| 자격종목 | 전기기능사 | 과제명 | 전기설비의 배선 및 배관 공사 | 척도 | NS |

1 배관 및 기구 배치도

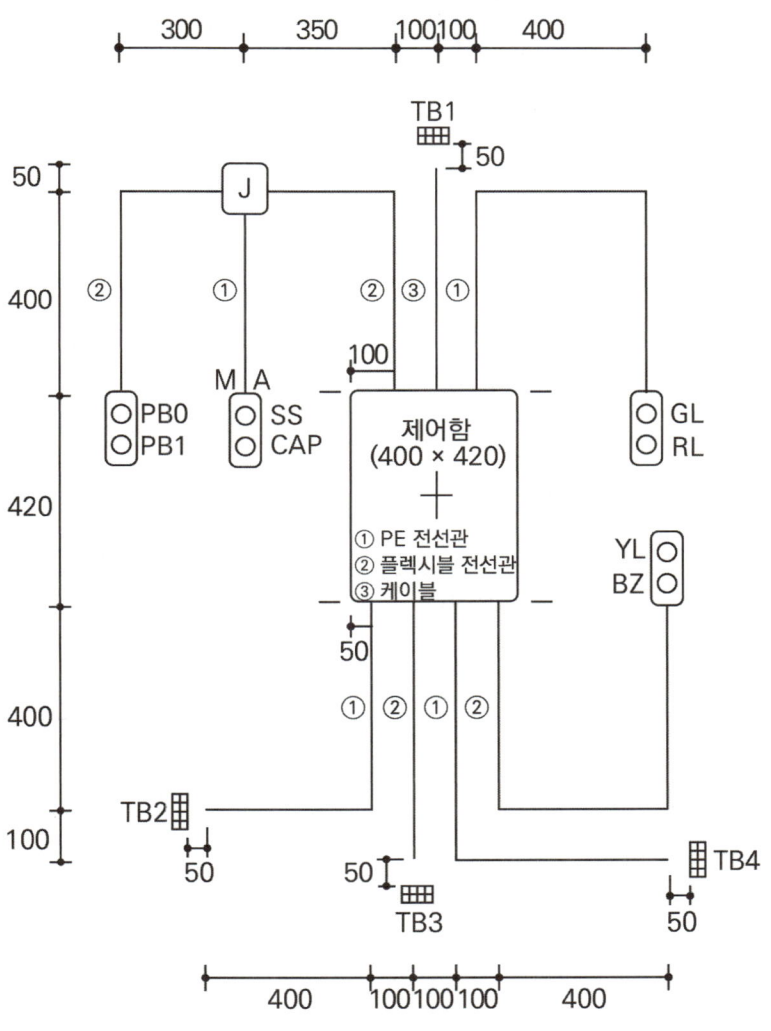

2 제어판 내부 기구 배치도

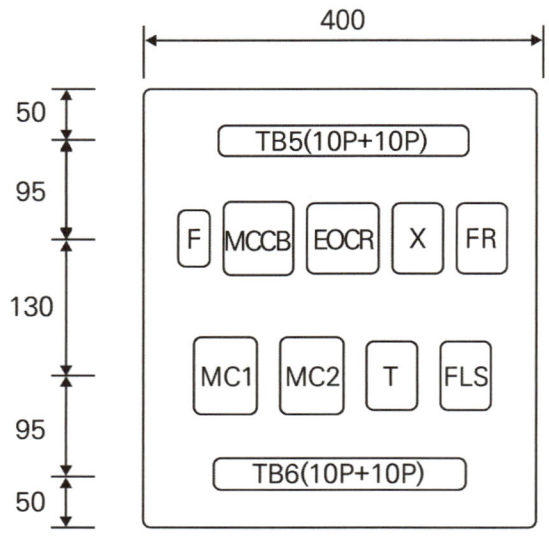

[범례]

기호	명칭	기호	명칭
TB1	전원(단자대 4P)	PB0	푸시버튼 스위치(적색)
TB2, TB3	전동기(단자대 4P)	PB1	푸시버튼 스위치(녹색)
TB4	플로트레스(단자대 4P)	SS	셀렉터 스위치
TB5, TB6	단자대(10P + 10P)	YL	램프(황색)
MC1, MC2	전자접촉기(12P)	GL	램프(녹색)
EOCR	EOCR(12P)	RL	램프(적색)
X	릴레이(12P)	BZ	부저
T	타이머(8P)	CAP	홀마개
FR	플리커릴레이(8P)	ⓙ	8각 박스
FLS	플로트레스 스위치(8P)	F	퓨즈 및 퓨즈홀더
MCCB	배선용차단기		

3 제어회로의 시퀀스회로도

※ 본 도면은 시험을 위해서 임의 구성한 것으로 상용도면과 상이할 수 있습니다.

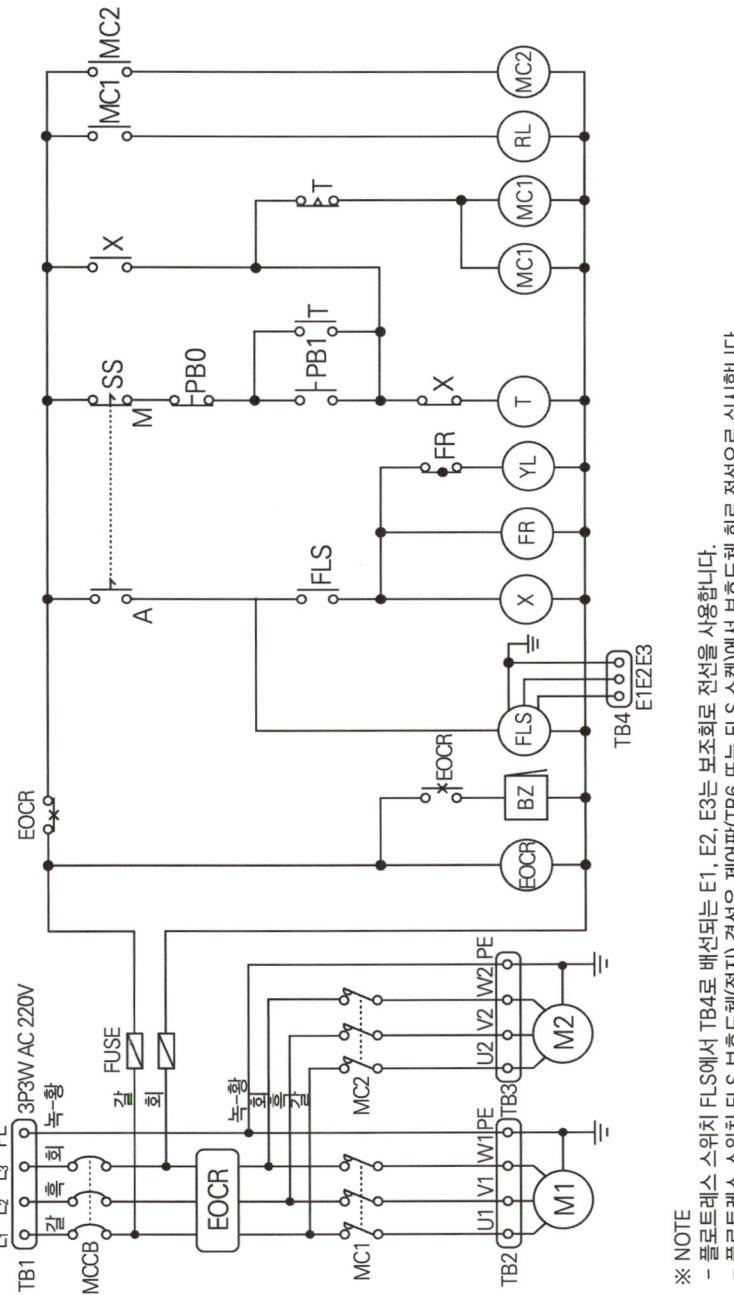

09 공개문제 9번

| 자격종목 | 전기기능사 | 과제명 | 전기설비의 배선 및 배관 공사 | 척도 | NS |

1 배관 및 기구 배치도

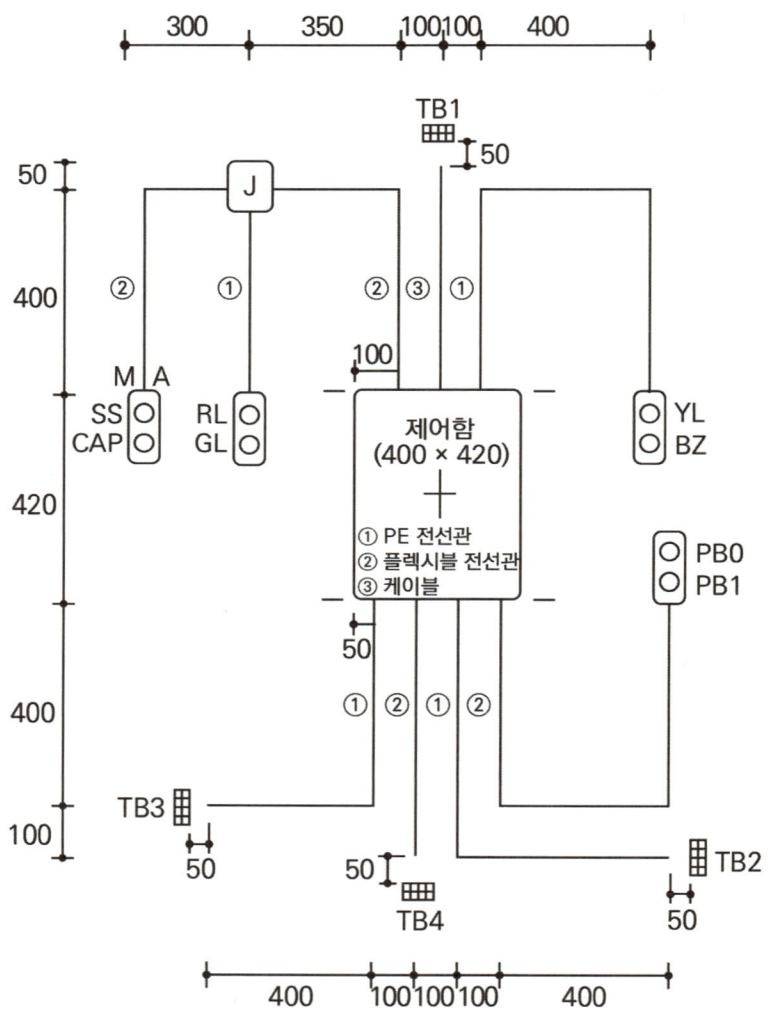

2 제어판 내부 기구 배치도

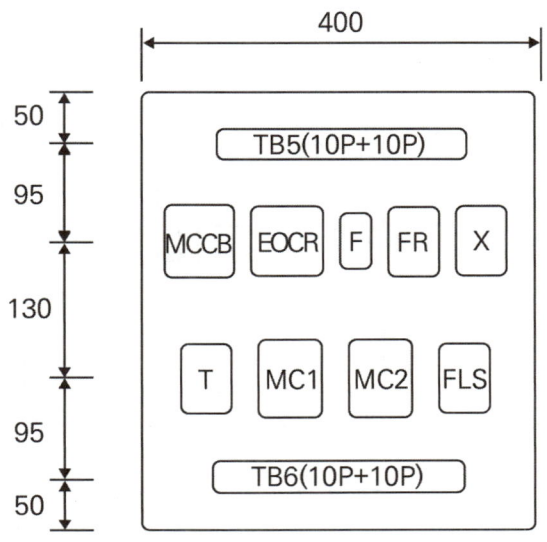

[범례]

기호	명칭	기호	명칭
TB1	전원(단자대 4P)	PB0	푸시버튼 스위치(적색)
TB2, TB3	전동기(단자대 4P)	PB1	푸시버튼 스위치(녹색)
TB4	플로트레스(단자대 4P)	SS	셀렉터 스위치
TB5, TB6	단자대(10P + 10P)	YL	램프(황색)
MC1, MC2	전자접촉기(12P)	GL	램프(녹색)
EOCR	EOCR(12P)	RL	램프(적색)
X	릴레이(12P)	BZ	부저
T	타이머(8P)	CAP	홀마개
FR	플리커릴레이(8P)	ⓙ	8각 박스
FLS	플로트레스 스위치(8P)	F	퓨즈 및 퓨즈홀더
MCCB	배선용차단기		

3 제어회로의 시퀀스회로도

※ 본 도면은 시험을 위해서 임의 구성한 것으로 상용도면과 상이할 수 있습니다.

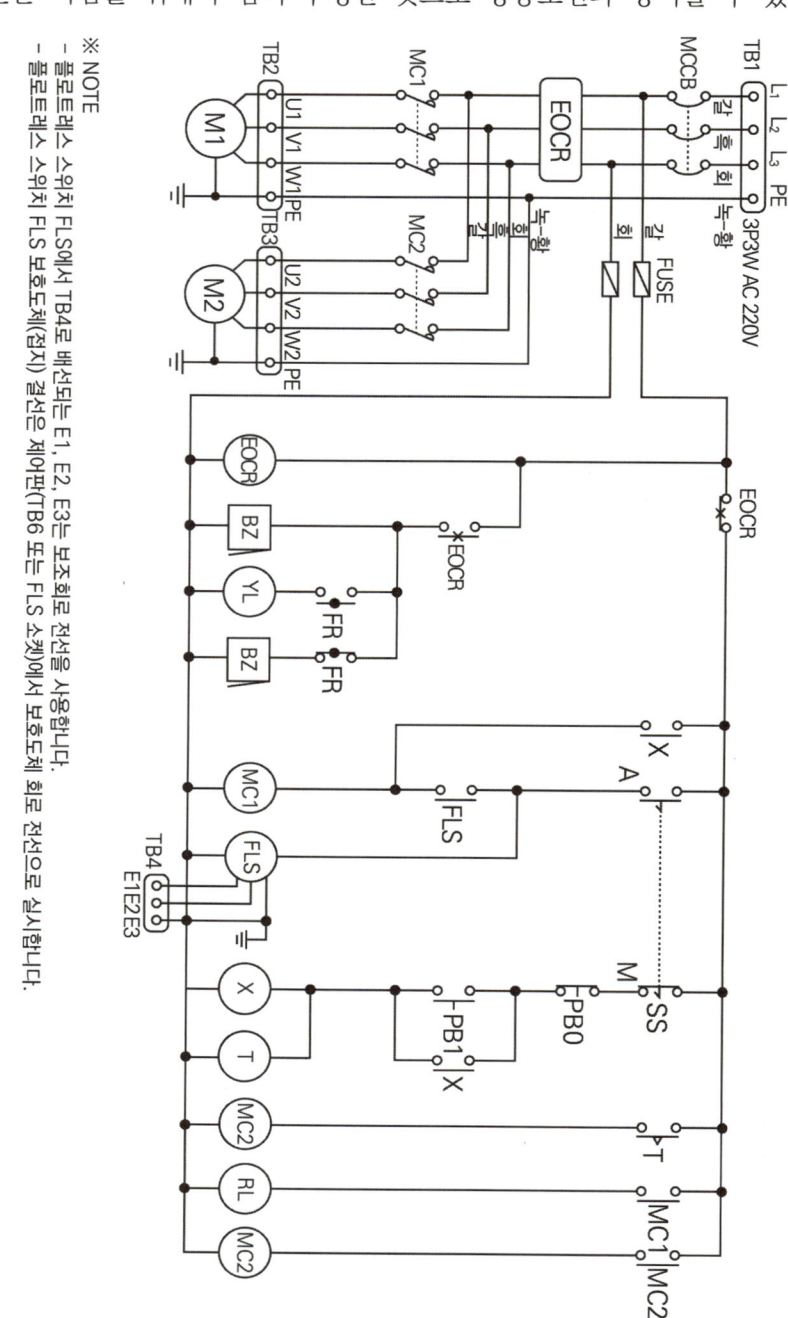

10　공개문제 10번

| 자격종목 | 전기기능사 | 과제명 | 전기설비의 배선 및 배관 공사 | 척도 | NS |

1 배관 및 기구 배치도

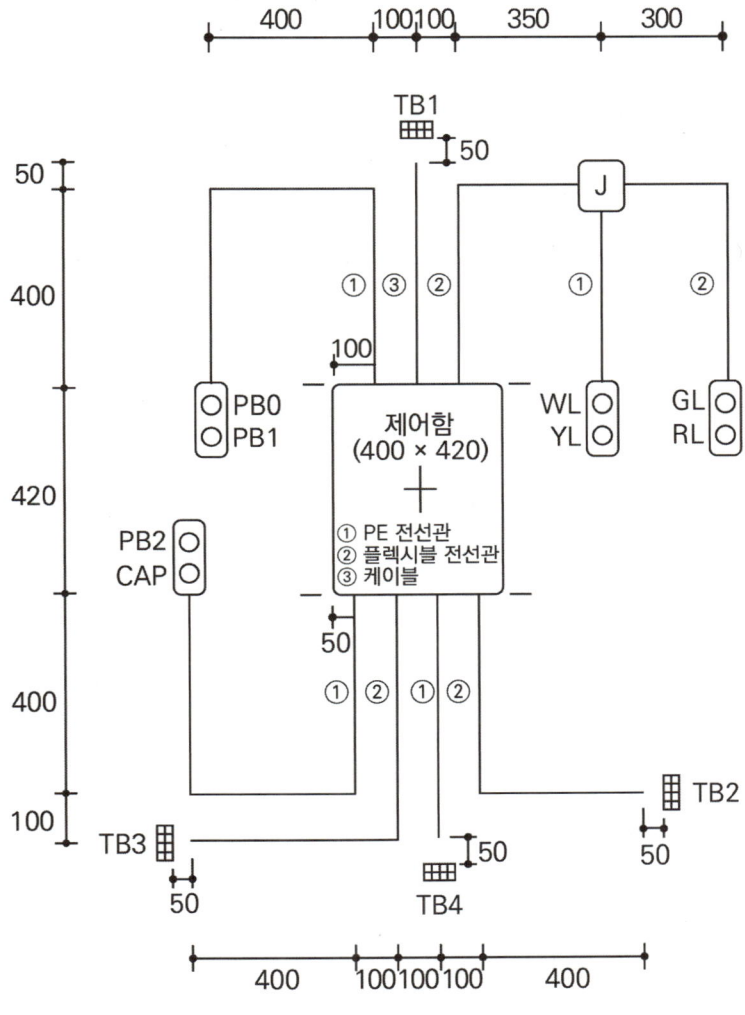

2 제어판 내부 기구 배치도

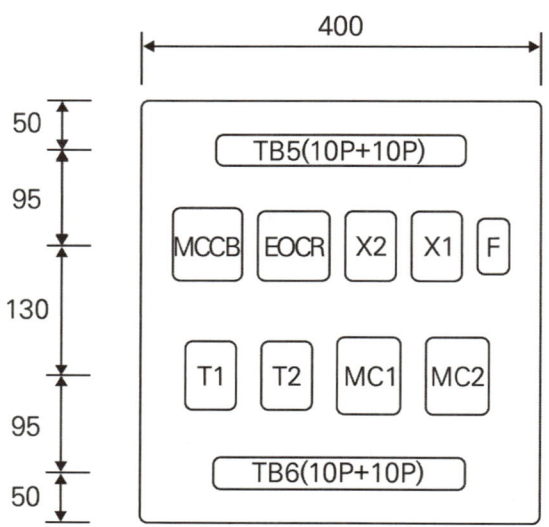

[범례]

기호	명칭	기호	명칭
TB1	전원(단자대 4P)	PB0	푸시버튼 스위치(적색)
TB2, TB3	전동기(단자대 4P)	PB1	푸시버튼 스위치(녹색)
TB4	LS1, LS2(단자대 4P)	PB2	푸시버튼 스위치(녹색)
TB5, TB6	단자대(10P + 10P)	YL	램프(황색)
MC1, MC2	전자접촉기(12P)	GL	램프(녹색)
EOCR	EOCR(12P)	RL	램프(적색)
X1, X2	릴레이(8P)	WL	램프(백색)
T1, T2	타이머(8P)	CAP	홀마개
F	퓨즈 및 퓨즈홀더	ⓙ	8각 박스
MCCB	배선용차단기		

3 제어회로의 시퀀스회로도

※ 본 도면은 시험을 위해서 임의 구성한 것으로 상용도면과 상이할 수 있습니다.

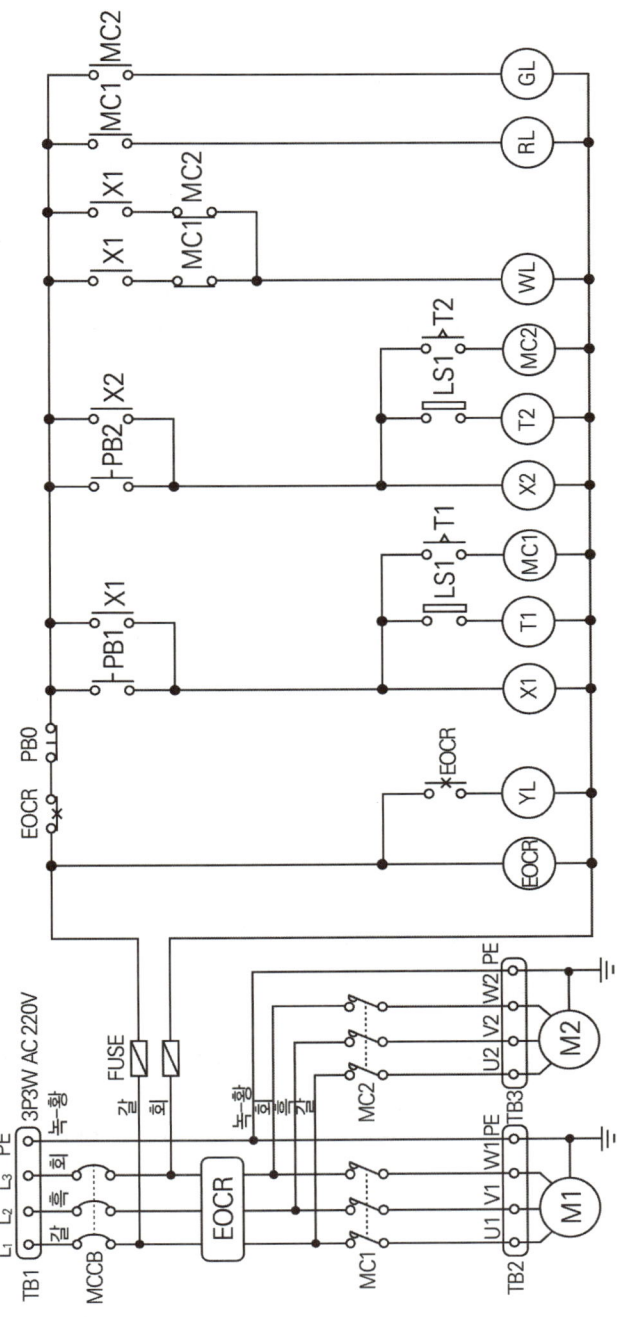

11 공개문제 11번

| 자격종목 | 전기기능사 | 과제명 | 전기설비의 배선 및 배관 공사 | 척도 | NS |

1 배관 및 기구 배치도

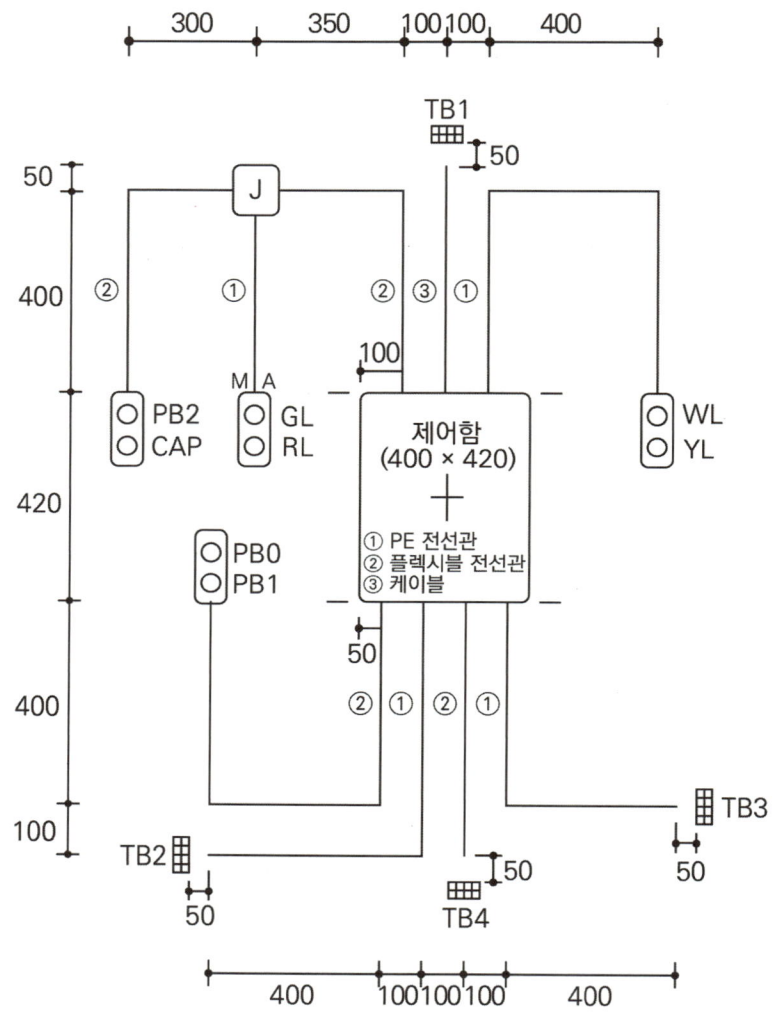

2 제어판 내부 기구 배치도

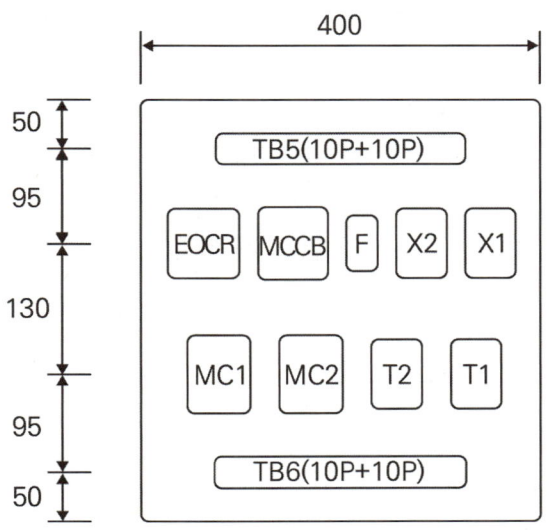

[범례]

기호	명칭	기호	명칭
TB1	전원(단자대 4P)	PB0	푸시버튼 스위치(적색)
TB2, TB3	전동기(단자대 4P)	PB1	푸시버튼 스위치(녹색)
TB4	LS1, LS2(단자대 4P)	PB2	푸시버튼 스위치(녹색)
TB5, TB6	단자대(10P + 10P)	YL	램프(황색)
MC1, MC2	전자접촉기(12P)	GL	램프(녹색)
EOCR	EOCR(12P)	RL	램프(적색)
X1, X2	릴레이(8P)	WL	램프(백색)
T1, T2	타이머(8P)	CAP	홀마개
F	퓨즈 및 퓨즈홀더	ⓙ	8각 박스
MCCB	배선용차단기		

3 제어회로의 시퀀스회로도

※ 본 도면은 시험을 위해서 임의 구성한 것으로 상용도면과 상이할 수 있습니다.

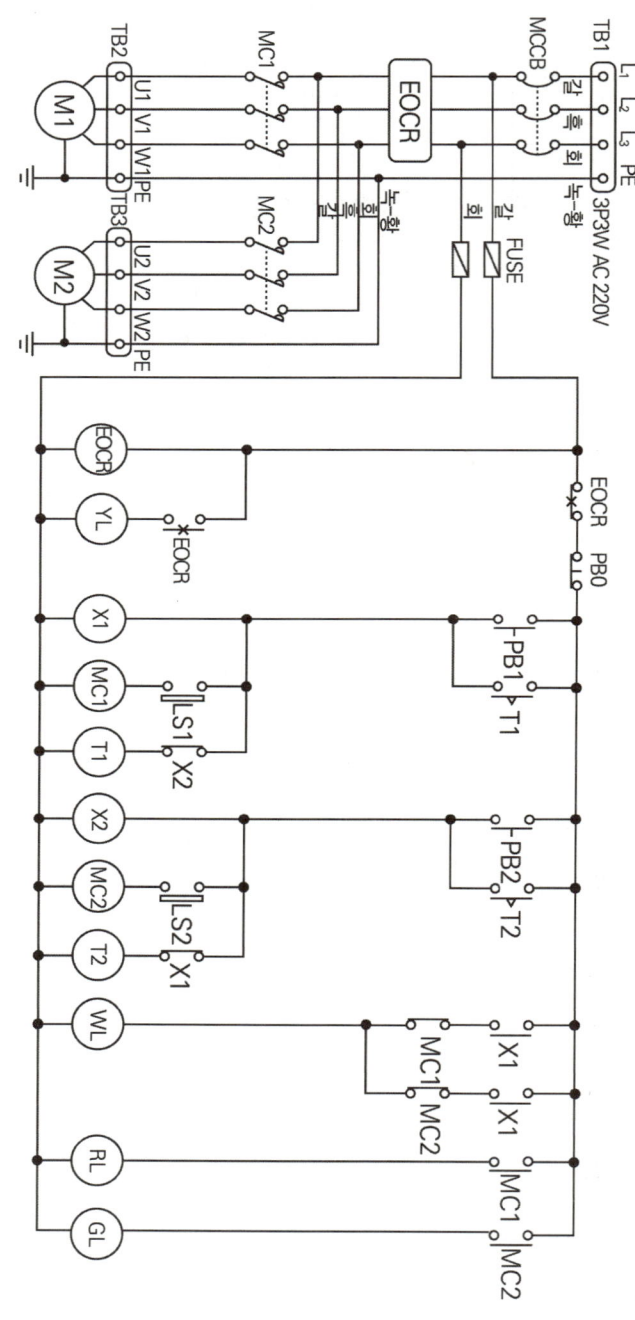

12 공개문제 12번

| 자격종목 | 전기기능사 | 과제명 | 전기설비의 배선 및 배관 공사 | 척도 | NS |

1 배관 및 기구 배치도

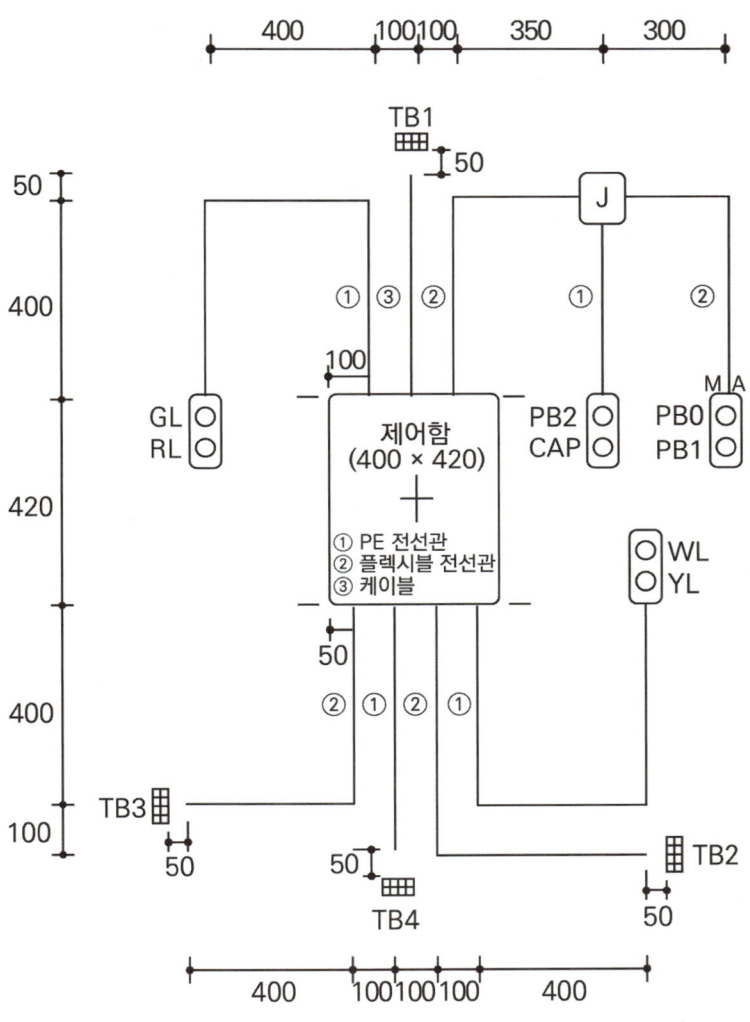

2 제어판 내부 기구 배치도

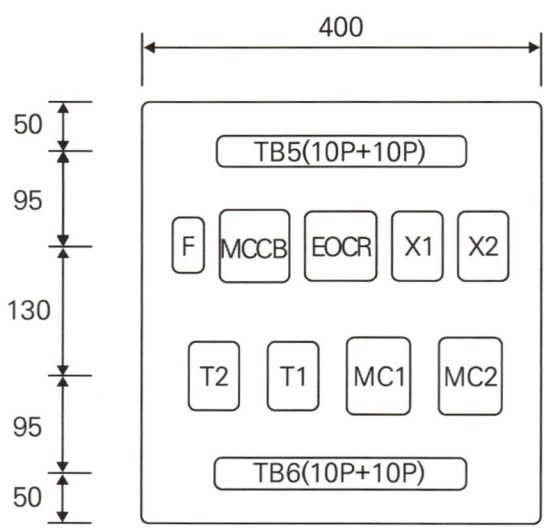

[범례]

기호	명칭	기호	명칭
TB1	전원(단자대 4P)	PB0	푸시버튼 스위치(적색)
TB2, TB3	전동기(단자대 4P)	PB1	푸시버튼 스위치(녹색)
TB4	LS1, LS2(단자대 4P)	PB2	푸시버튼 스위치(녹색)
TB5, TB6	단자대(10P + 10P)	YL	램프(황색)
MC1, MC2	전자접촉기(12P)	GL	램프(녹색)
EOCR	EOCR(12P)	RL	램프(적색)
X1, X2	릴레이(8P)	WL	램프(백색)
T1, T2	타이머(8P)	CAP	홀마개
F	퓨즈 및 퓨즈홀더	ⓙ	8각 박스
MCCB	배선용차단기		

3 제어회로의 시퀀스회로도

※ 본 도면은 시험을 위해서 임의 구성한 것으로 상용도면과 상이할 수 있습니다.

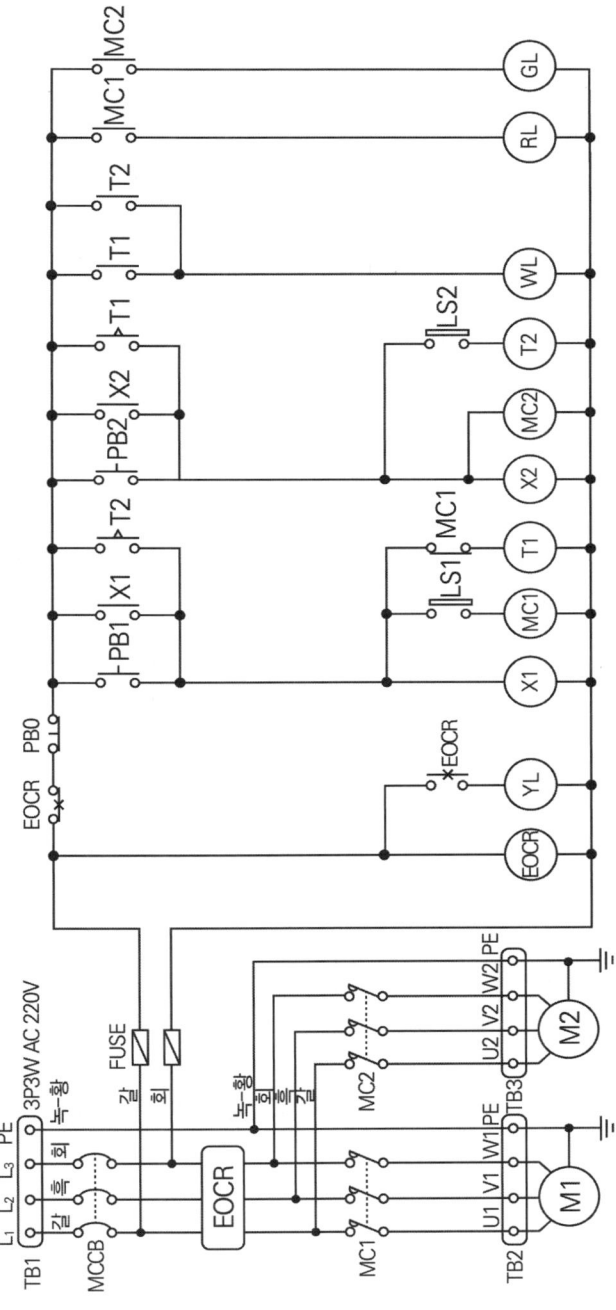

13 공개문제 13번

| 자격종목 | 전기기능사 | 과제명 | 전기설비의 배선 및 배관 공사 | 척도 | NS |

1 배관 및 기구 배치도

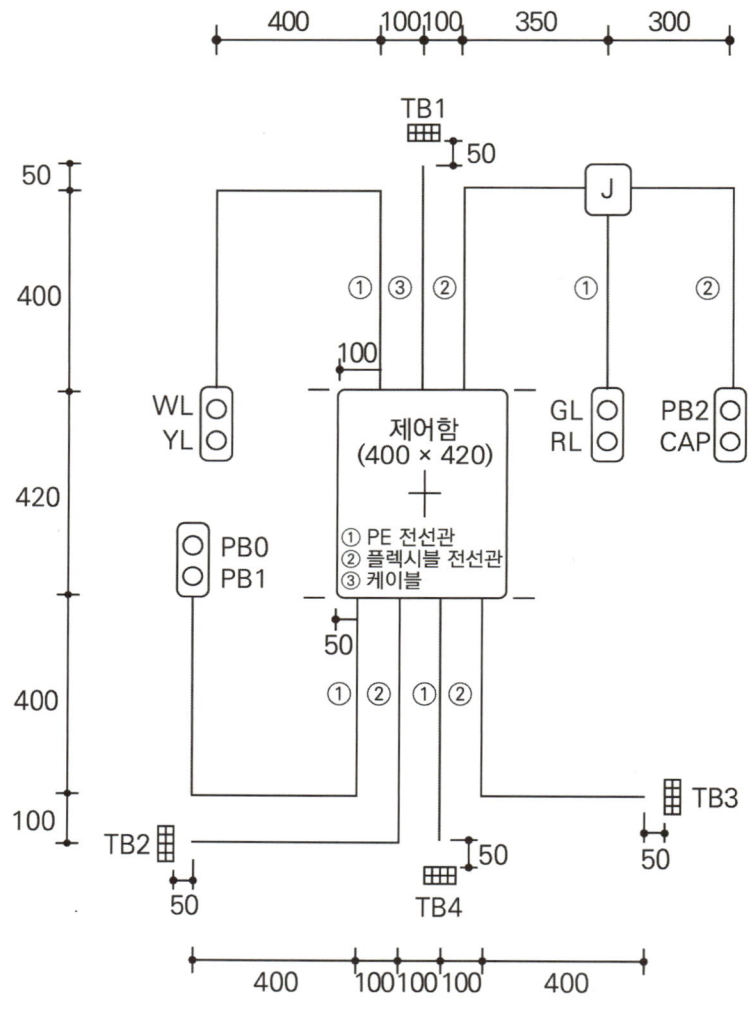

2 제어판 내부 기구 배치도

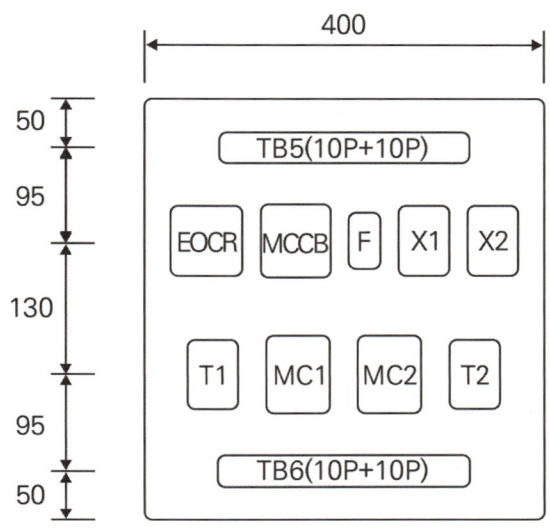

[범례]

기호	명칭	기호	명칭
TB1	전원(단자대 4P)	PB0	푸시버튼 스위치(적색)
TB2, TB3	전동기(단자대 4P)	PB1	푸시버튼 스위치(녹색)
TB4	LS1, LS2(단자대 4P)	PB2	푸시버튼 스위치(녹색)
TB5, TB6	단자대(10P + 10P)	YL	램프(황색)
MC1, MC2	전자접촉기(12P)	GL	램프(녹색)
EOCR	EOCR(12P)	RL	램프(적색)
X1, X2	릴레이(8P)	WL	램프(백색)
T1, T2	타이머(8P)	CAP	홀마개
F	퓨즈 및 퓨즈홀더	ⓙ	8각 박스
MCCB	배선용차단기		

3 제어회로의 시퀀스회로도

※ 본 도면은 시험을 위해서 임의 구성한 것으로 상용도면과 상이할 수 있습니다.

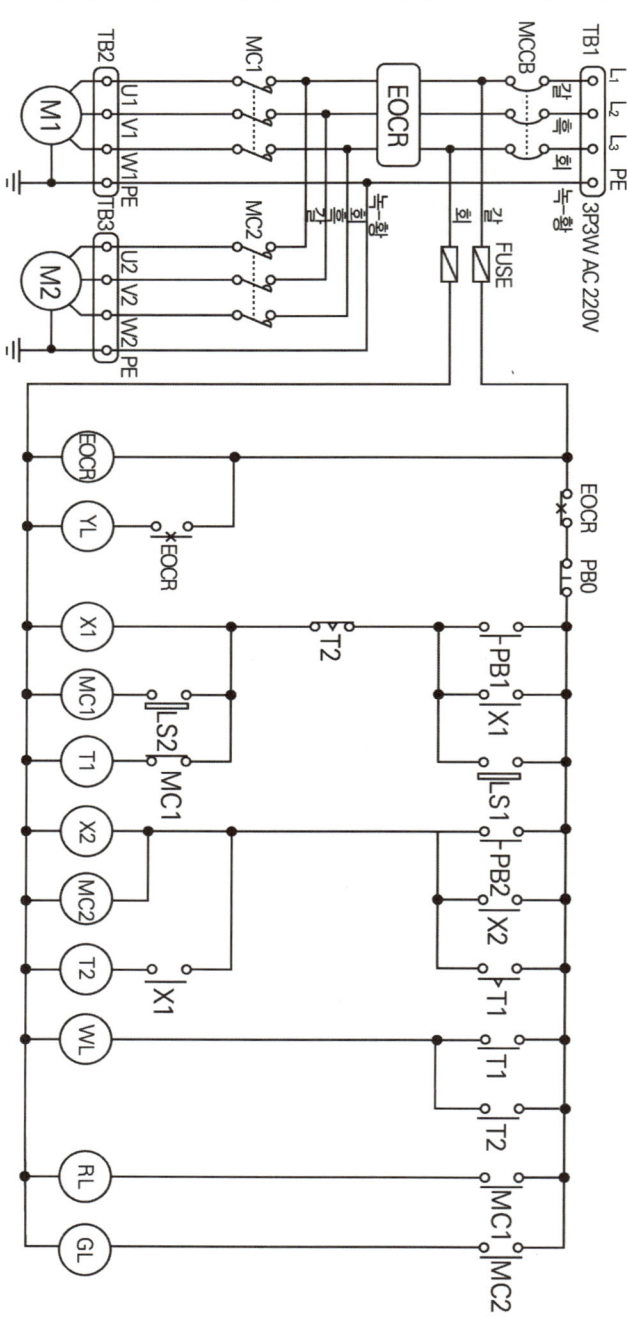

14 공개문제 14번

| 자격종목 | 전기기능사 | 과제명 | 전기설비의 배선 및 배관 공사 | 척도 | NS |

1 배관 및 기구 배치도

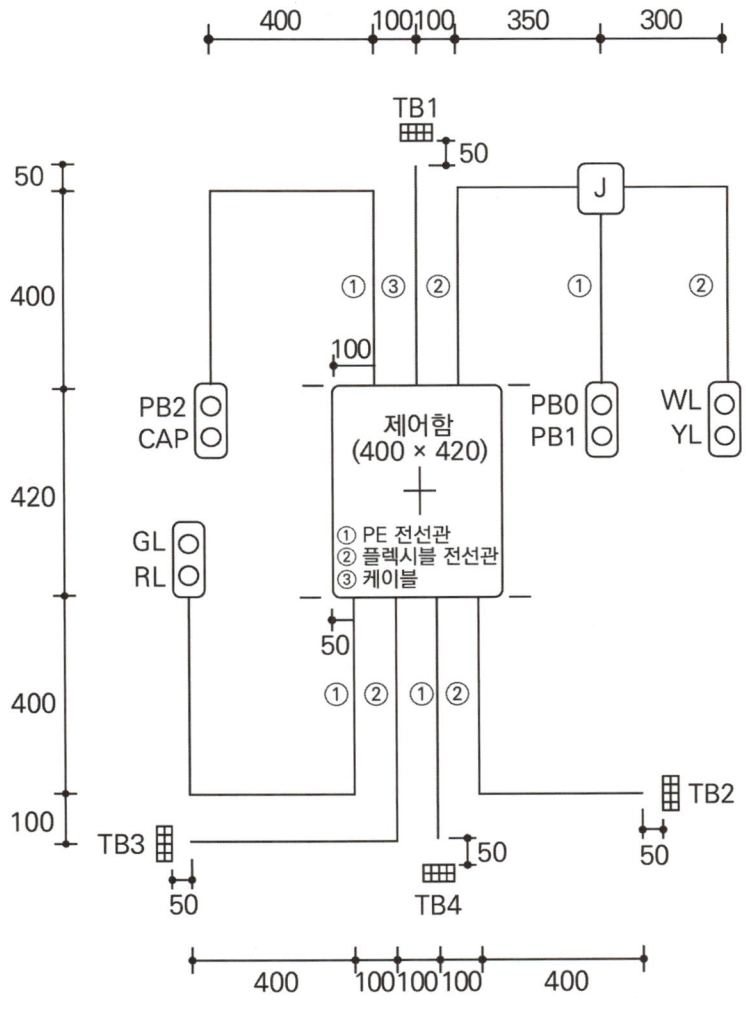

2 제어판 내부 기구 배치도

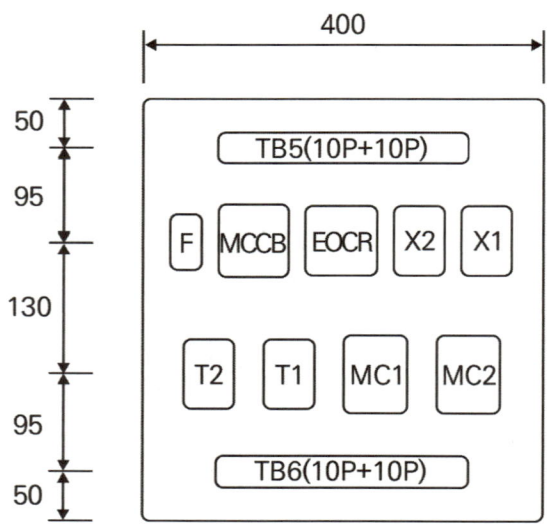

[범례]

기호	명칭	기호	명칭
TB1	전원(단자대 4P)	PB0	푸시버튼 스위치(적색)
TB2, TB3	전동기(단자대 4P)	PB1	푸시버튼 스위치(녹색)
TB4	LS1, LS2(단자대 4P)	PB2	푸시버튼 스위치(녹색)
TB5, TB6	단자대(10P + 10P)	YL	램프(황색)
MC1, MC2	전자접촉기(12P)	GL	램프(녹색)
EOCR	EOCR(12P)	RL	램프(적색)
X1, X2	릴레이(8P)	WL	램프(백색)
T1, T2	타이머(8P)	CAP	홀마개
F	퓨즈 및 퓨즈홀더	ⓙ	8각 박스
MCCB	배선용차단기		

3 제어회로의 시퀀스회로도

※ 본 도면은 시험을 위해서 임의 구성한 것으로 상용도면과 상이할 수 있습니다.

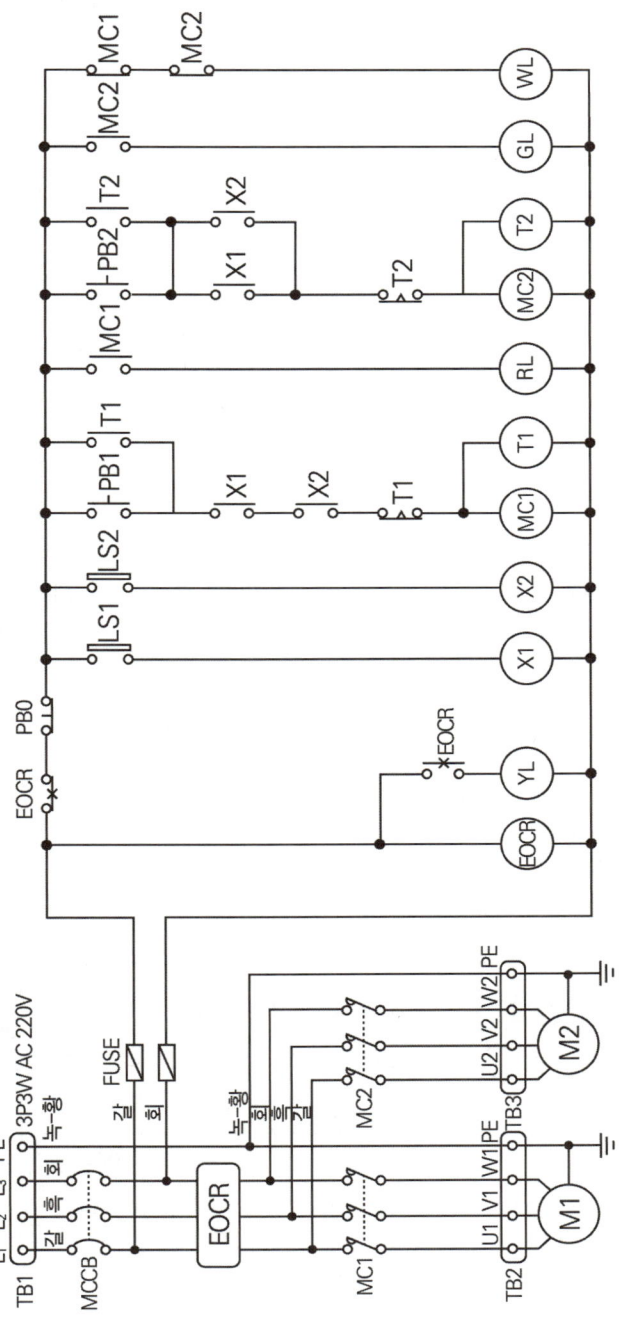

15 공개문제 15번

| 자격종목 | 전기기능사 | 과제명 | 전기설비의 배선 및 배관 공사 | 척도 | NS |

1 배관 및 기구 배치도

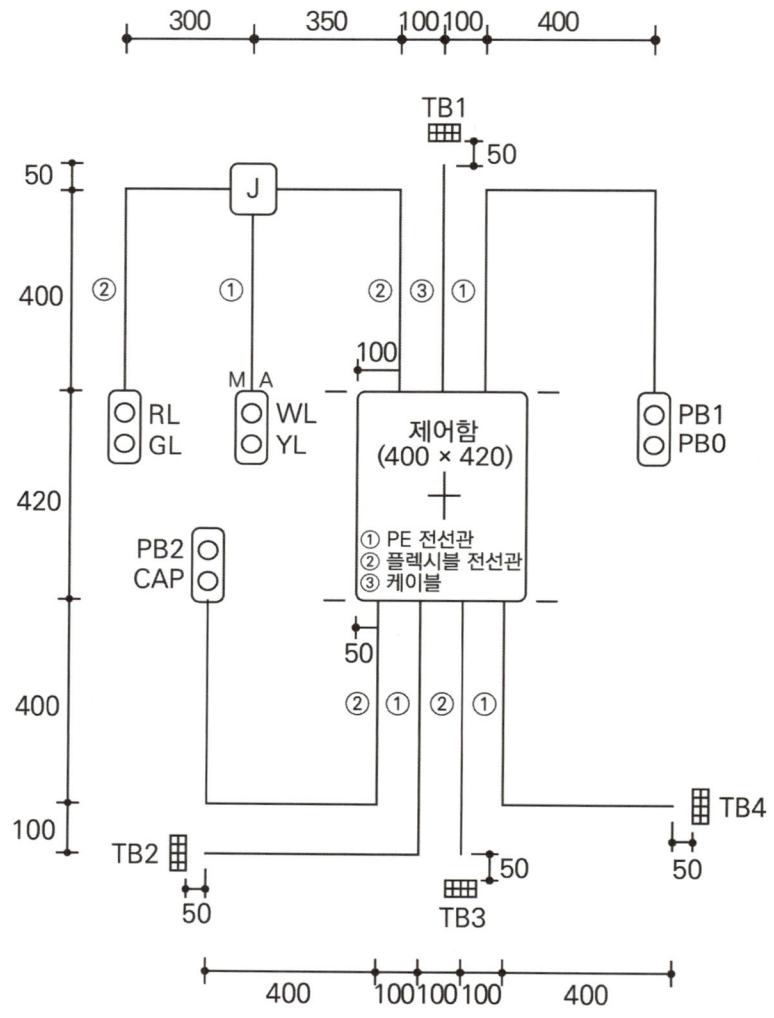

2 제어판 내부 기구 배치도

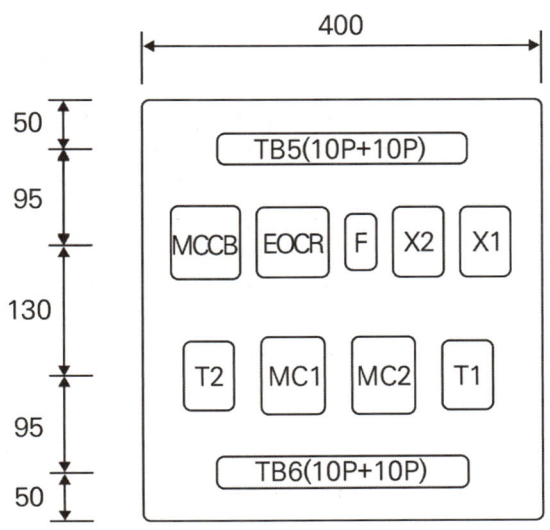

[범례]

기호	명칭	기호	명칭
TB1	전원(단자대 4P)	PB0	푸시버튼 스위치(적색)
TB2, TB3	전동기(단자대 4P)	PB1	푸시버튼 스위치(녹색)
TB4	플로트레스(단자대 4P)	SS	셀렉터 스위치
TB5, TB6	단자대(10P + 10P)	YL	램프(황색)
MC1, MC2	전자접촉기(12P)	GL	램프(녹색)
EOCR	EOCR(12P)	RL	램프(적색)
X	릴레이(12P)	BZ	부저
T	타이머(8P)	CAP	홀마개
FR	플리커릴레이(8P)	ⓙ	8각 박스
FLS	플로트레스 스위치(8P)	F	퓨즈 및 퓨즈홀더
MCCB	배선용차단기		

3 제어회로의 시퀀스회로도

※ 본 도면은 시험을 위해서 임의 구성한 것으로 상용도면과 상이할 수 있습니다.

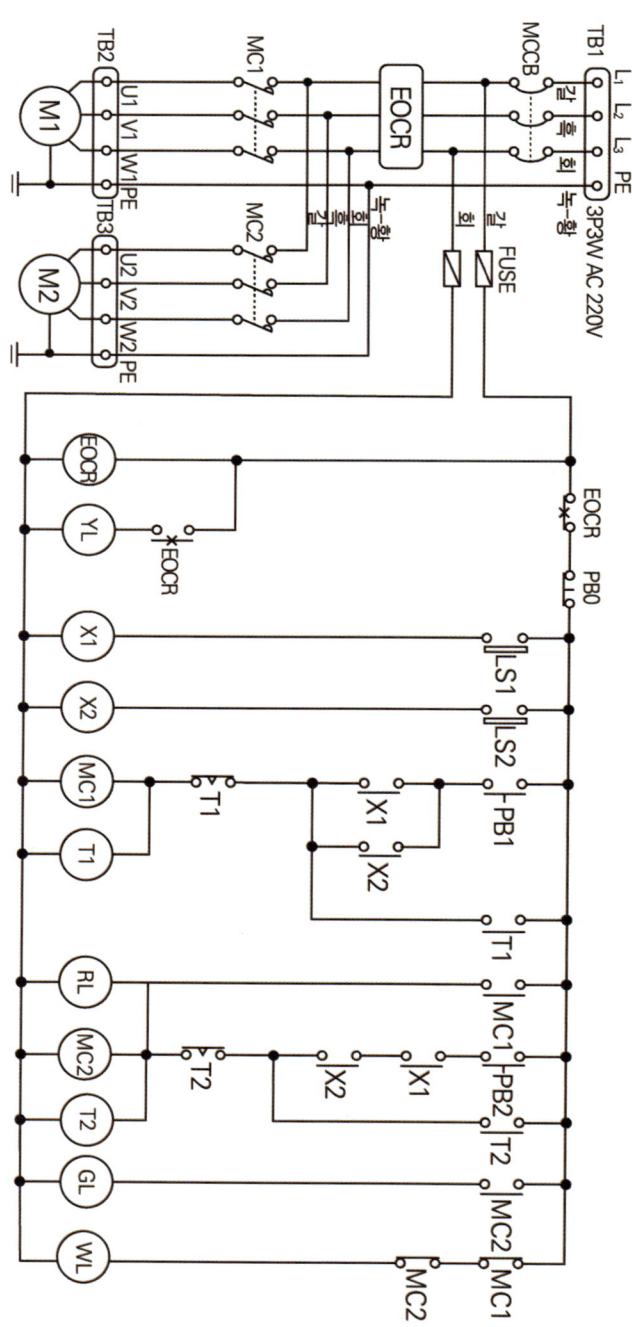

16 공개문제 16번

| 자격종목 | 전기기능사 | 과제명 | 전기설비의 배선 및 배관 공사 | 척도 | NS |

1 배관 및 기구 배치도

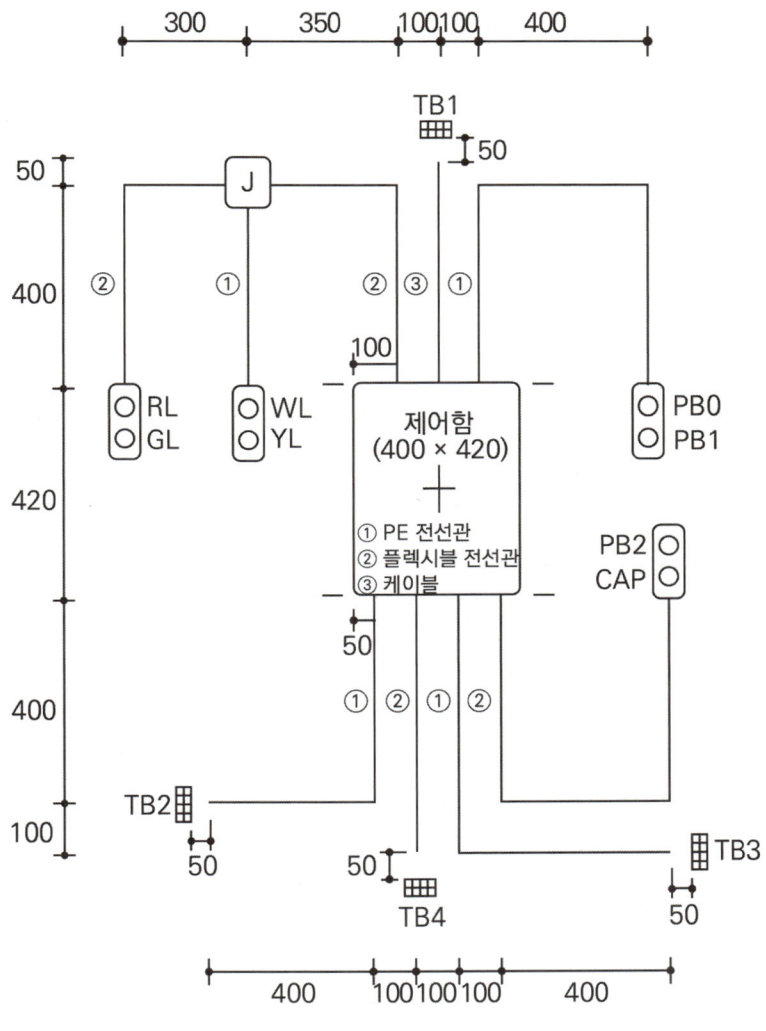

2 제어판 내부 기구 배치도

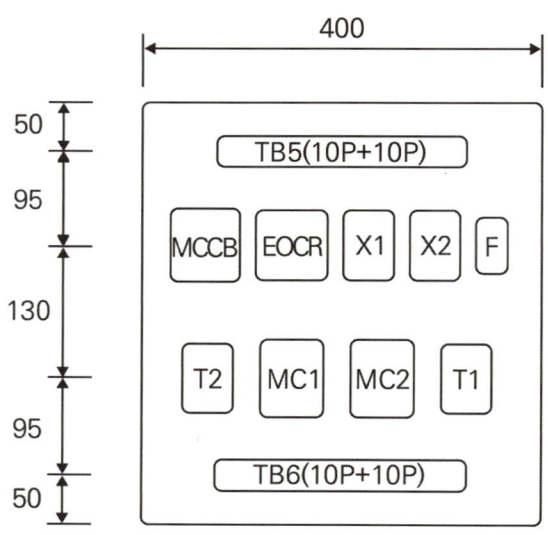

기호	명칭	기호	명칭
TB1	전원(단자대 4P)	PB0	푸시버튼 스위치(적색)
TB2, TB3	전동기(단자대 4P)	PB1	푸시버튼 스위치(녹색)
TB4	LS1, LS2(단자대 4P)	PB2	푸시버튼 스위치(녹색)
TB5, TB6	단자대(10P + 10P)	YL	램프(황색)
MC1, MC2	전자접촉기(12P)	GL	램프(녹색)
EOCR	EOCR(12P)	RL	램프(적색)
X1, X2	릴레이(8P)	WL	램프(백색)
T1, T2	타이머(8P)	CAP	홀마개
F	퓨즈 및 퓨즈홀더	ⓙ	8각 박스
MCCB	배선용차단기		

3 제어회로의 시퀀스회로도

※ 본 도면은 시험을 위해서 임의 구성한 것으로 상용도면과 상이할 수 있습니다.

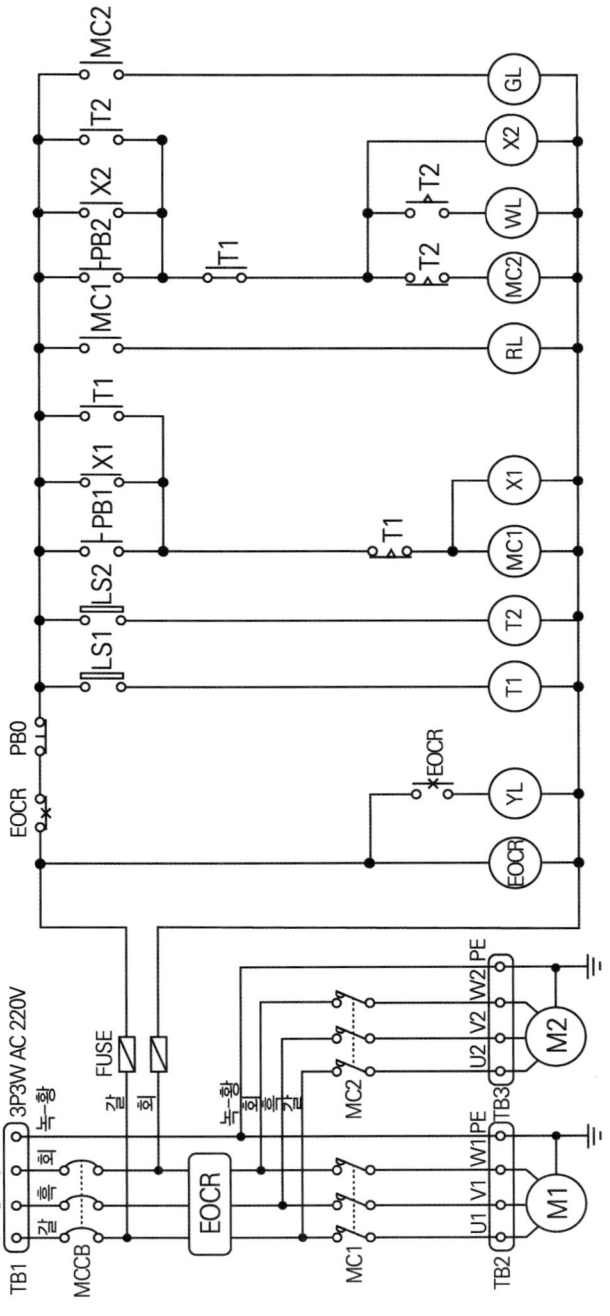

17　공개문제 17번

| 자격종목 | 전기기능사 | 과제명 | 전기설비의 배선 및 배관 공사 | 척도 | NS |

1 배관 및 기구 배치도

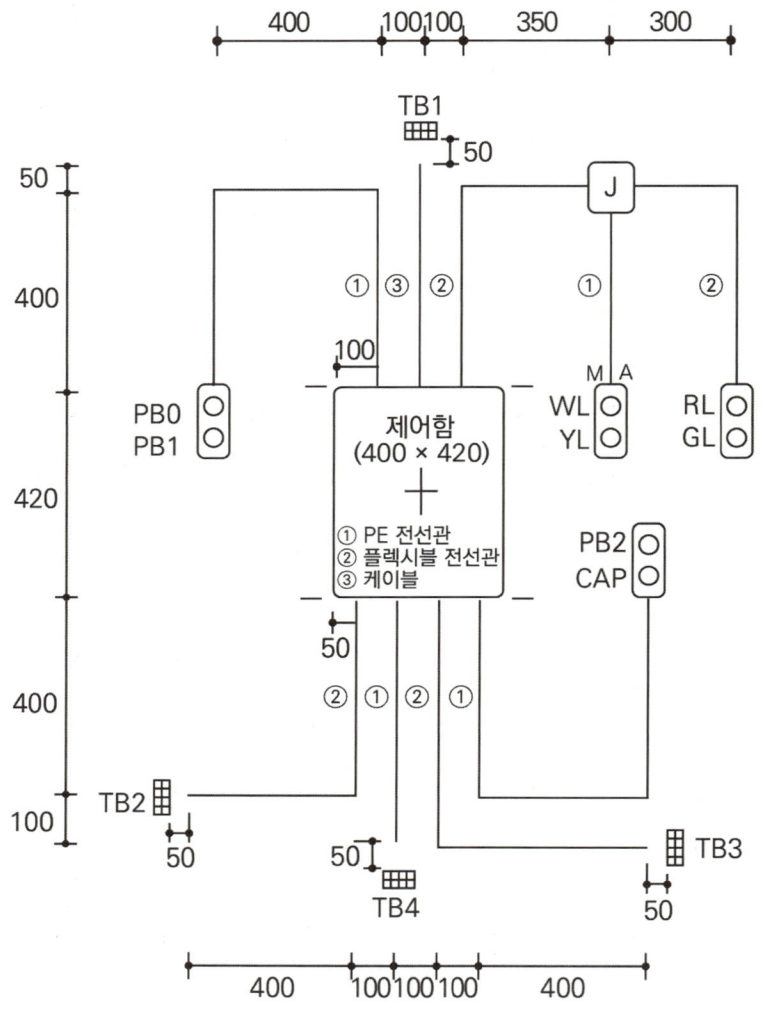

2 제어판 내부 기구 배치도

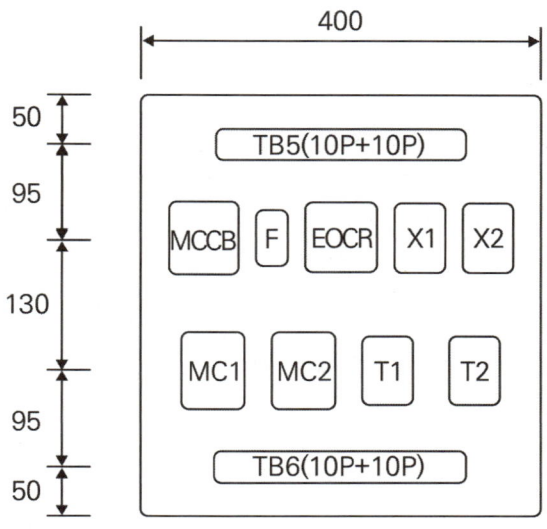

[범례]

기호	명칭	기호	명칭
TB1	전원(단자대 4P)	PB0	푸시버튼 스위치(적색)
TB2, TB3	전동기(단자대 4P)	PB1	푸시버튼 스위치(녹색)
TB4	LS1, LS2(단자대 4P)	PB2	푸시버튼 스위치(녹색)
TB5, TB6	단자대(10P + 10P)	YL	램프(황색)
MC1, MC2	전자접촉기(12P)	GL	램프(녹색)
EOCR	EOCR(12P)	RL	램프(적색)
X1, X2	릴레이(8P)	WL	램프(백색)
T1, T2	타이머(8P)	CAP	홀마개
F	퓨즈 및 퓨즈홀더	ⓙ	8각 박스
MCCB	배선용차단기		

3 제어회로의 시퀀스회로도

※ 본 도면은 시험을 위해서 임의 구성한 것으로 상용도면과 상이할 수 있습니다.

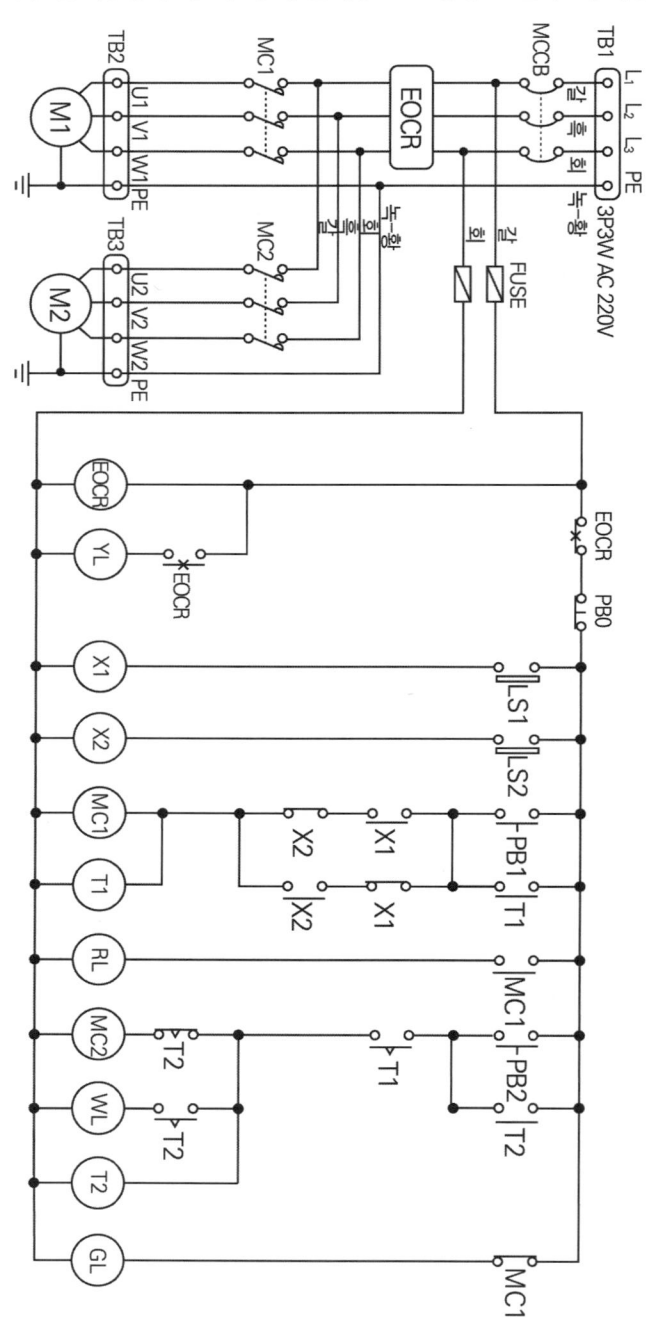

18 공개문제 18번

| 자격종목 | 전기기능사 | 과제명 | 전기설비의 배선 및 배관 공사 | 척도 | NS |

1 배관 및 기구 배치도

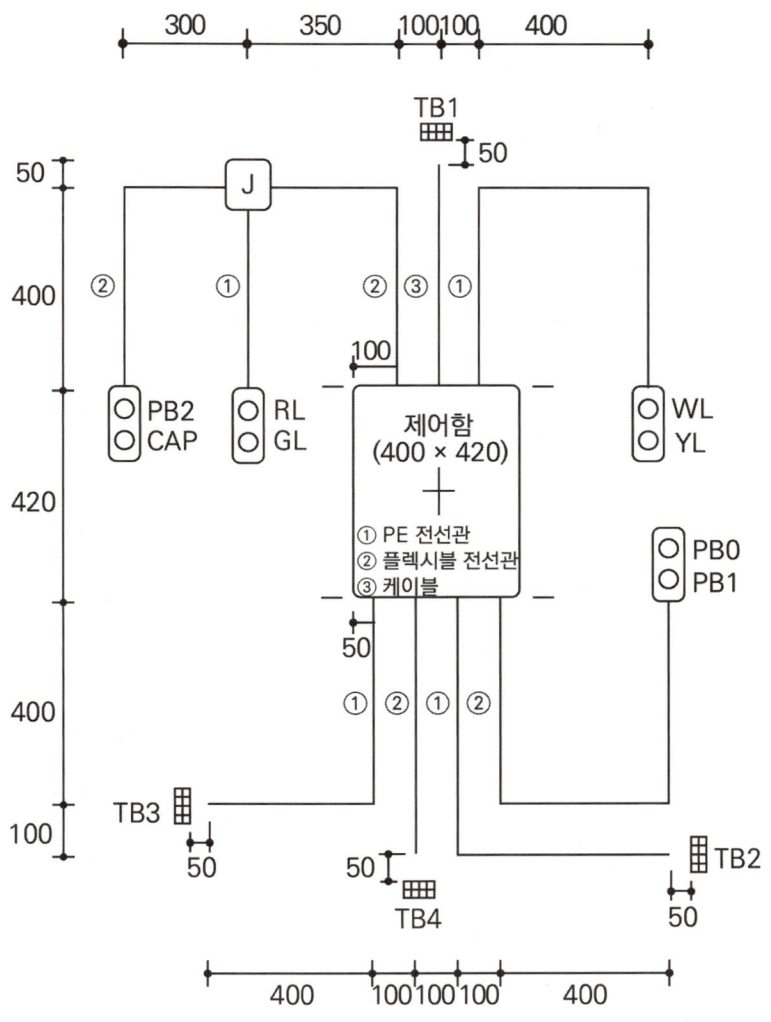

2 제어판 내부 기구 배치도

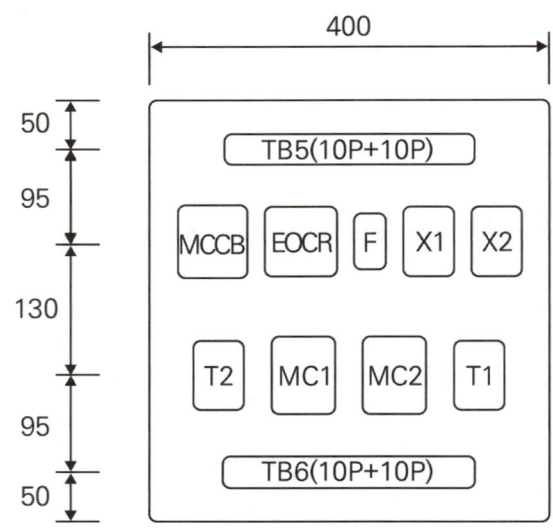

기호	명칭	기호	명칭
TB1	전원(단자대 4P)	PB0	푸시버튼 스위치(적색)
TB2, TB3	전동기(단자대 4P)	PB1	푸시버튼 스위치(녹색)
TB4	LS1, LS2(단자대 4P)	PB2	푸시버튼 스위치(녹색)
TB5, TB6	단자대(10P + 10P)	YL	램프(황색)
MC1, MC2	전자접촉기(12P)	GL	램프(녹색)
EOCR	EOCR(12P)	RL	램프(적색)
X1, X2	릴레이(8P)	WL	램프(백색)
T1, T2	타이머(8P)	CAP	홀마개
F	퓨즈 및 퓨즈홀더	ⓙ	8각 박스
MCCB	배선용차단기		

3 제어회로의 시퀀스회로도

※ 본 도면은 시험을 위해서 임의 구성한 것으로 상용도면과 상이할 수 있습니다.

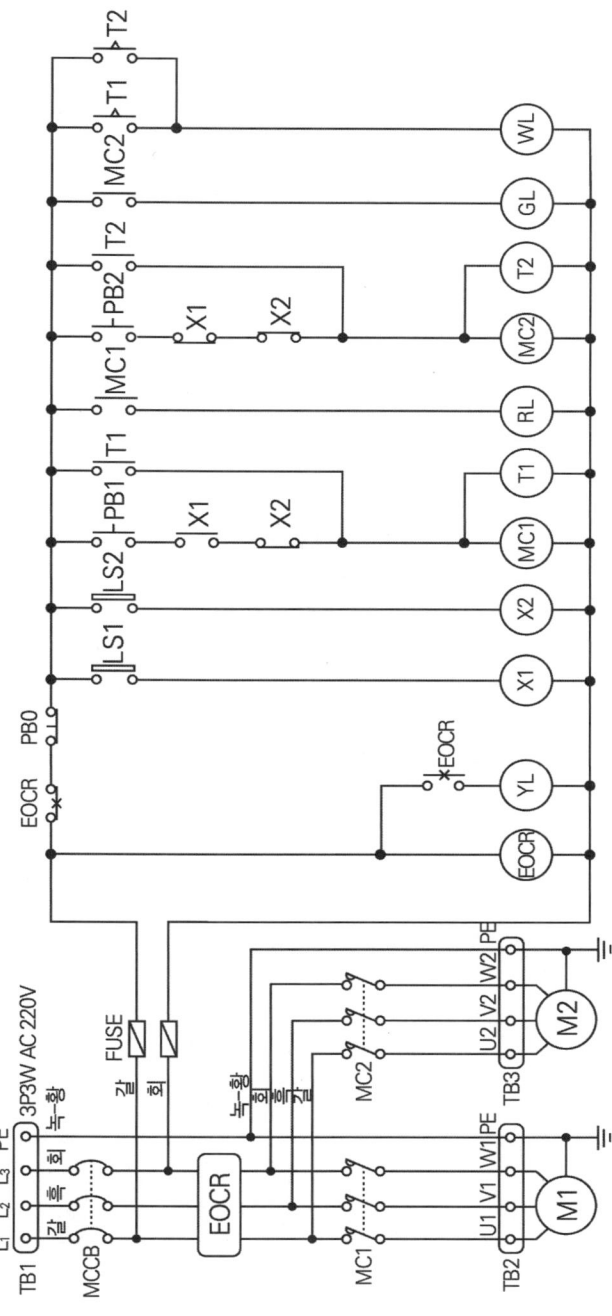

모아바 www.moa-ba.com
모아소방전기학원 www.moate.co.kr

전·기·기·능·사

Part 10
공개문제 답안지

01 공개문제 1번

| 자격종목 | 전기기능사 | 과제명 | 전기설비의 배선 및 배관 공사 | 척도 | NS |

1 배관 및 기구 배치도

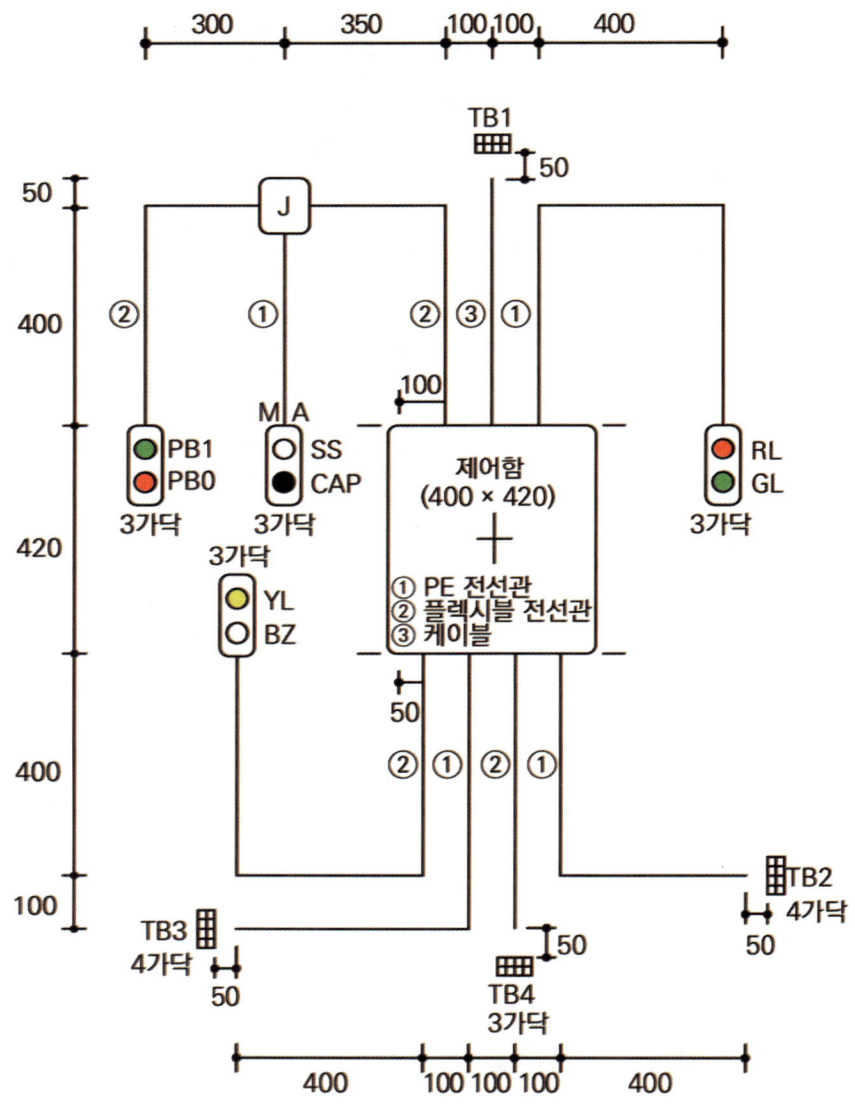

2 제어판 내부 기구 배치도

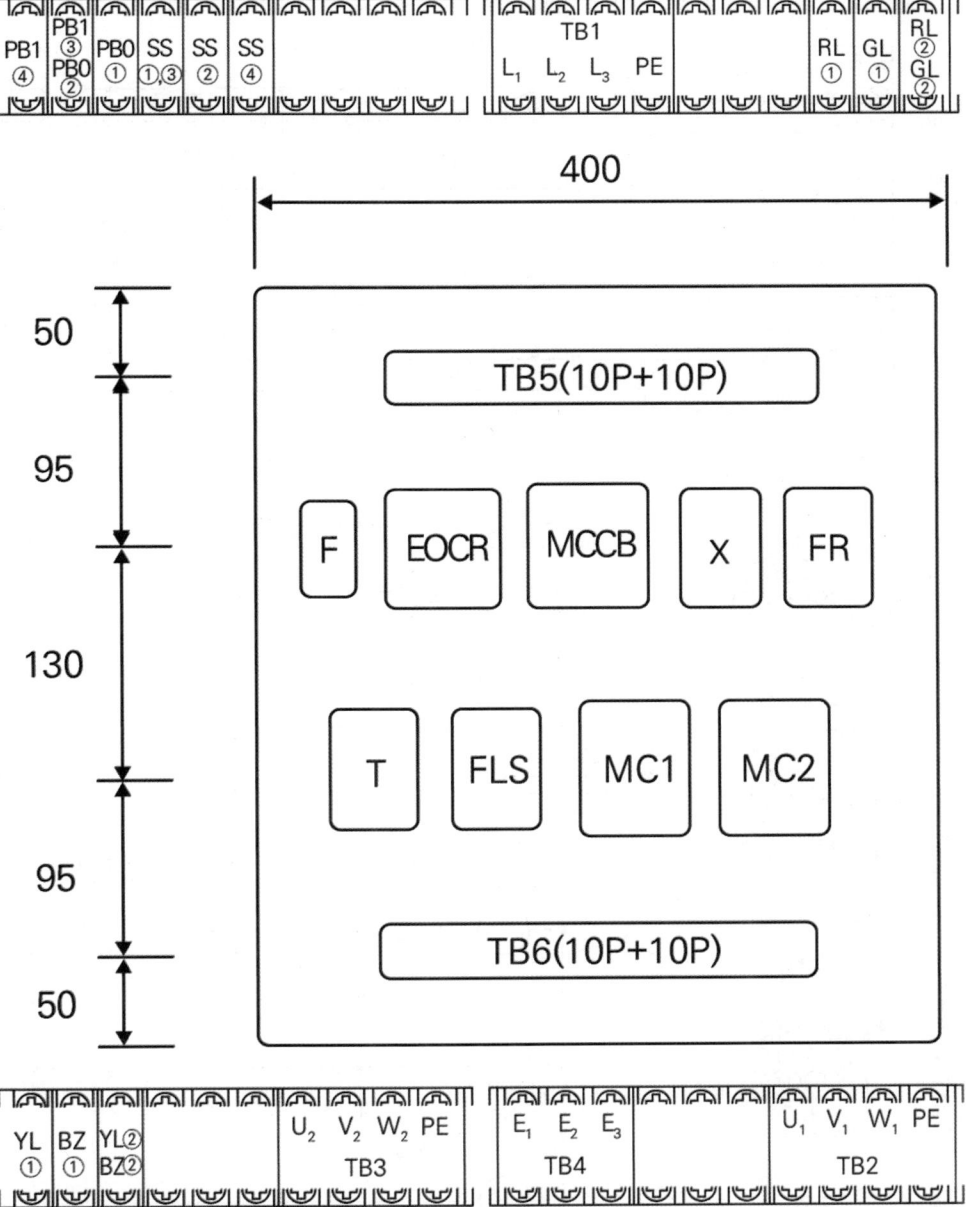

3 제어회로의 시퀀스회로도

※ 본 도면은 시험을 위해서 임의 구성한 것으로 상용도면과 상이할 수 있습니다.

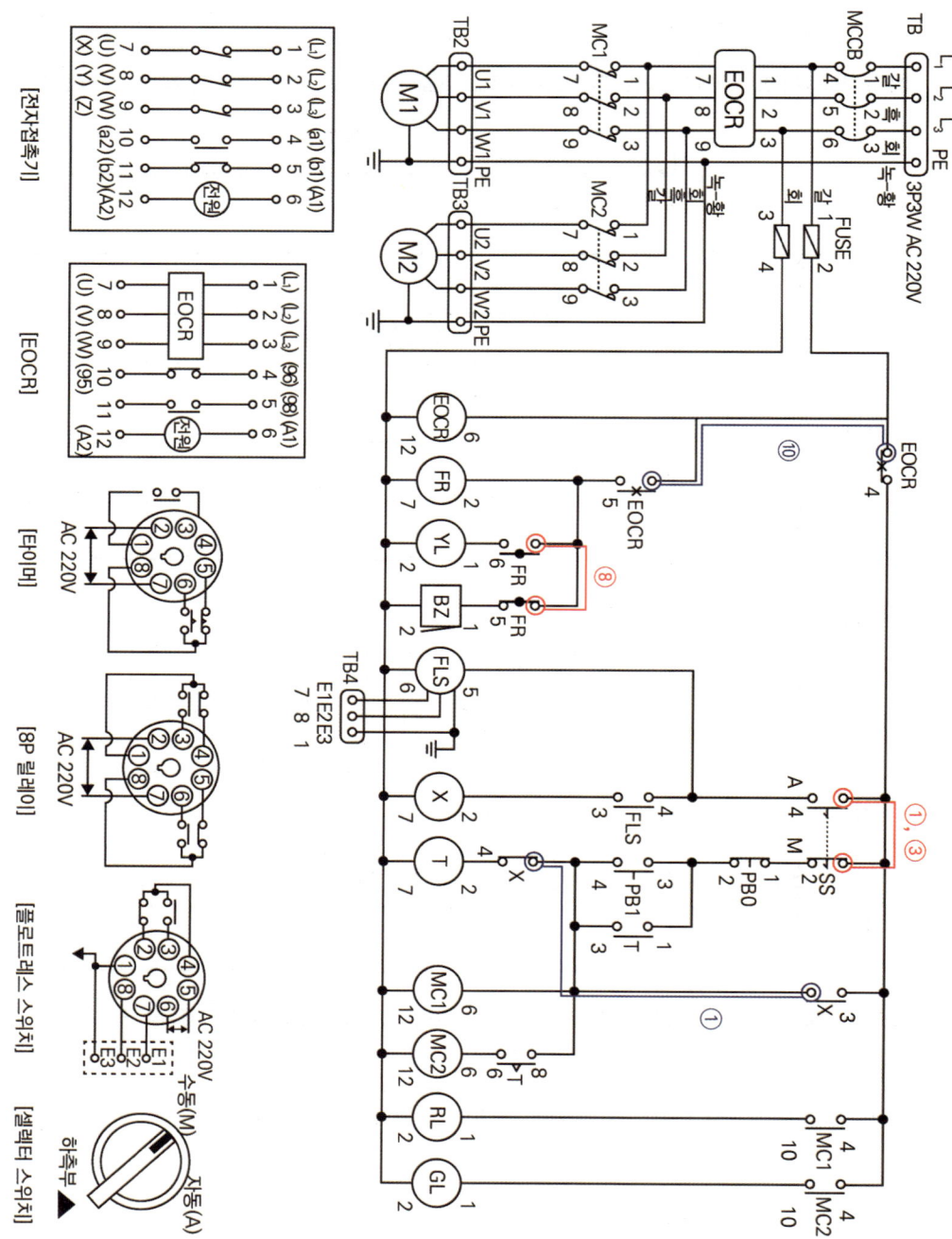

02 공개문제 2번

| 자격종목 | 전기기능사 | 과제명 | 전기설비의 배선 및 배관 공사 | 척도 | NS |

1 배관 및 기구 배치도

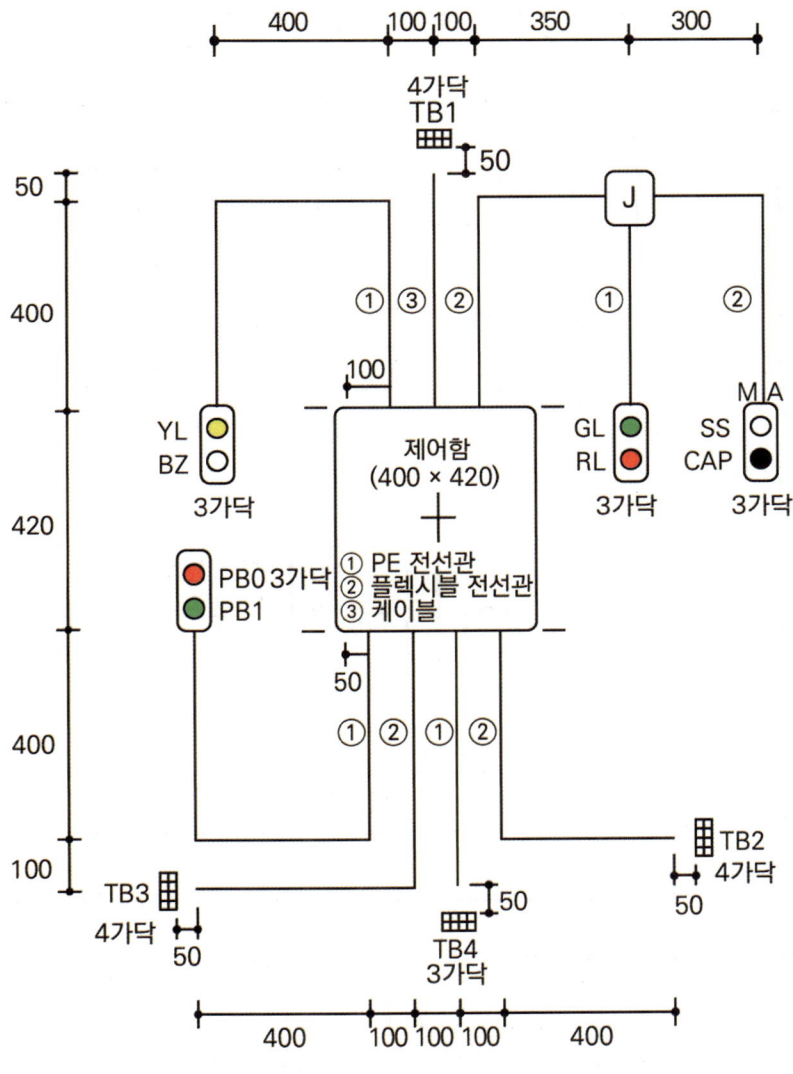

2 제어판 내부 기구 배치도

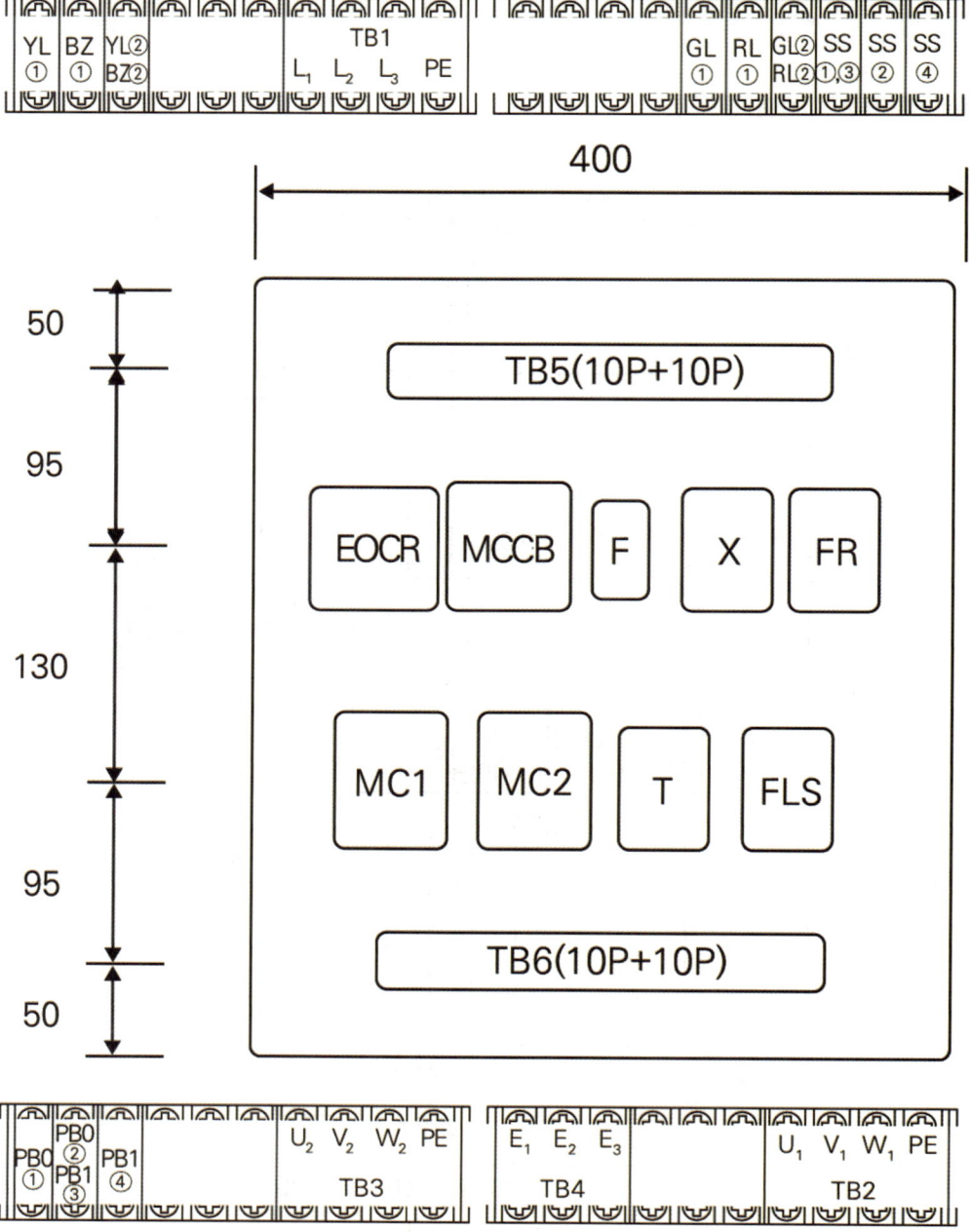

3 제어회로의 시퀀스회로도

※ 본 도면은 시험을 위해서 임의 구성한 것으로 상용도면과 상이할 수 있습니다.

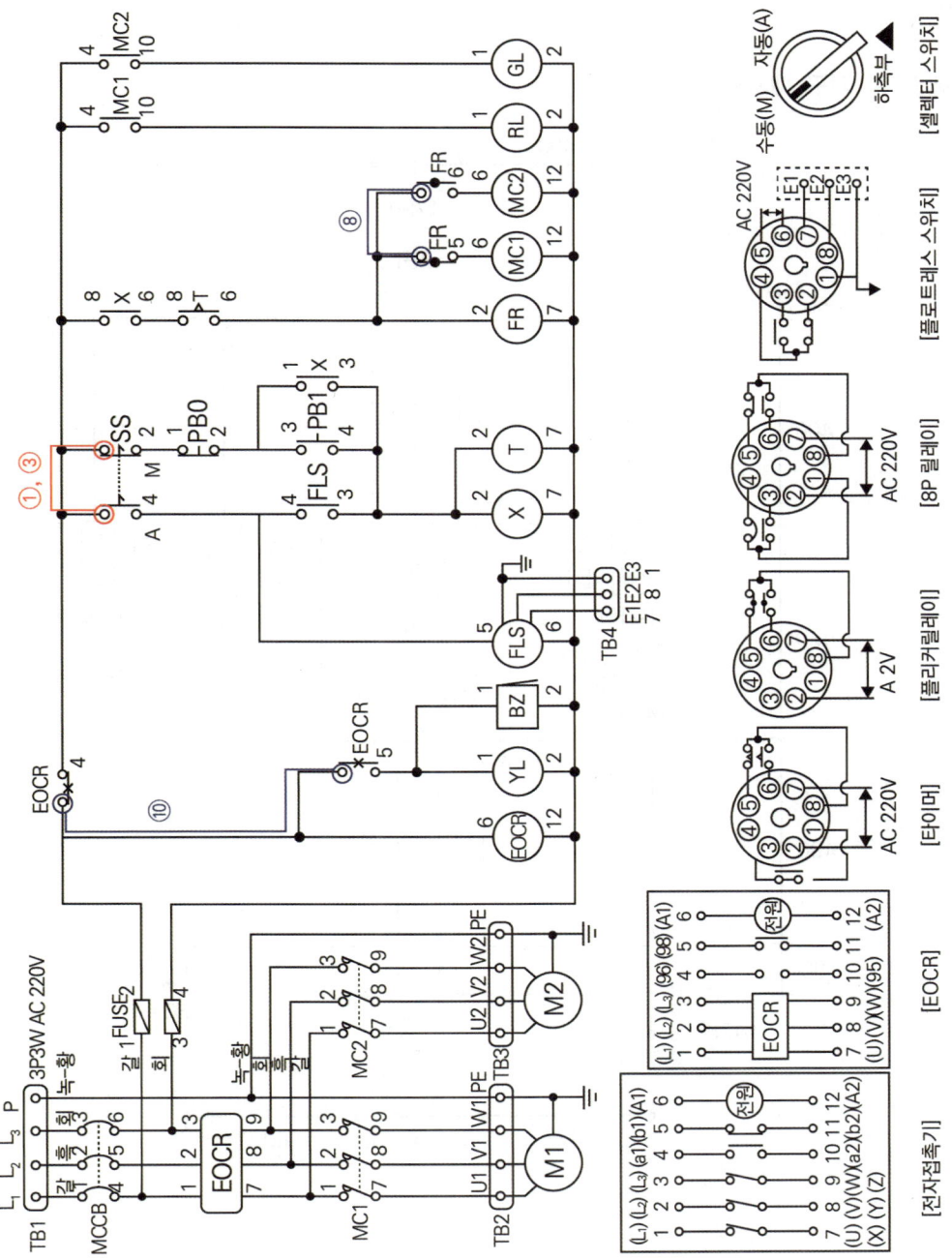

Part 10. 공개문제 답안지

03 공개문제 3번

| 자격종목 | 전기기능사 | 과제명 | 전기설비의 배선 및 배관 공사 | 척도 | NS |

1 배관 및 기구 배치도

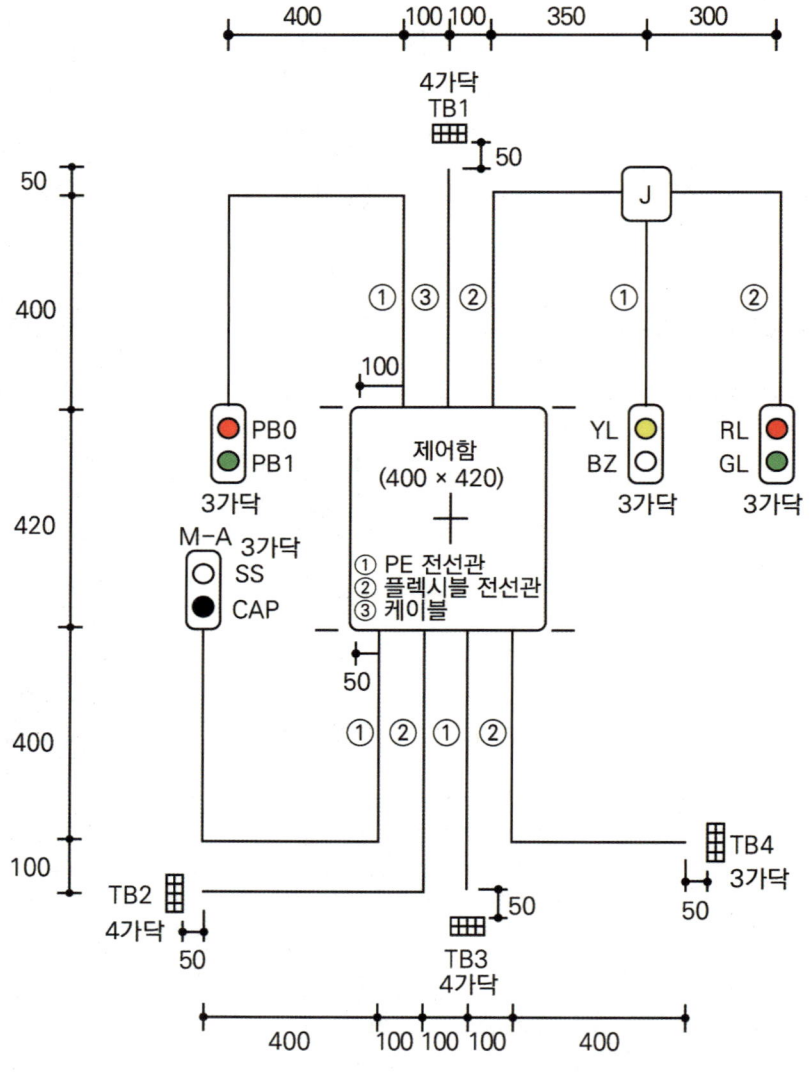

2 제어판 내부 기구 배치도

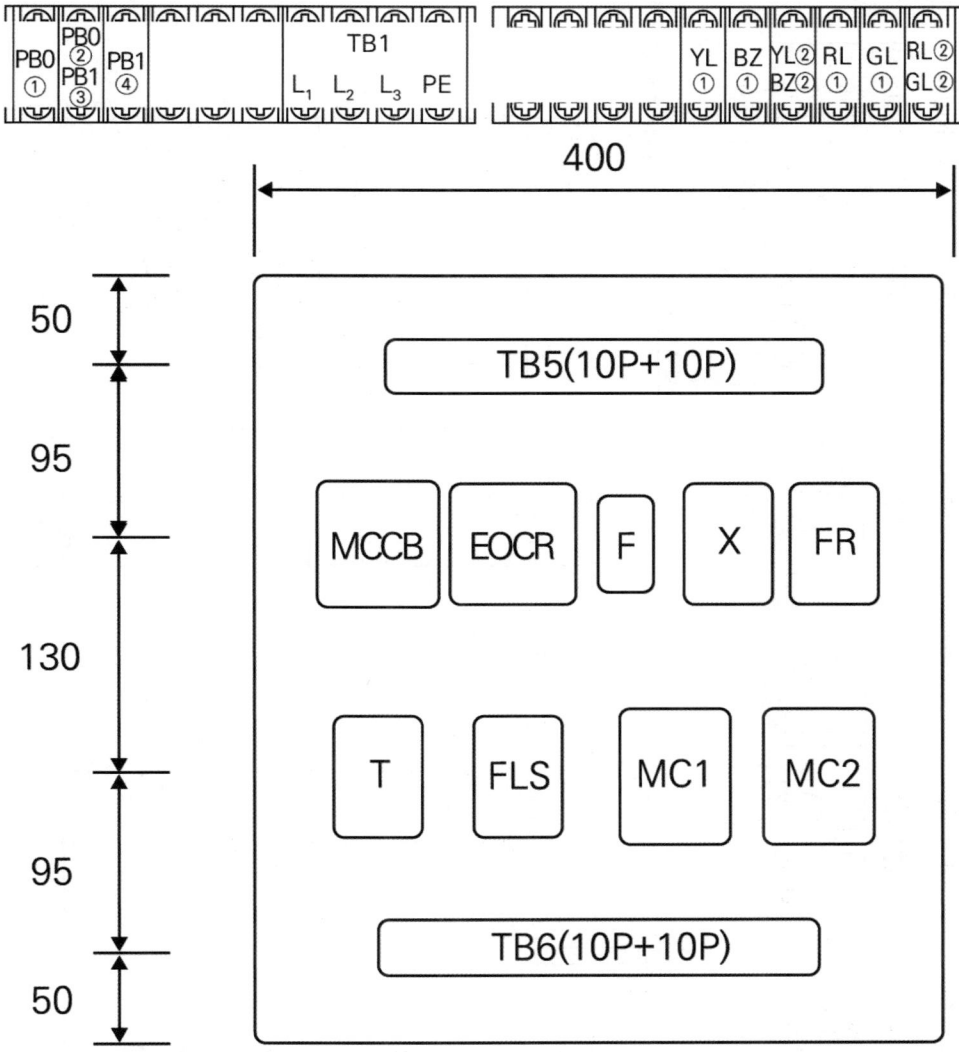

3 제어회로의 시퀀스회로도

※ 본 도면은 시험을 위해서 임의 구성한 것으로 상용도면과 상이할 수 있습니다.

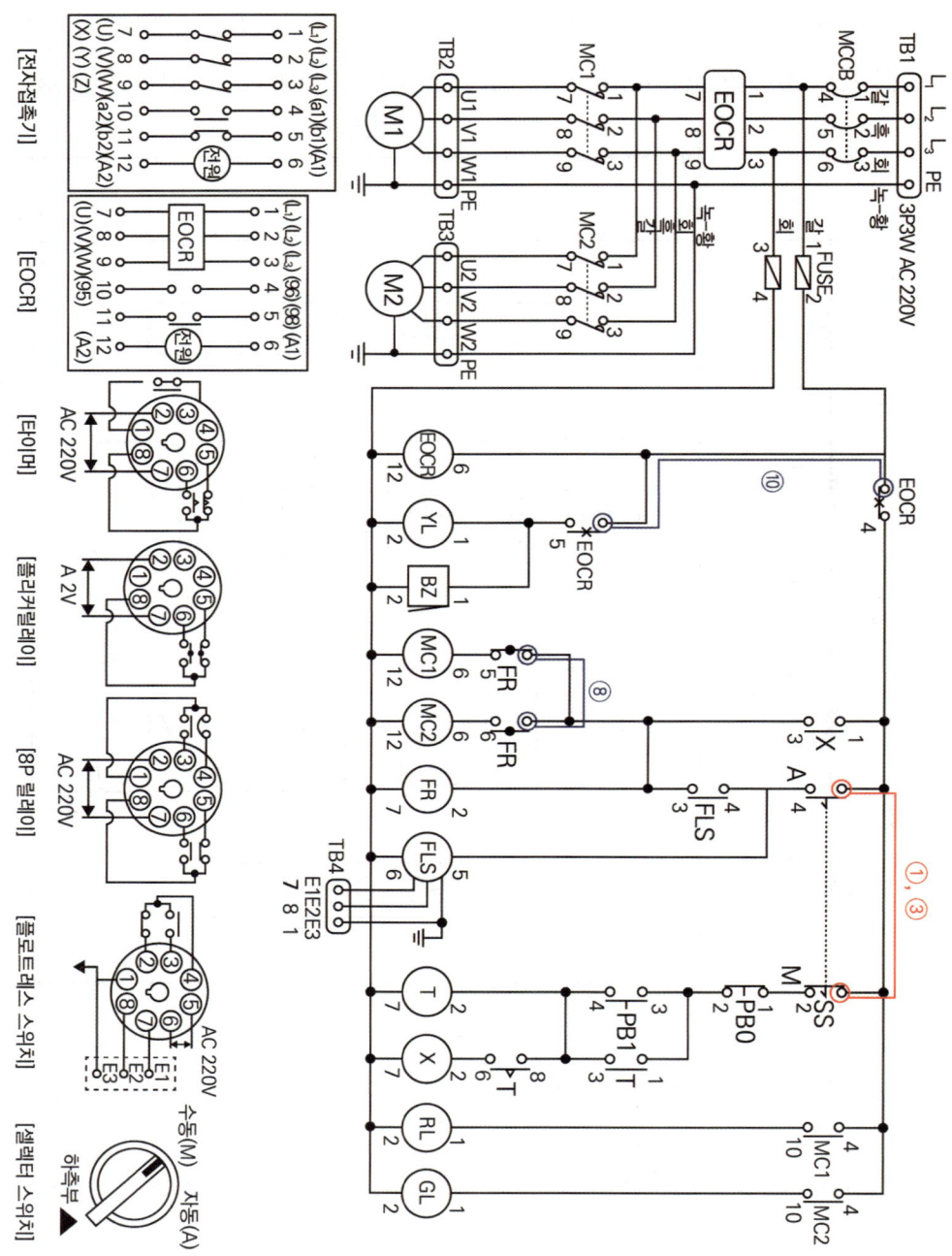

04　공개문제 4번

| 자격종목 | 전기기능사 | 과제명 | 전기설비의 배선 및 배관 공사 | 척도 | NS |

1 배관 및 기구 배치도

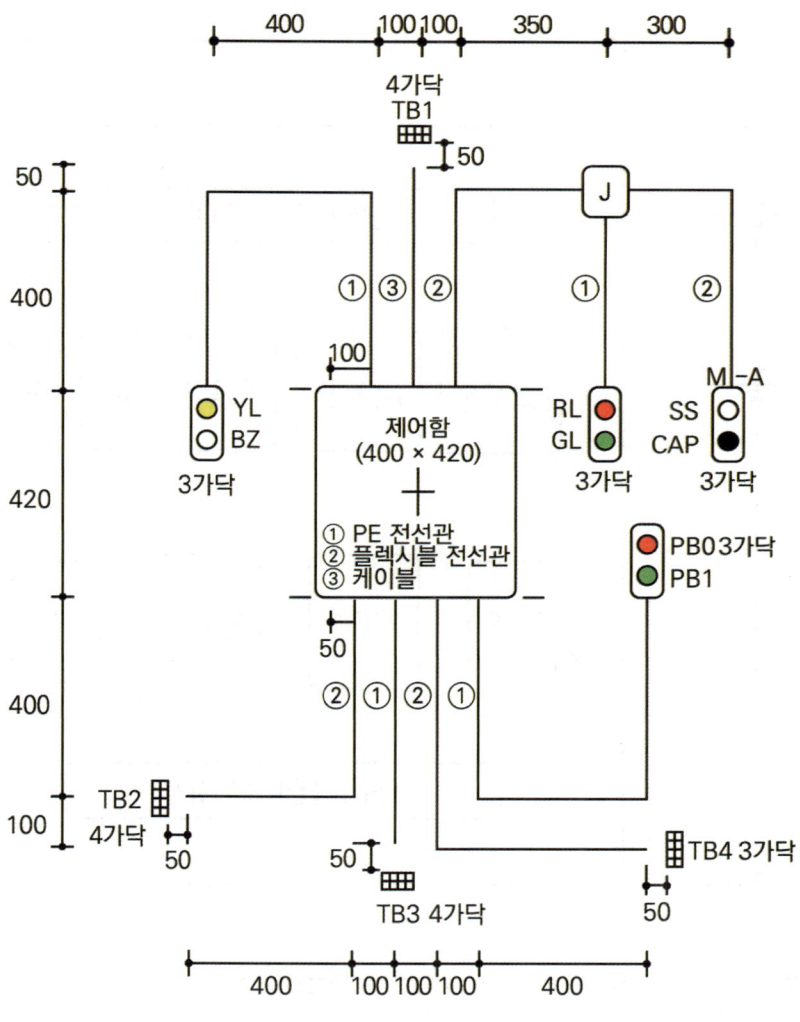

2 제어판 내부 기구 배치도

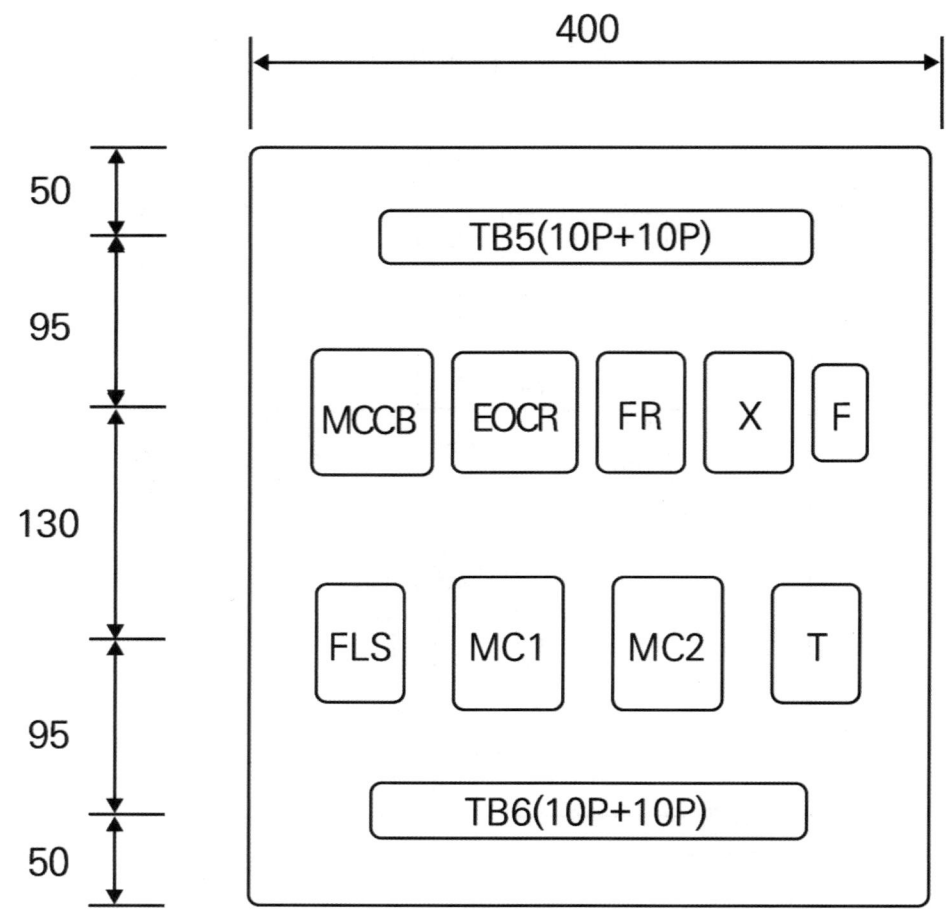

3 제어회로의 시퀀스회로도

※ 본 도면은 시험을 위해서 임의 구성한 것으로 상용도면과 상이할 수 있습니다.

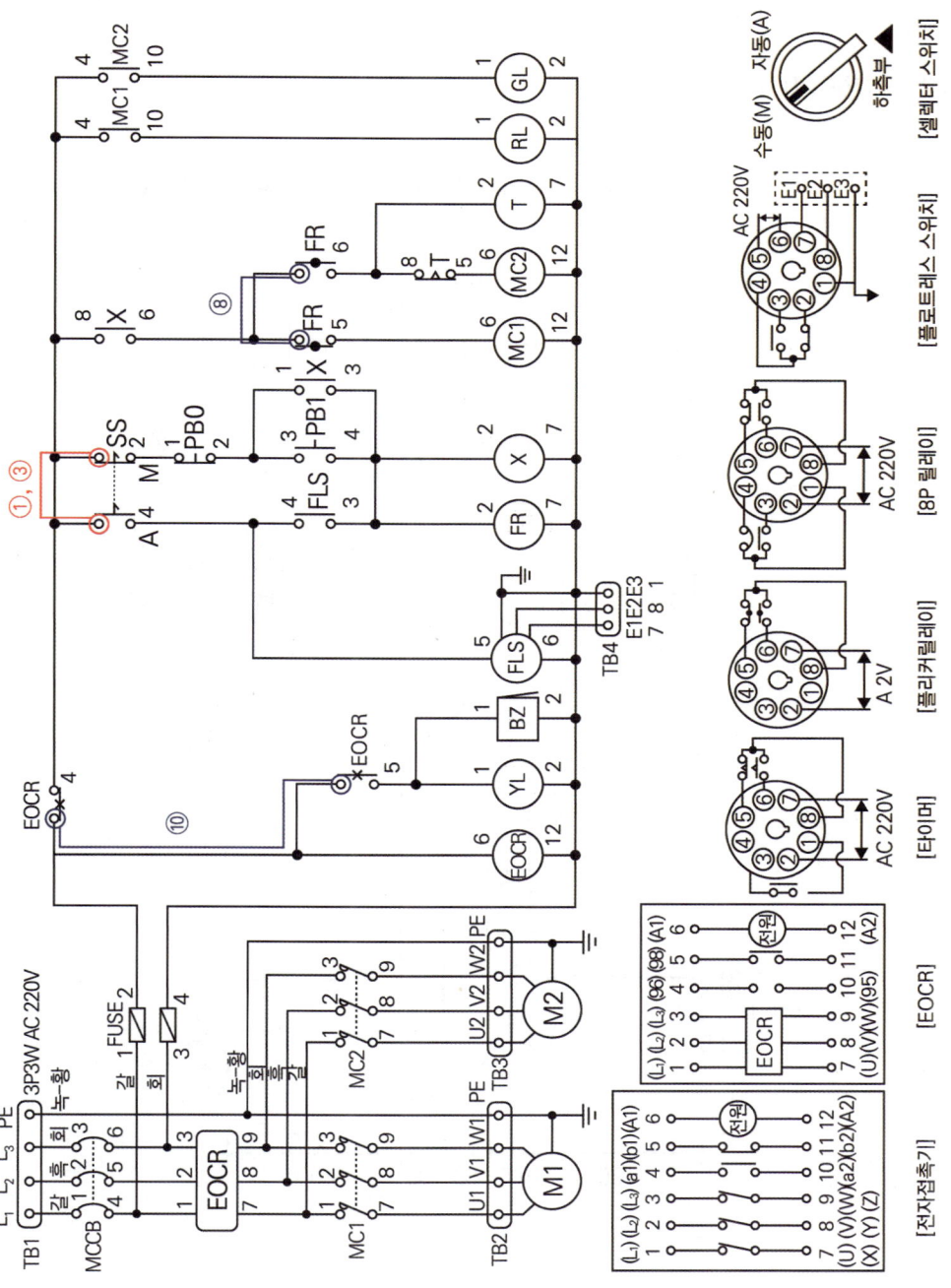

05 공개문제 5번

| 자격종목 | 전기기능사 | 과제명 | 전기설비의 배선 및 배관 공사 | 척도 | NS |

1 배관 및 기구 배치도

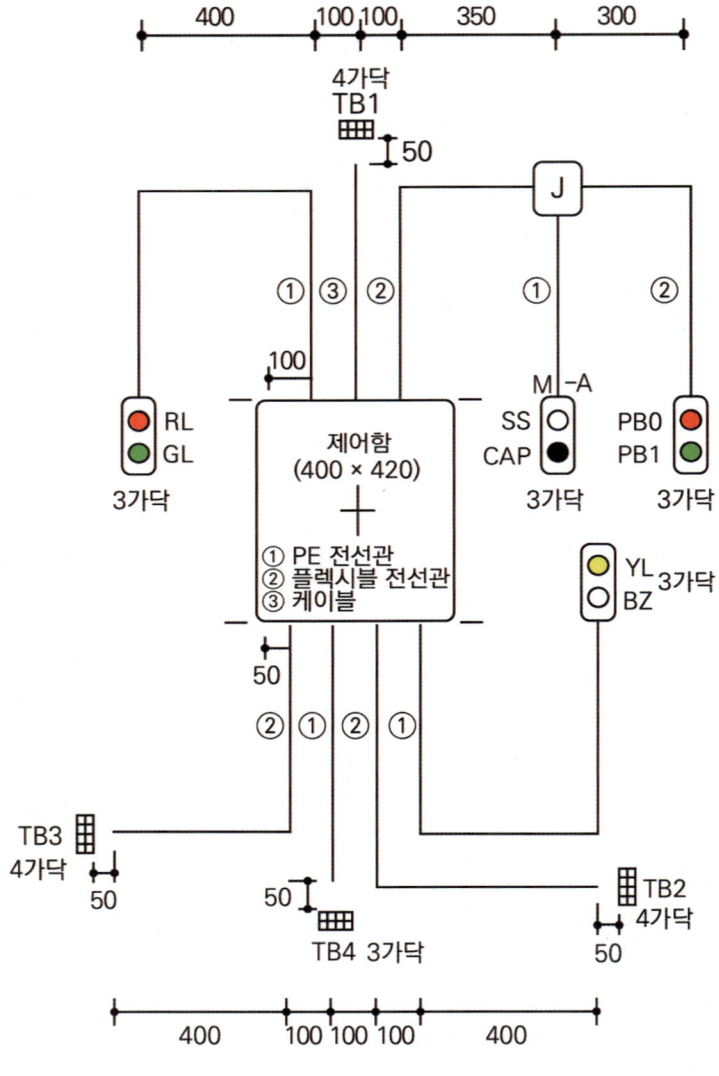

2 제어판 내부 기구 배치도

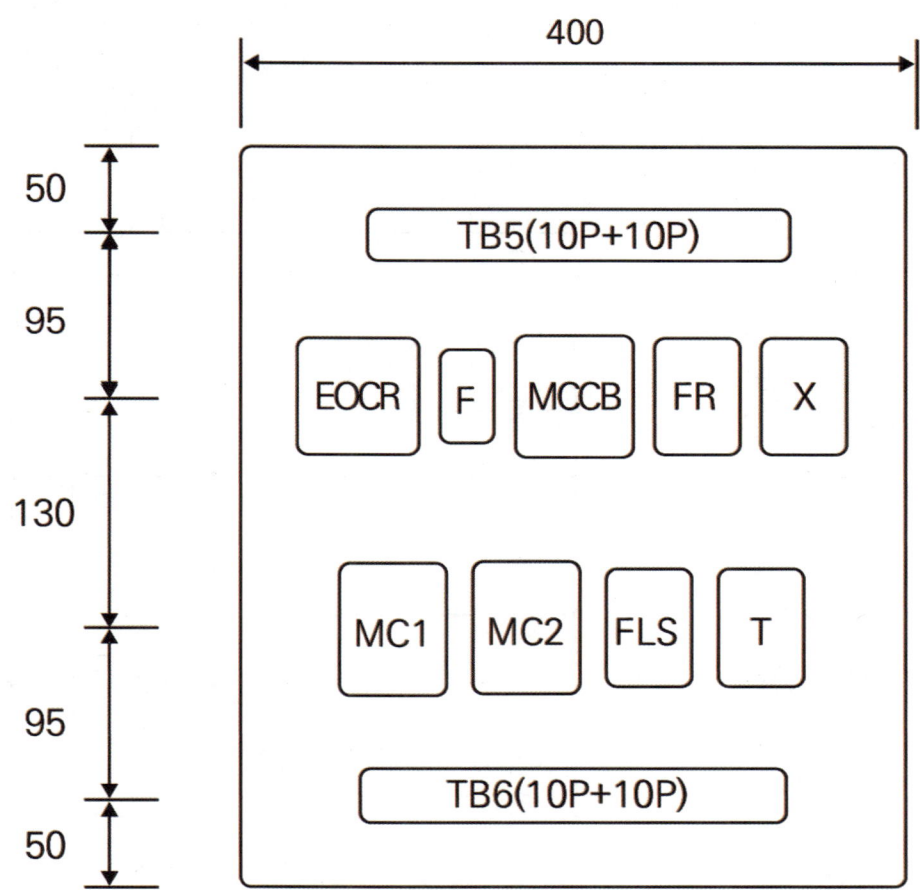

3 제어회로의 시퀀스회로도

※ 본 도면은 시험을 위해서 임의 구성한 것으로 상용도면과 상이할 수 있습니다.

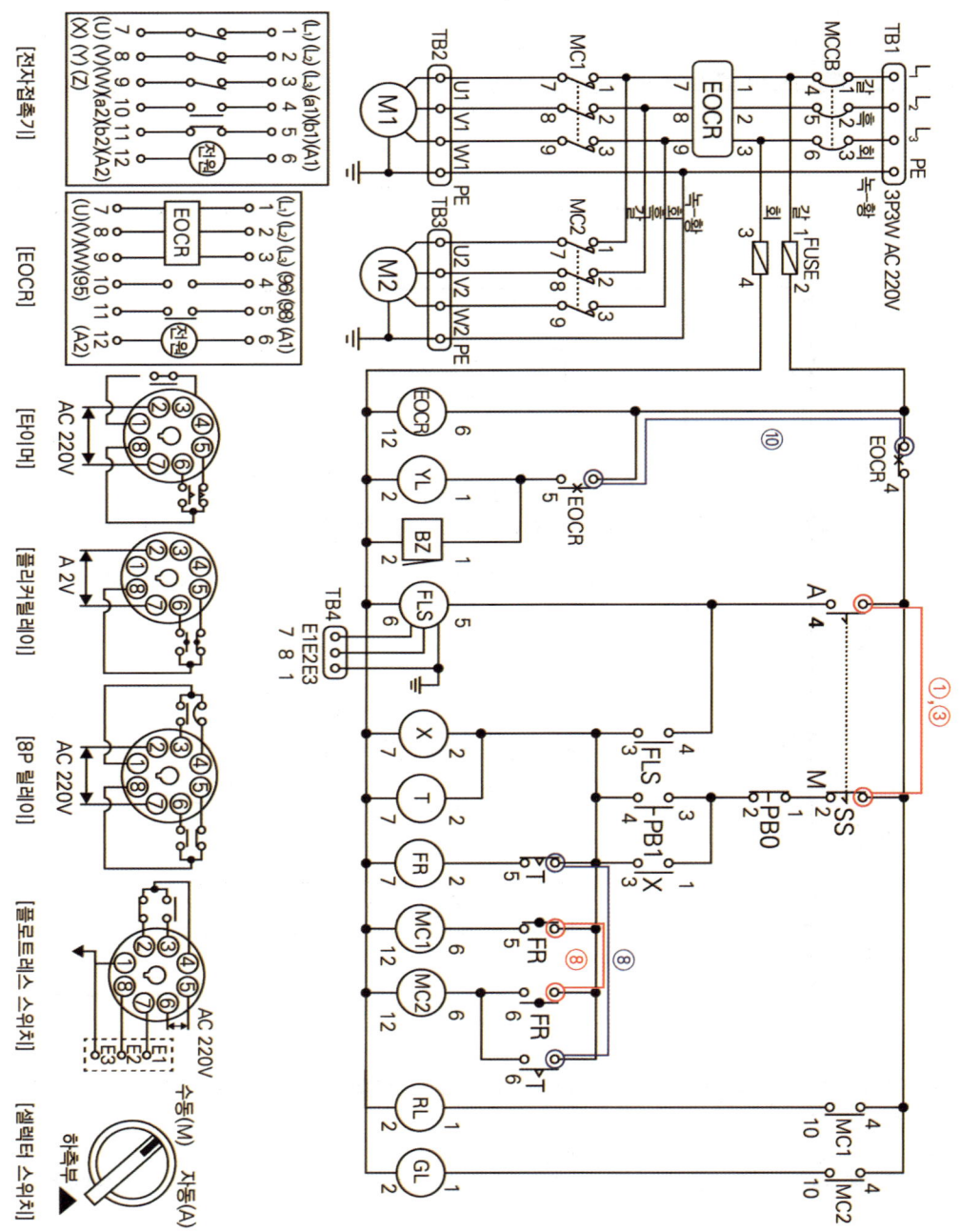

06 공개문제 6번

| 자격종목 | 전기기능사 | 과제명 | 전기설비의 배선 및 배관 공사 | 척도 | NS |

1 배관 및 기구 배치도

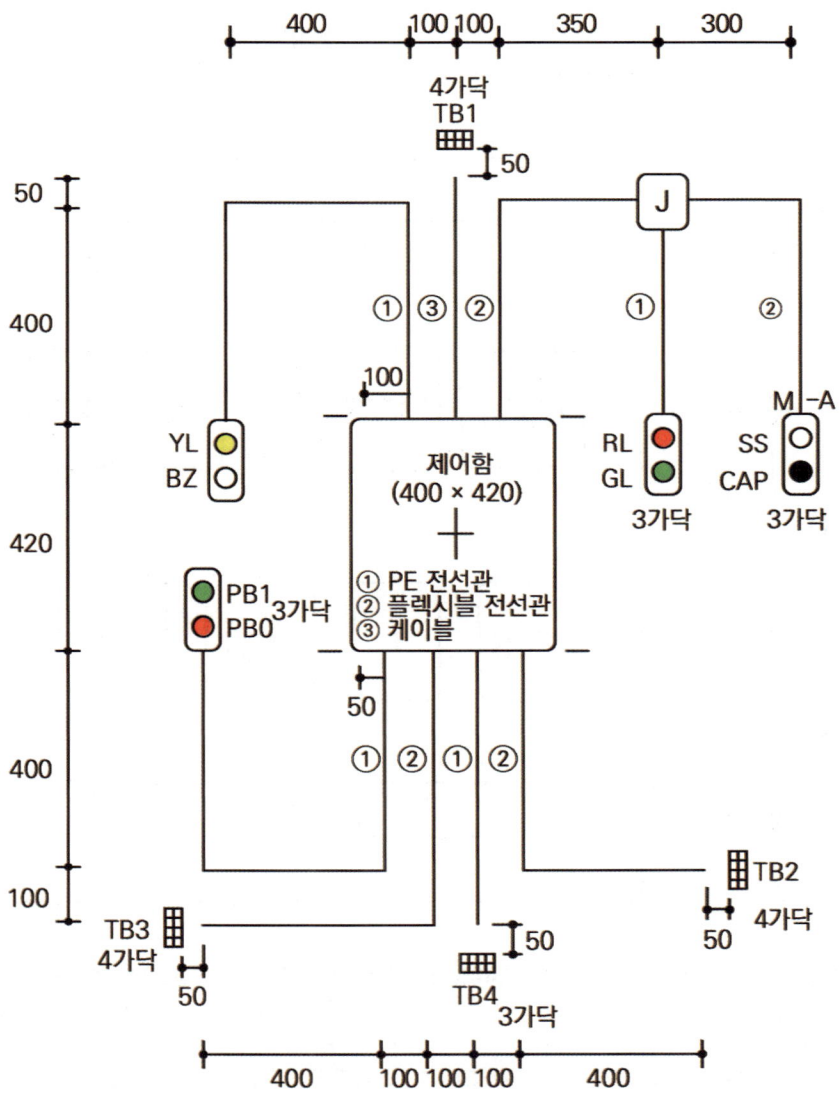

2 제어판 내부 기구 배치도

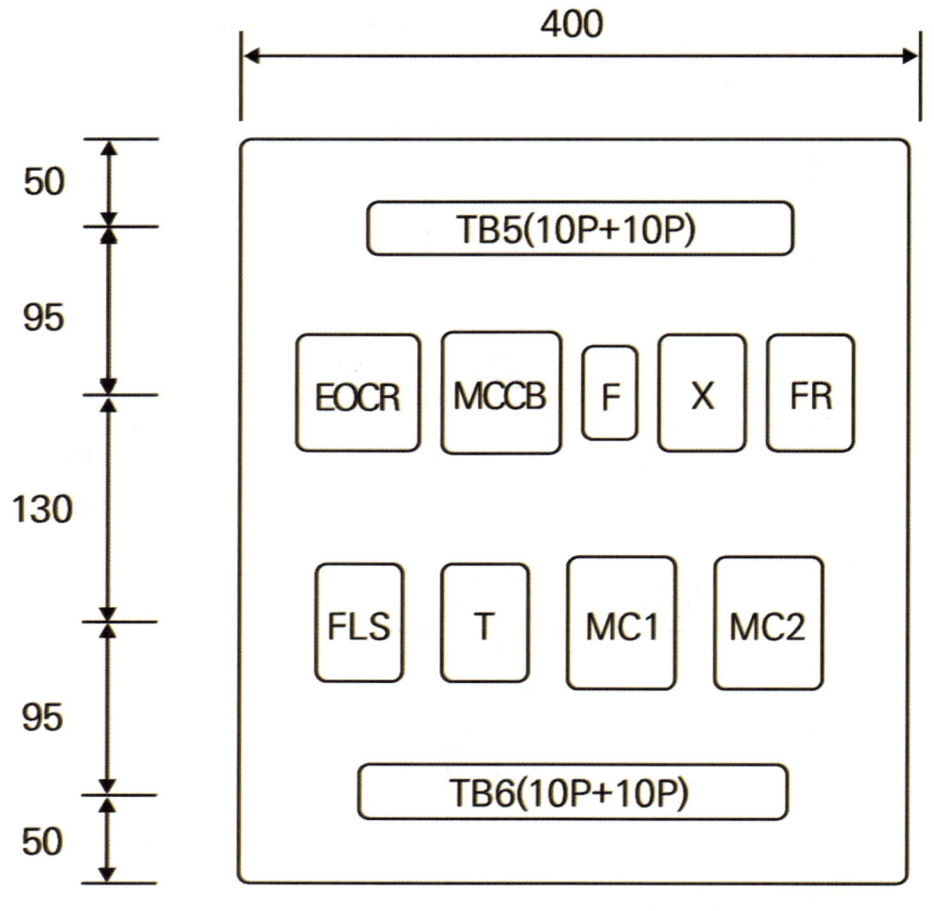

3 제어회로의 시퀀스회로도

※ 본 도면은 시험을 위해서 임의 구성한 것으로 상용도면과 상이할 수 있습니다.

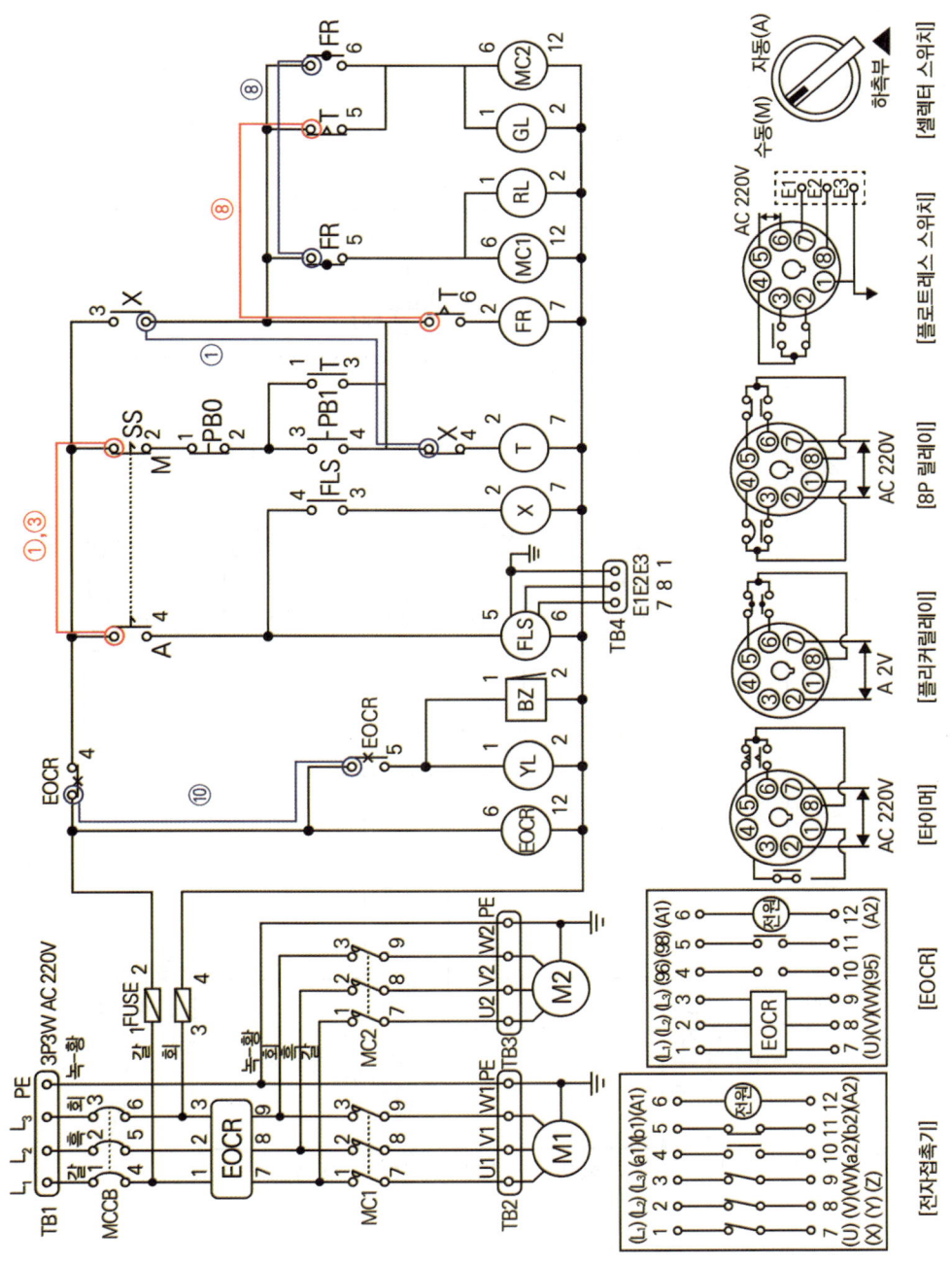

07 공개문제 7번

| 자격종목 | 전기기능사 | 과제명 | 전기설비의 배선 및 배관 공사 | 척도 | NS |

1 배관 및 기구 배치도

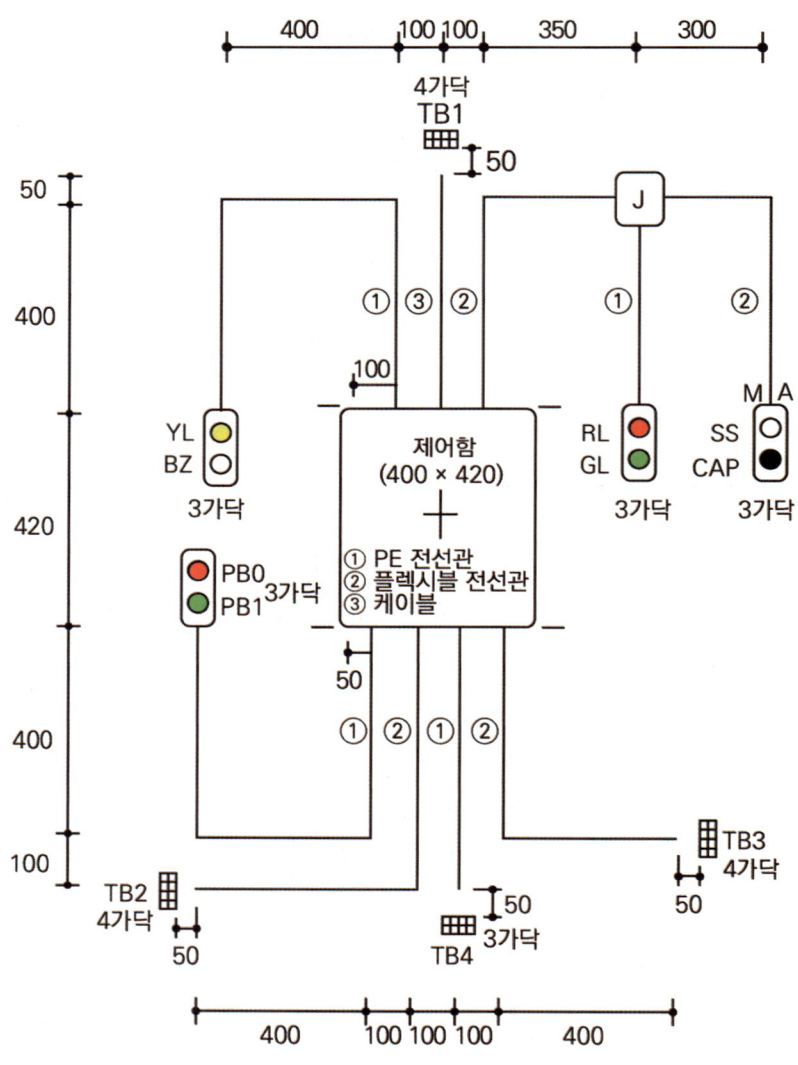

2 제어판 내부 기구 배치도

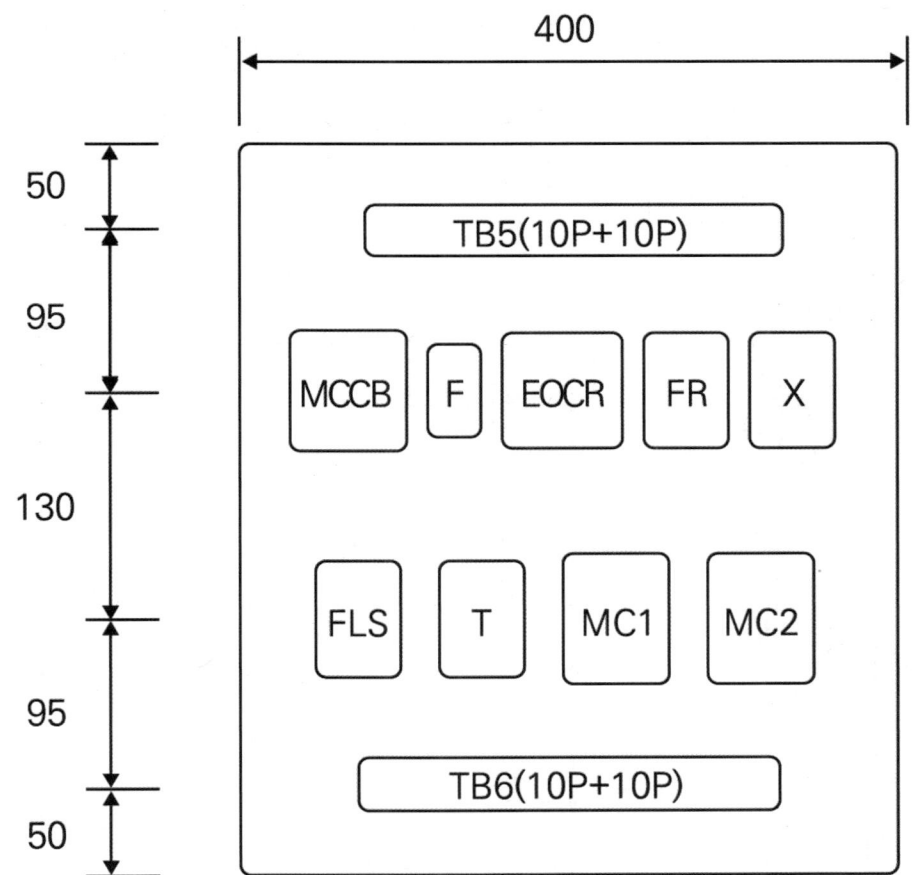

3 제어회로의 시퀀스회로도

※ 본 도면은 시험을 위해서 임의 구성한 것으로 상용도면과 상이할 수 있습니다.

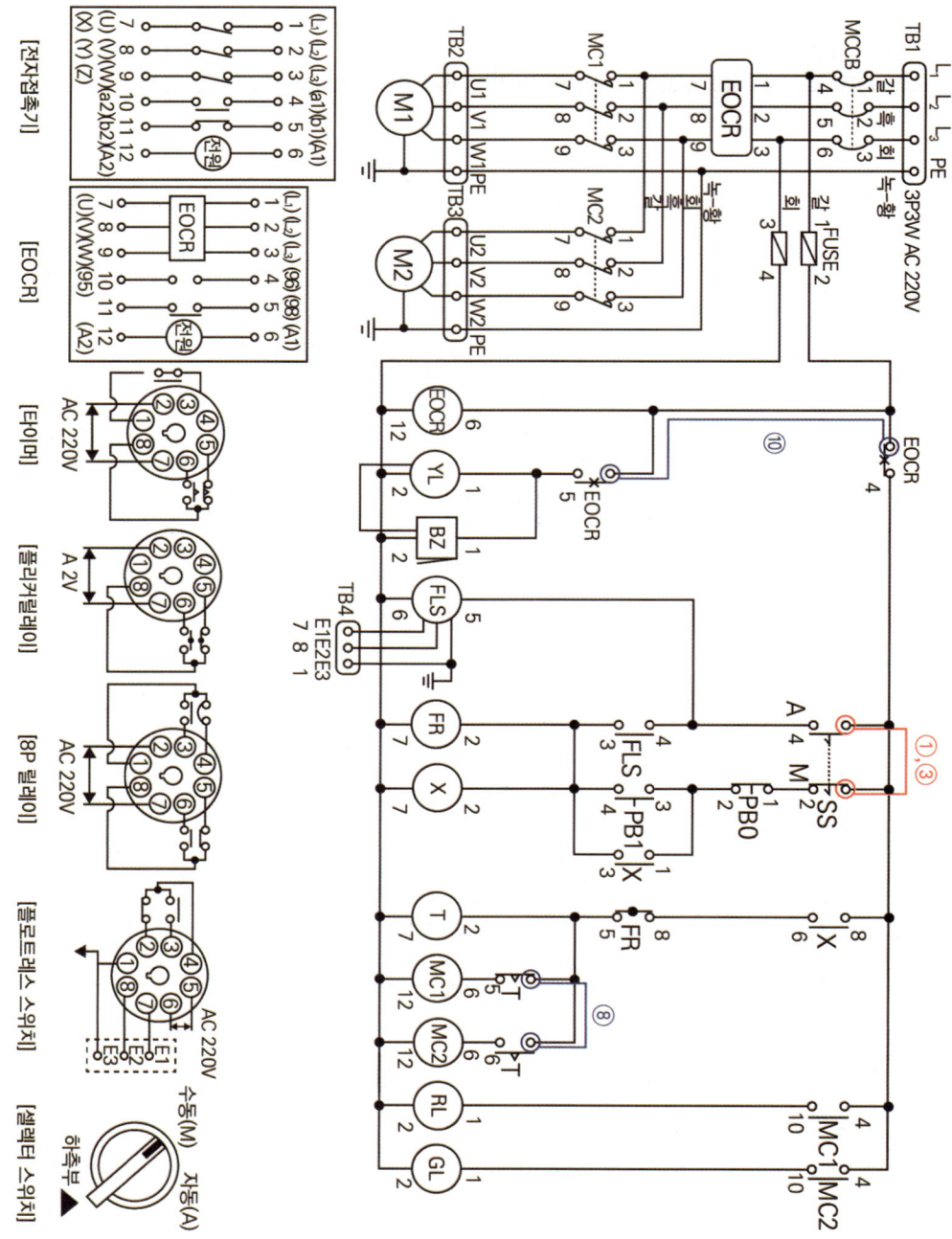

08 공개문제 8번

| 자격종목 | 전기기능사 | 과제명 | 전기설비의 배선 및 배관 공사 | 척도 | NS |

1 배관 및 기구 배치도

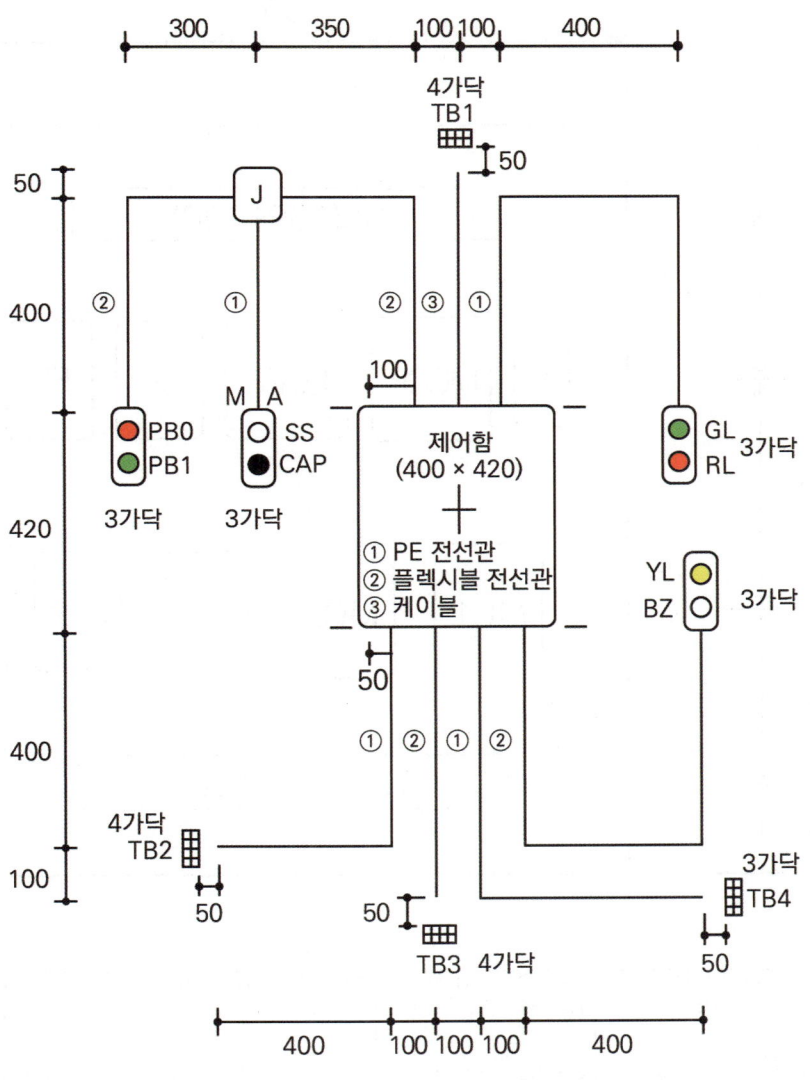

2 제어판 내부 기구 배치도

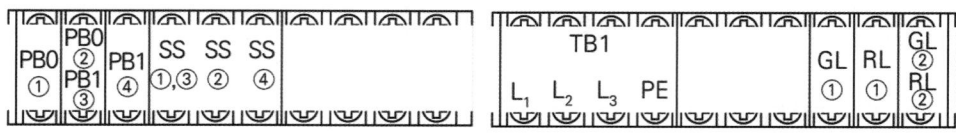
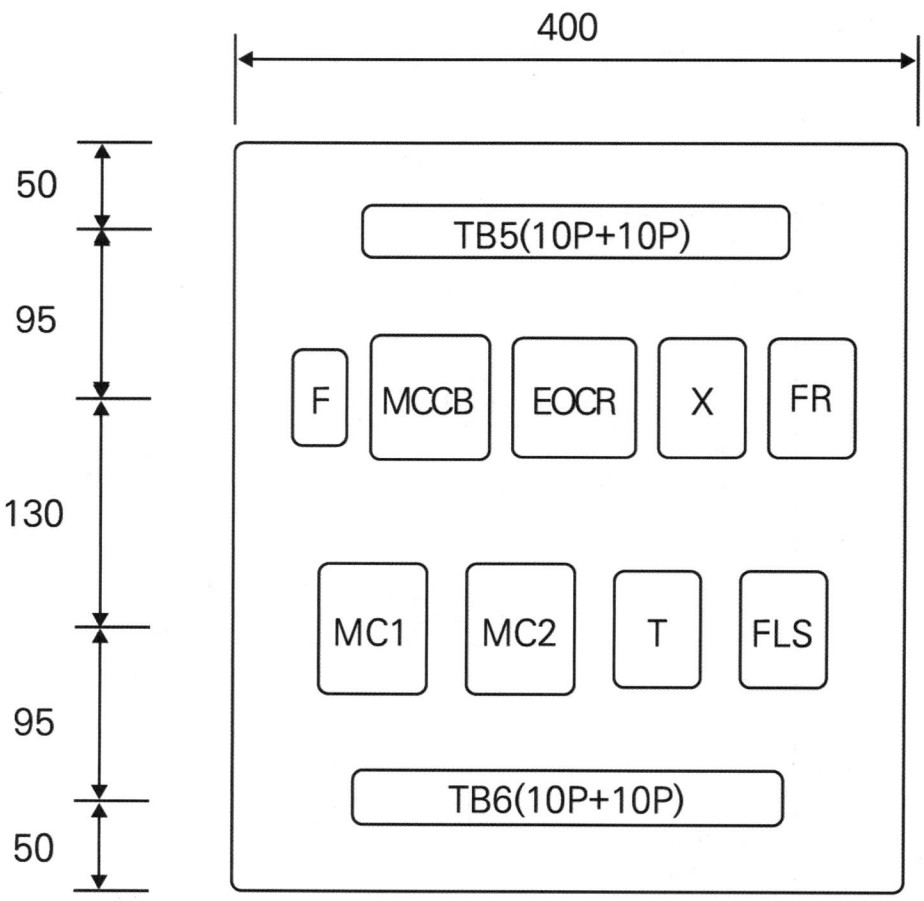

3 제어회로의 시퀀스회로도

※ 본 도면은 시험을 위해서 임의 구성한 것으로 상용도면과 상이할 수 있습니다.

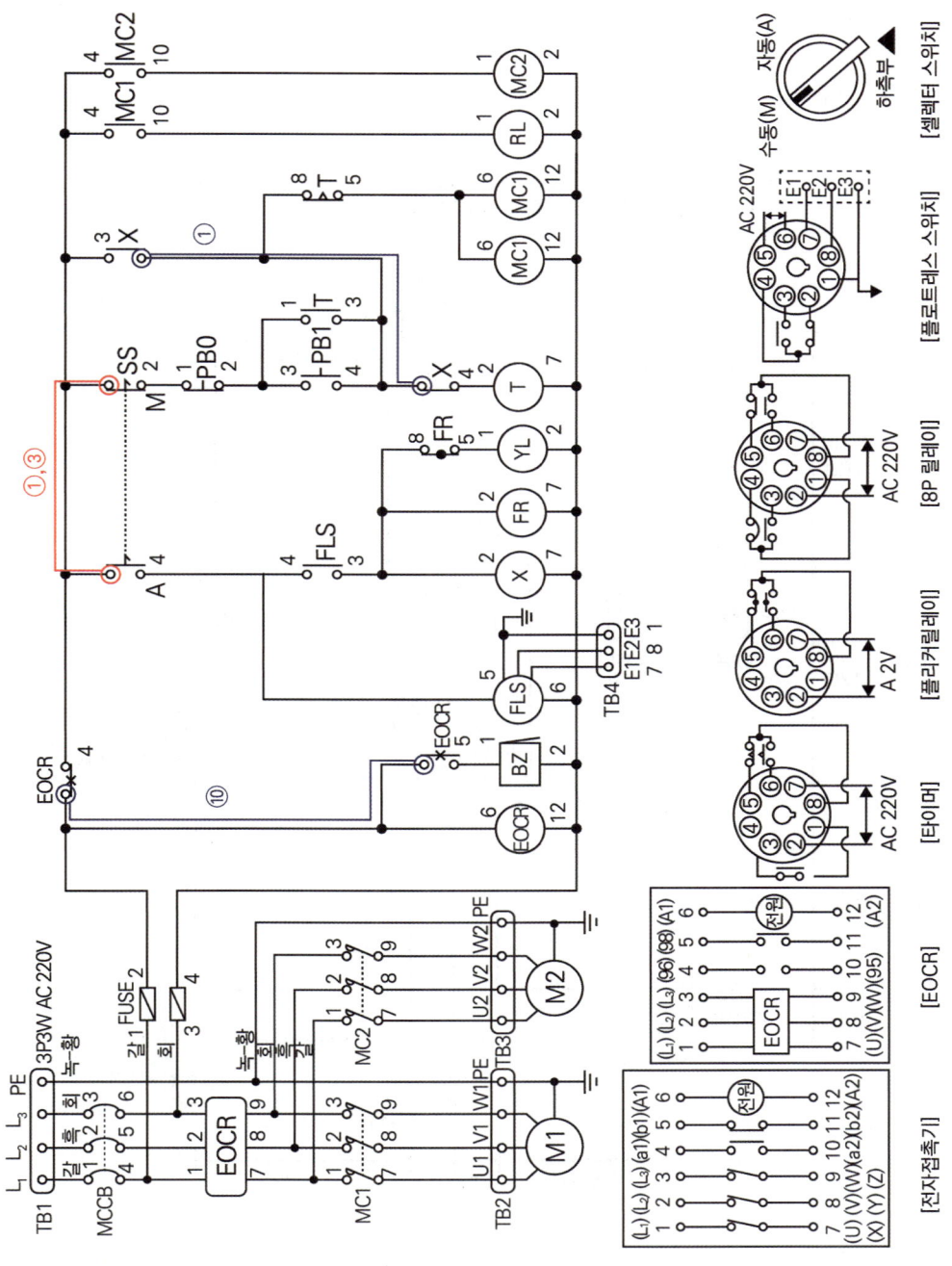

09 공개문제 9번

| 자격종목 | 전기기능사 | 과제명 | 전기설비의 배선 및 배관 공사 | 척도 | NS |

1 배관 및 기구 배치도

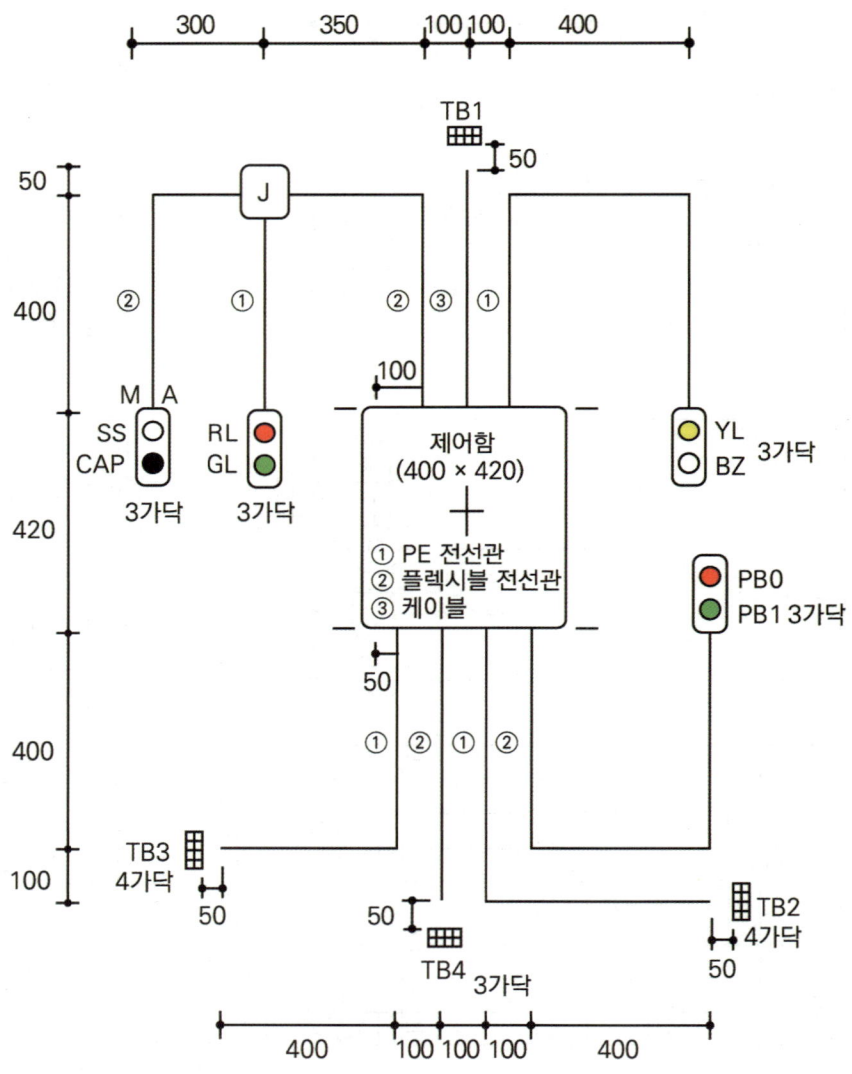

2 제어판 내부 기구 배치도

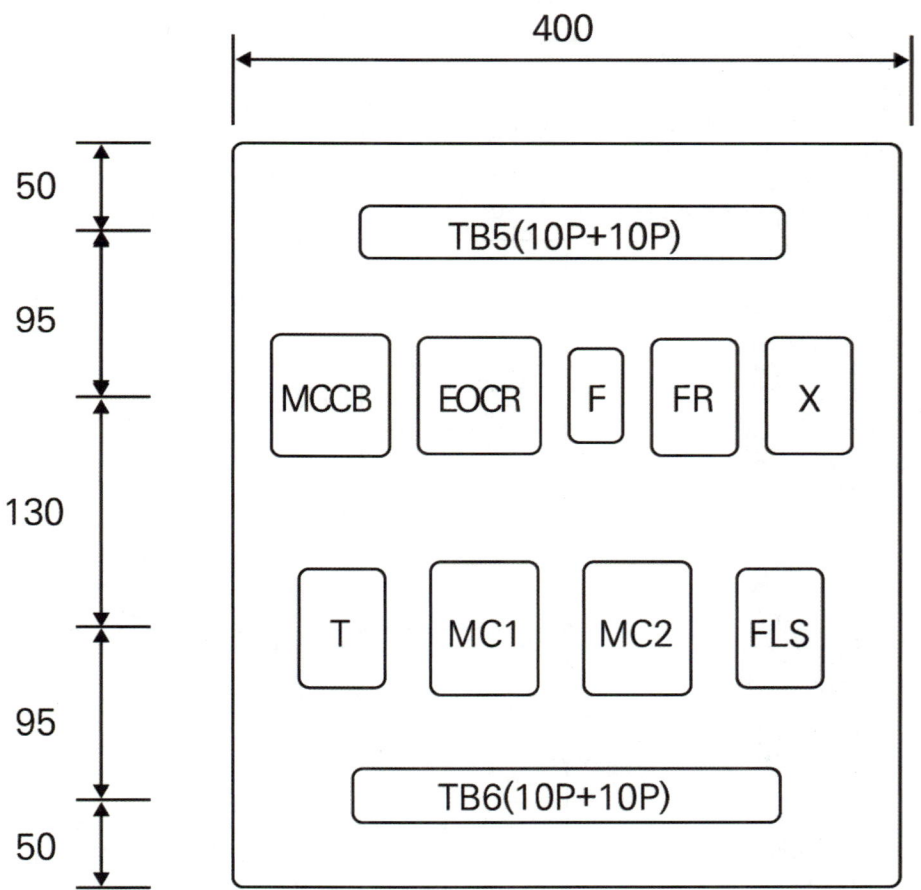

3 제어회로의 시퀀스회로도

※ 본 도면은 시험을 위해서 임의 구성한 것으로 상용도면과 상이할 수 있습니다.

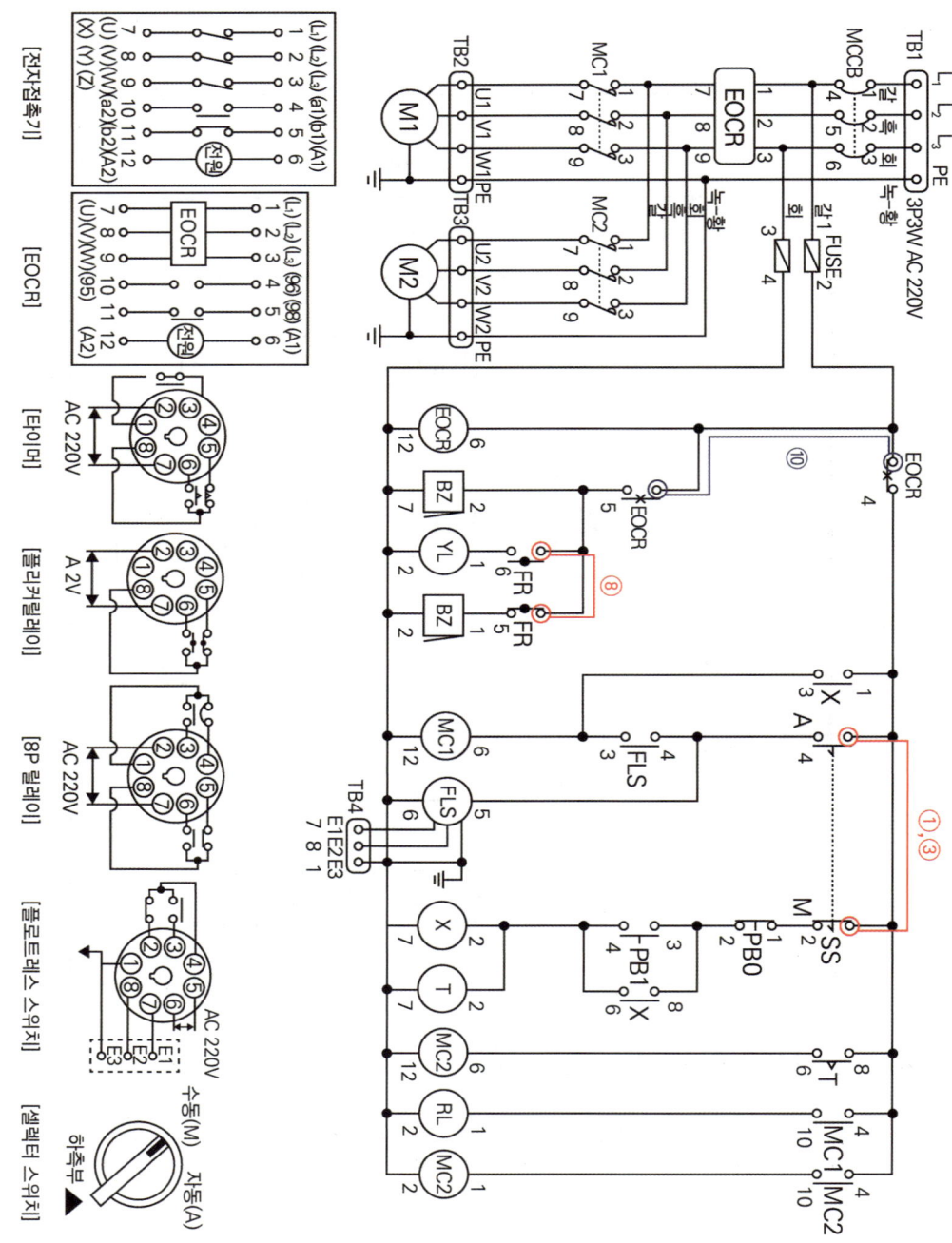

10 공개문제 10번

| 자격종목 | 전기기능사 | 과제명 | 전기설비의 배선 및 배관 공사 | 척도 | NS |

1 배관 및 기구 배치도

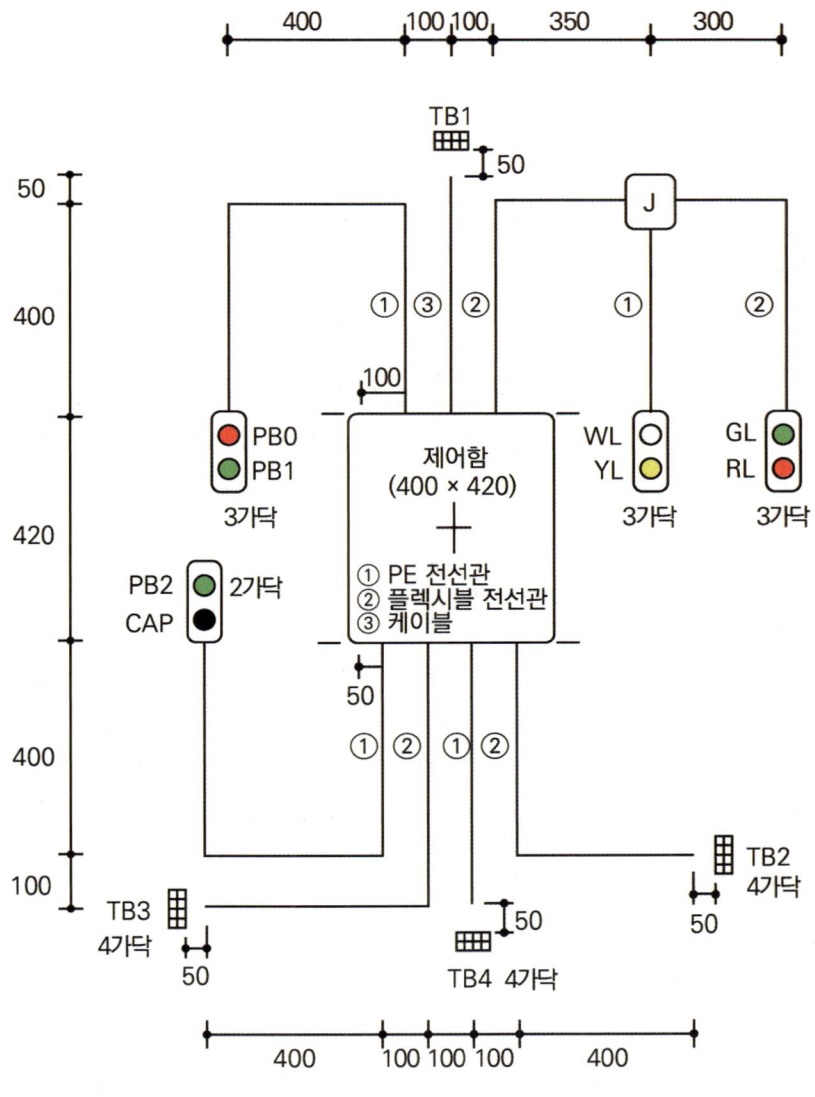

2 제어판 내부 기구 배치도

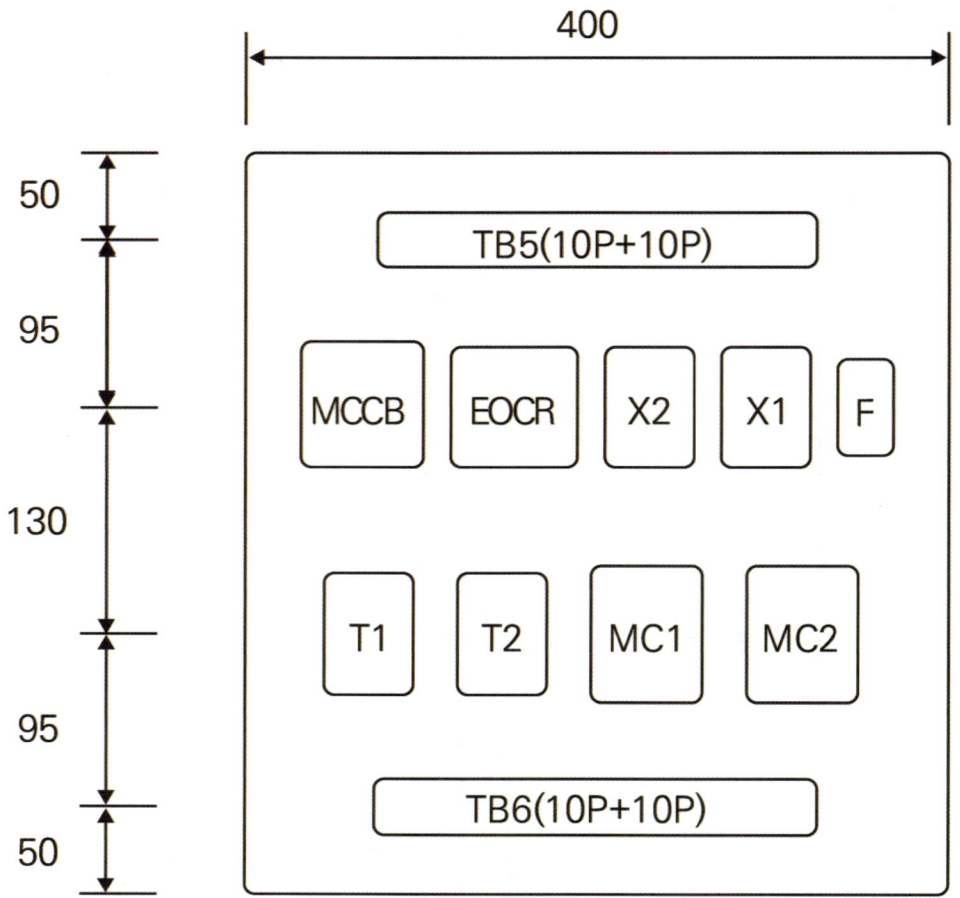

3 제어회로의 시퀀스회로도

※ 본 도면은 시험을 위해서 임의 구성한 것으로 상용도면과 상이할 수 있습니다.

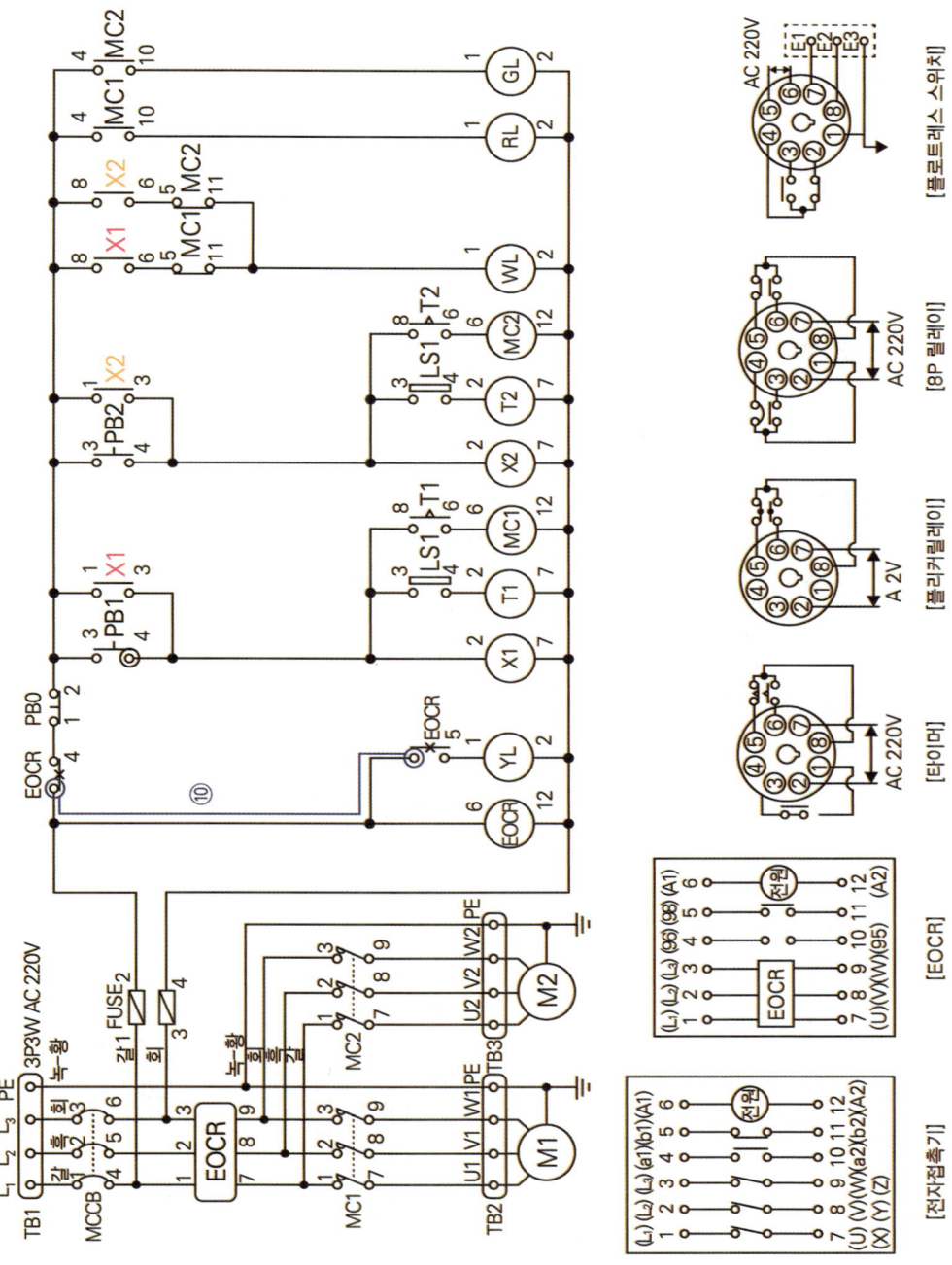

11 공개문제 11번

| 자격종목 | 전기기능사 | 과제명 | 전기설비의 배선 및 배관 공사 | 척도 | NS |

1 배관 및 기구 배치도

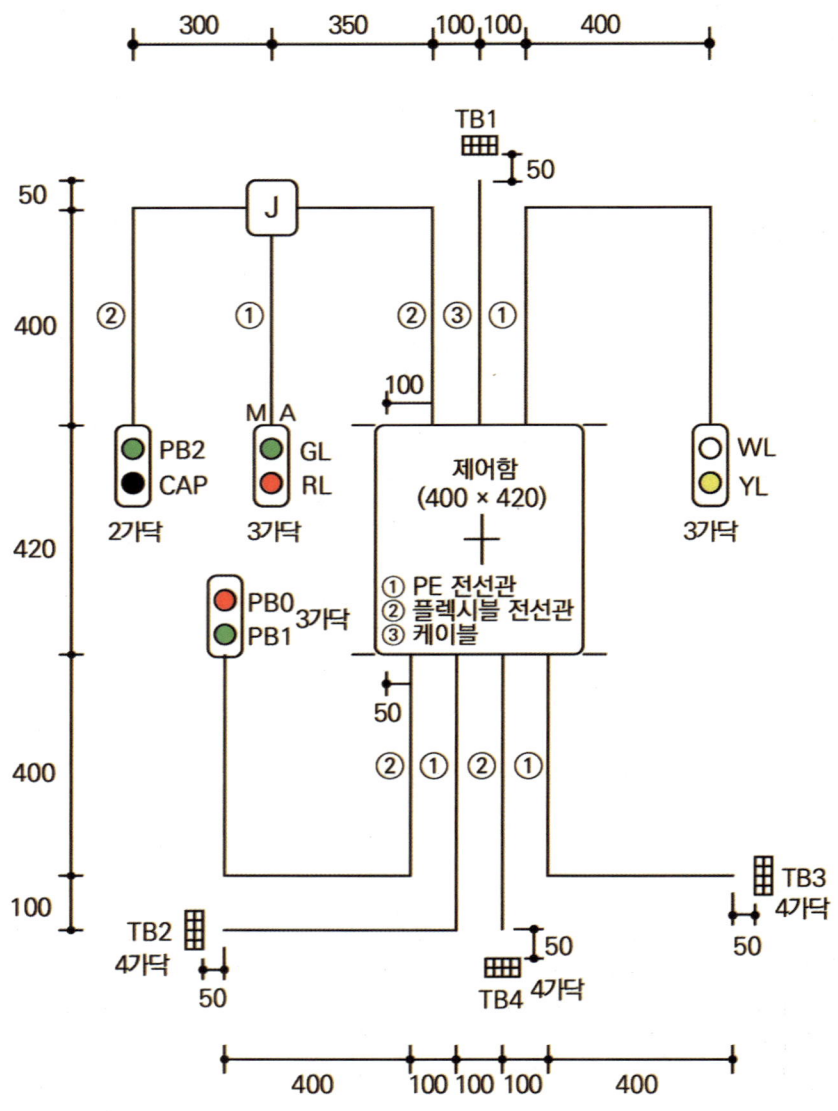

2 제어판 내부 기구 배치도

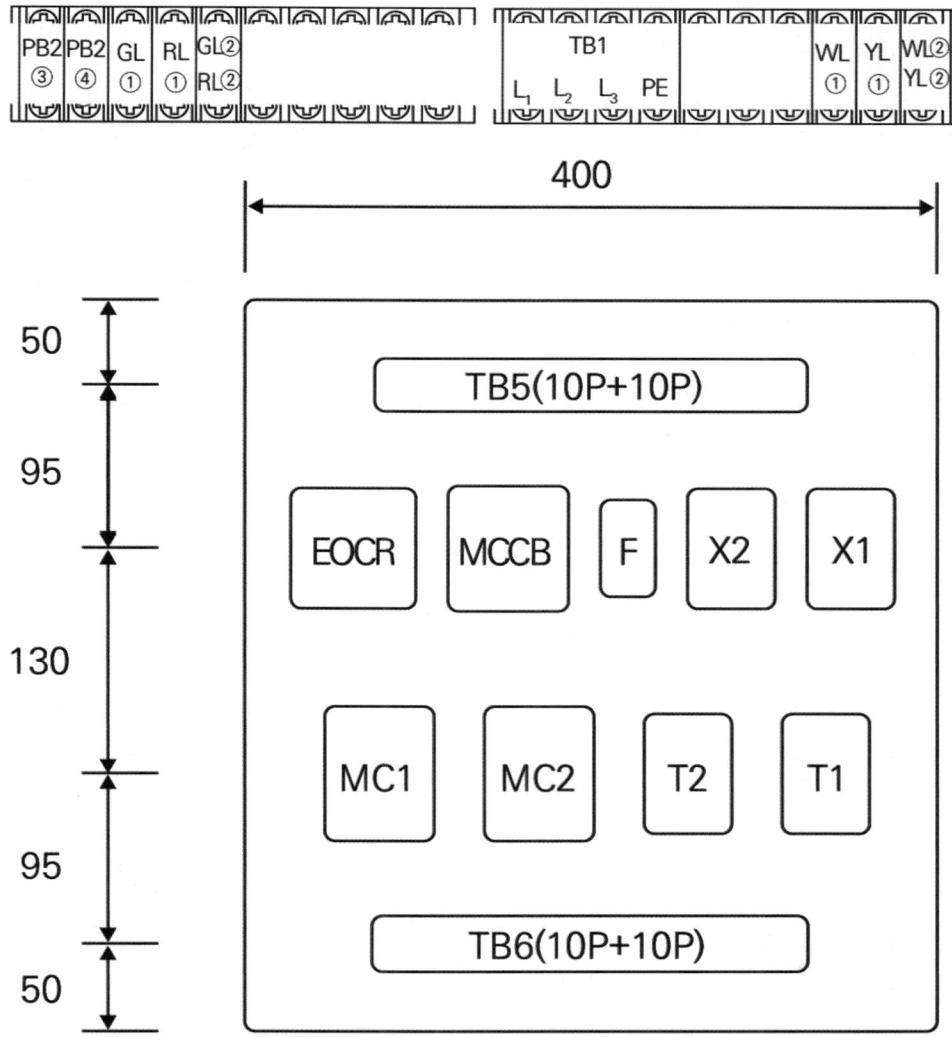

3 제어회로의 시퀀스회로도

※ 본 도면은 시험을 위해서 임의 구성한 것으로 상용도면과 상이할 수 있습니다.

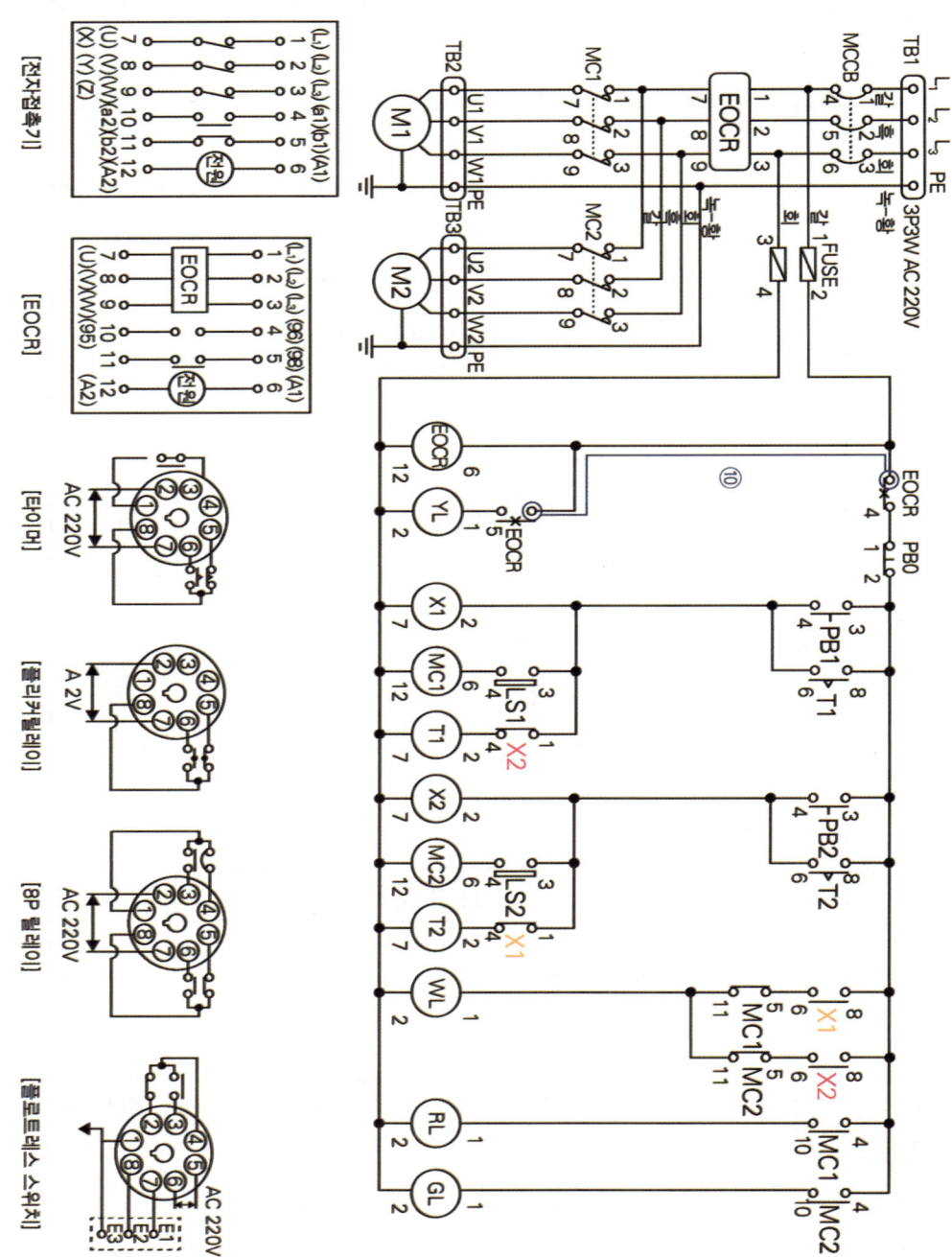

12 공개문제 12번

| 자격종목 | 전기기능사 | 과제명 | 전기설비의 배선 및 배관 공사 | 척도 | NS |

1 배관 및 기구 배치도

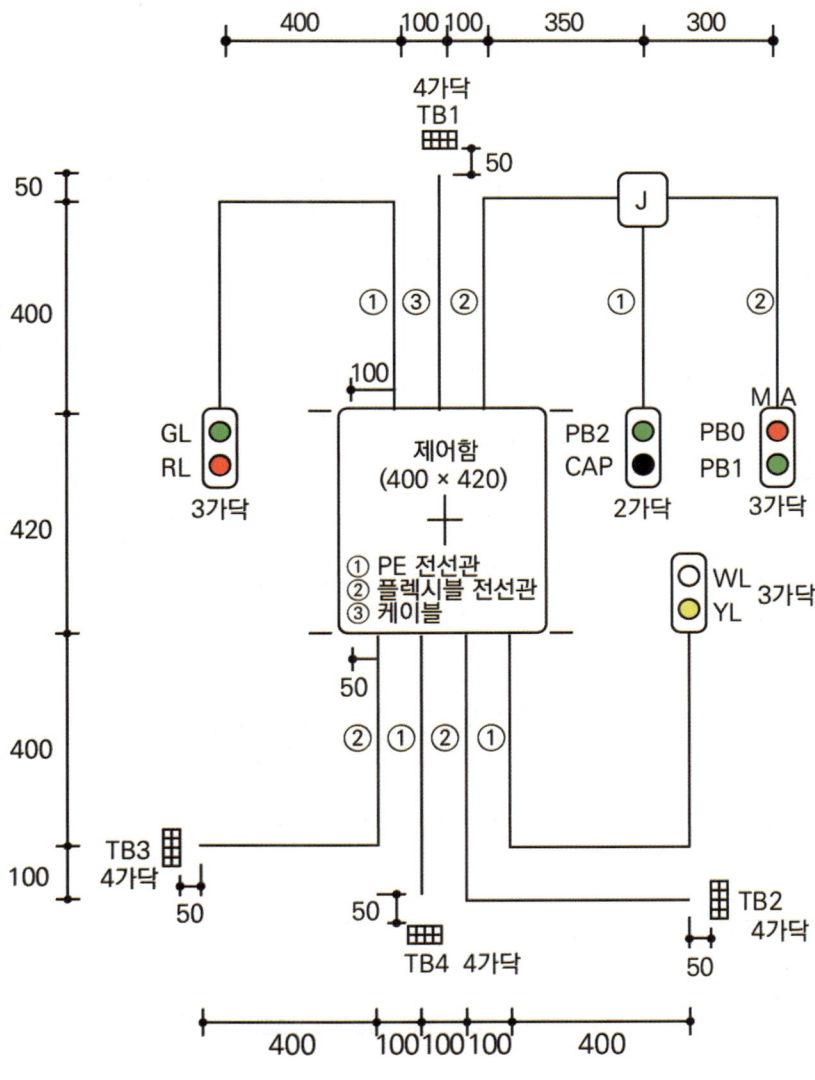

2 제어판 내부 기구 배치도

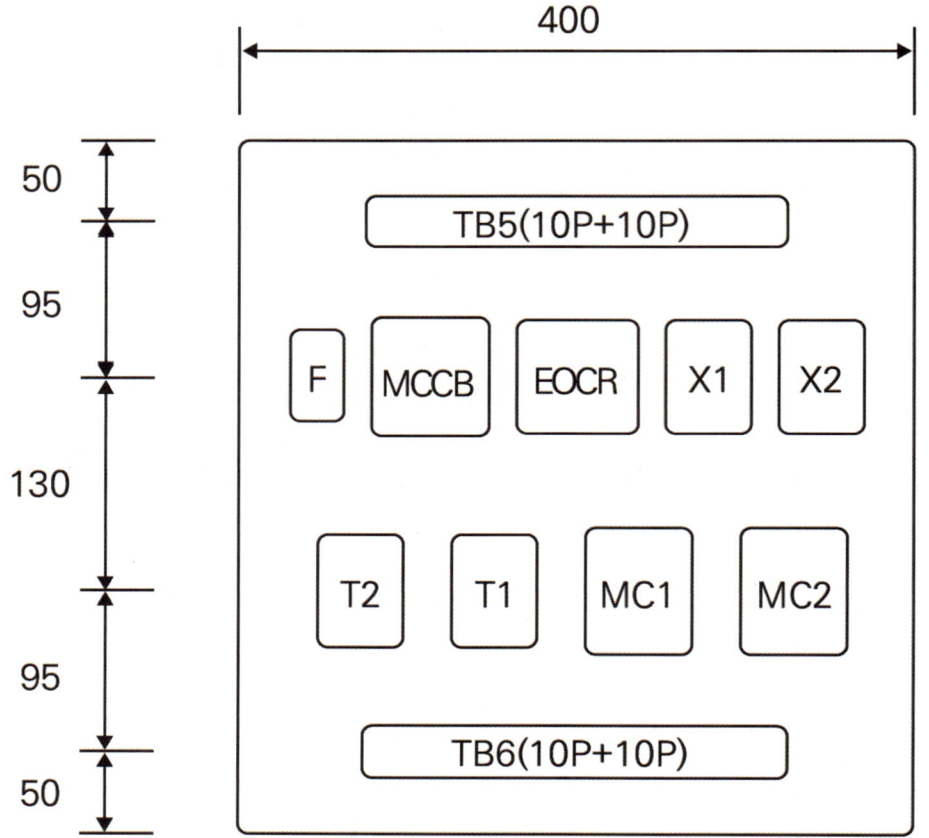

3 제어회로의 시퀀스회로도

※ 본 도면은 시험을 위해서 임의 구성한 것으로 상용도면과 상이할 수 있습니다.

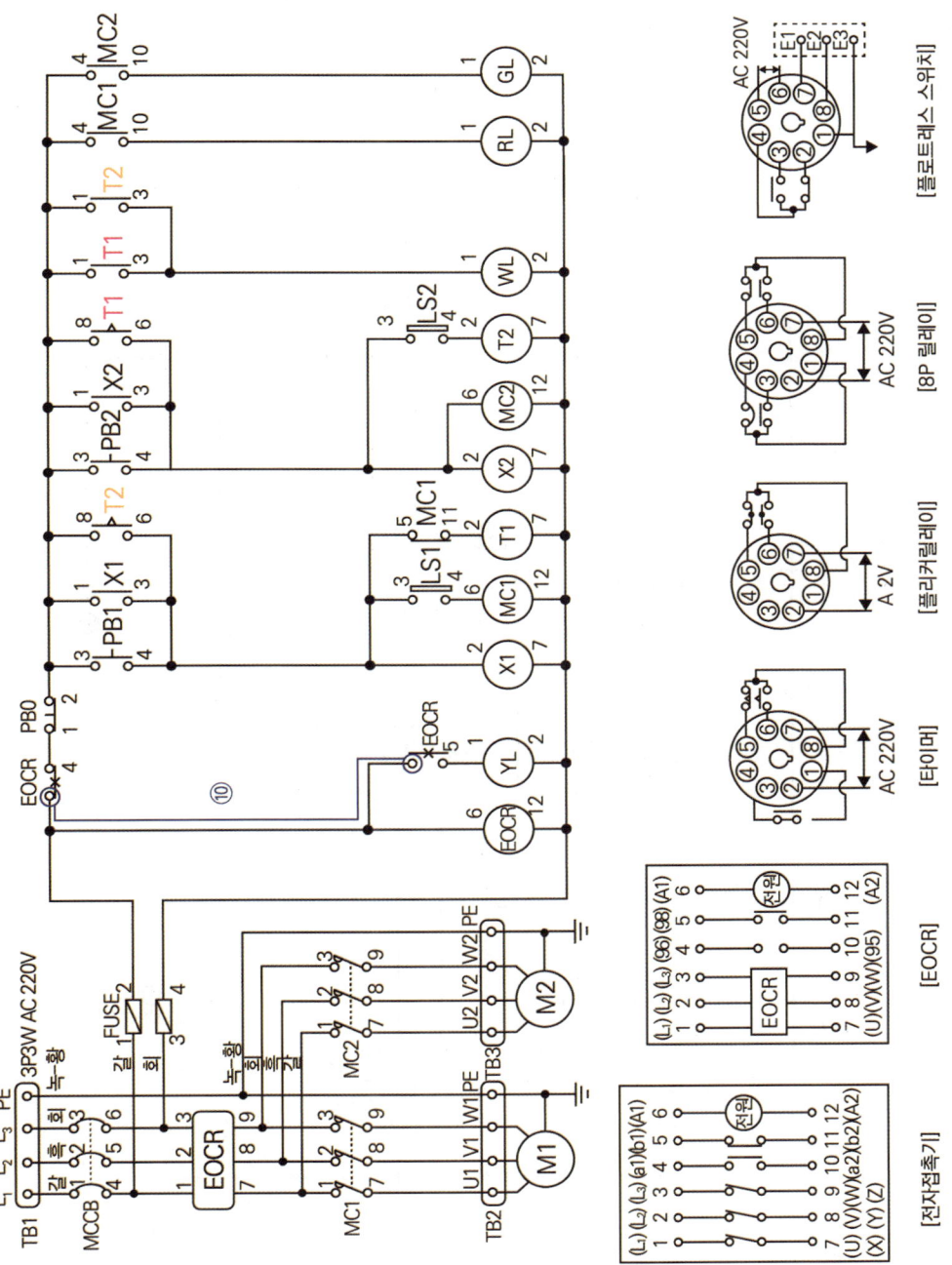

13 공개문제 13번

| 자격종목 | 전기기능사 | 과제명 | 전기설비의 배선 및 배관 공사 | 척도 | NS |

1 배관 및 기구 배치도

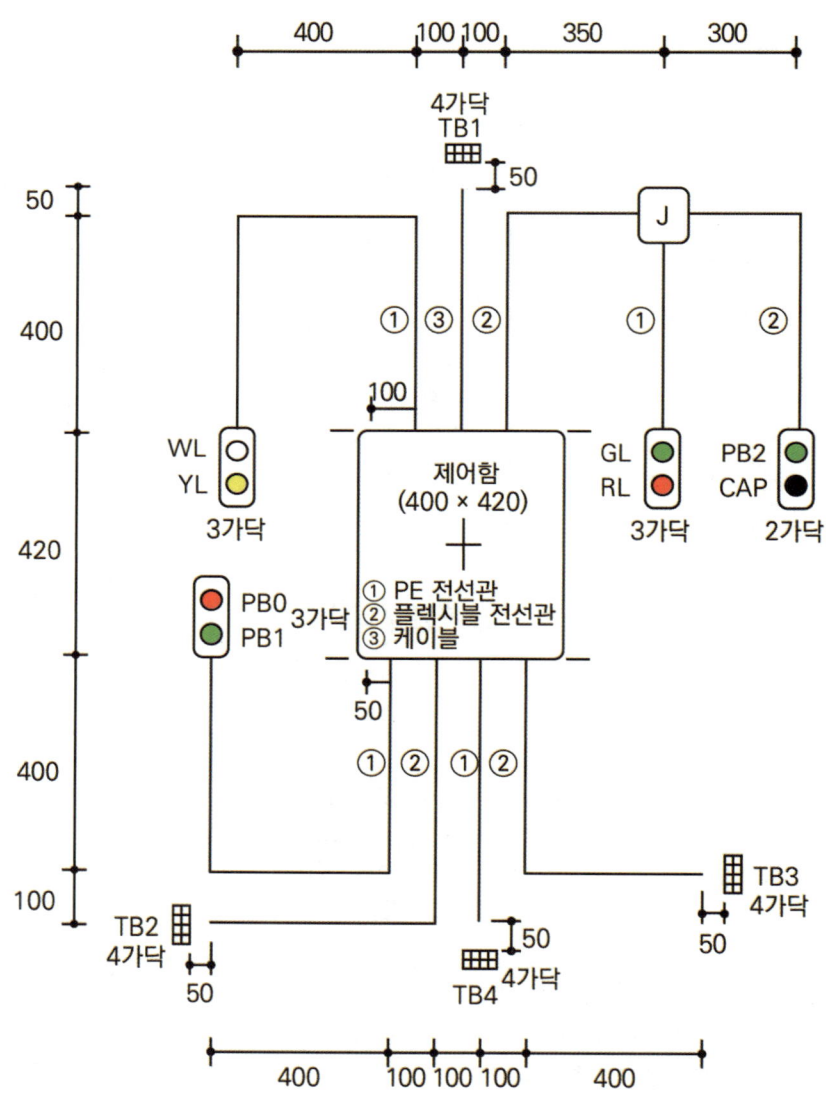

2 제어판 내부 기구 배치도

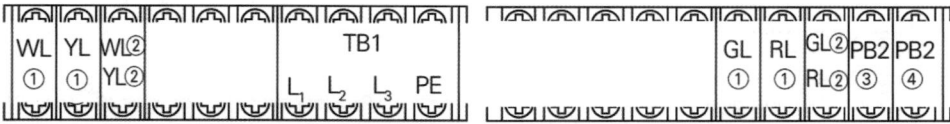

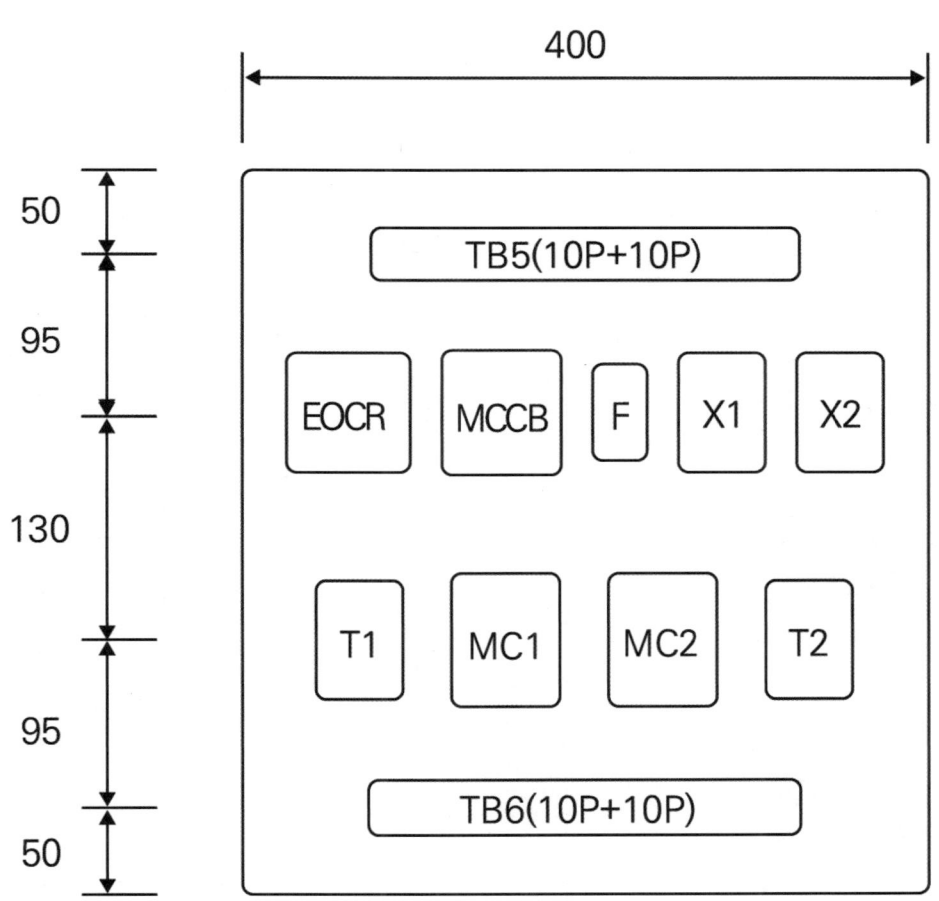

3 제어회로의 시퀀스회로도

※ 본 도면은 시험을 위해서 임의 구성한 것으로 상용도면과 상이할 수 있습니다.

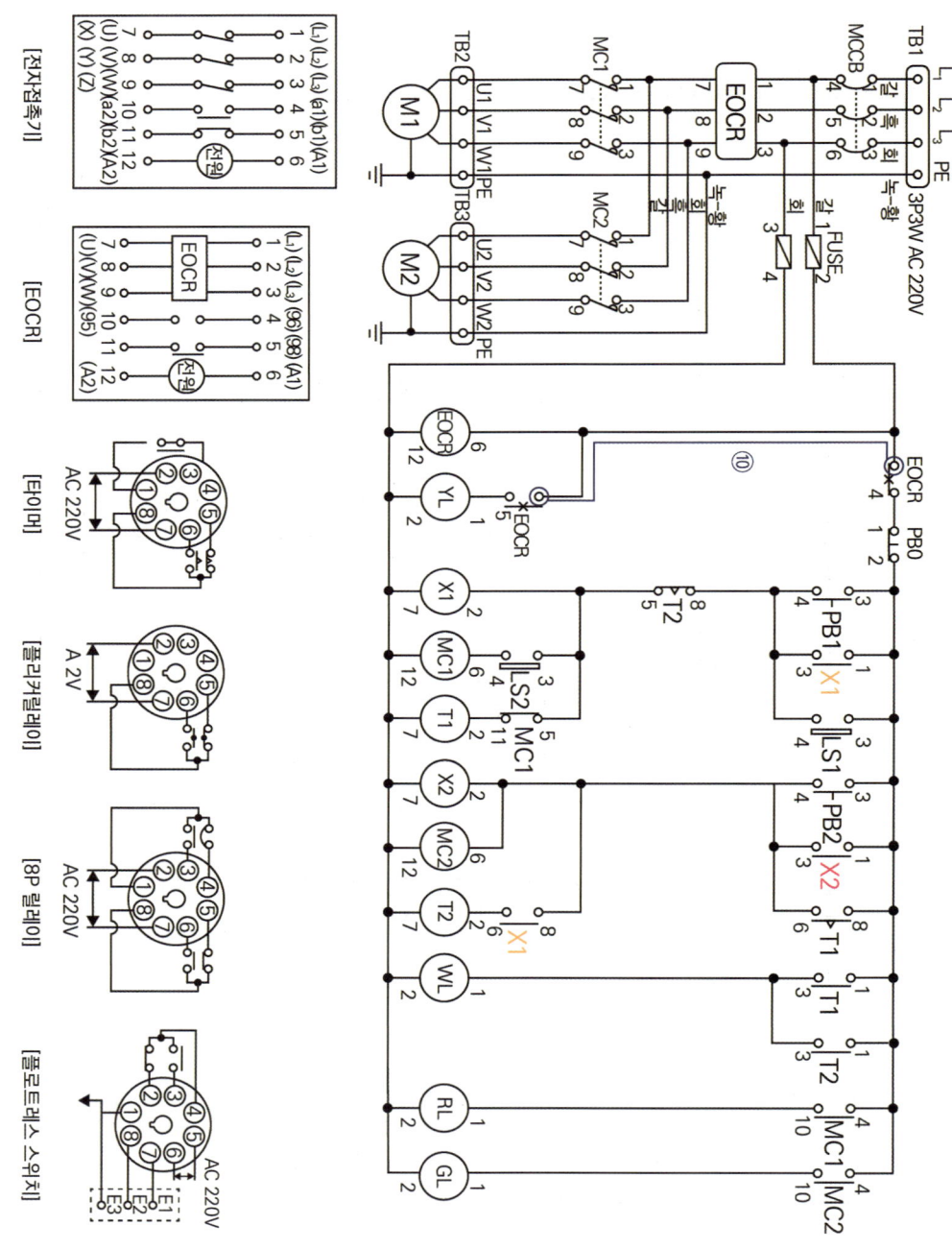

14 공개문제 14번

| 자격종목 | 전기기능사 | 과제명 | 전기설비의 배선 및 배관 공사 | 척도 | NS |

1 배관 및 기구 배치도

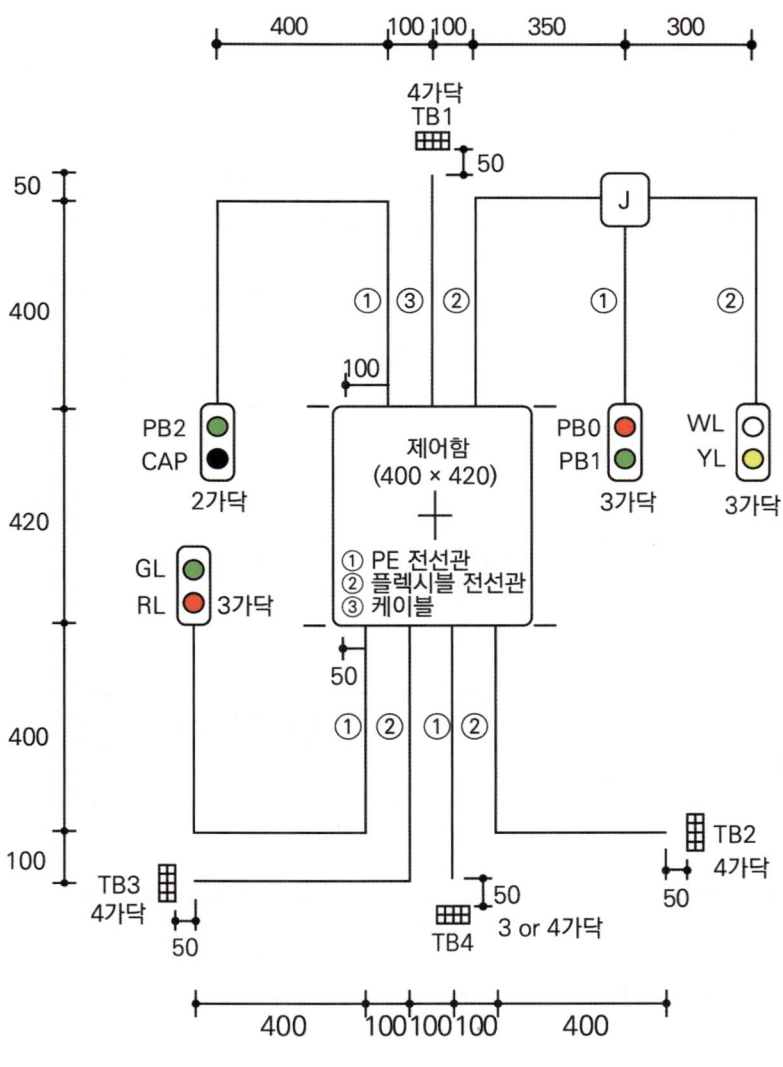

2 제어판 내부 기구 배치도

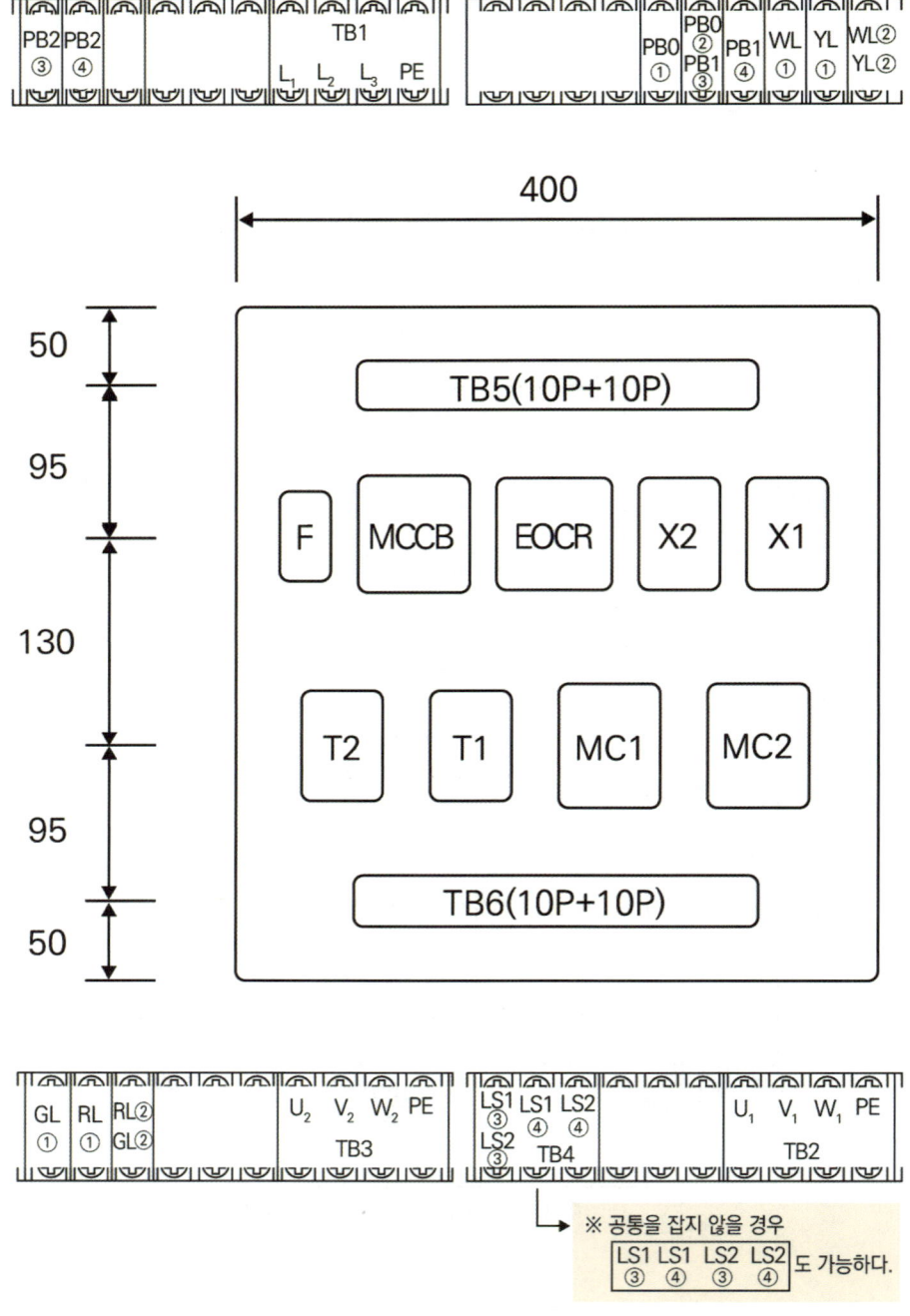

3 제어회로의 시퀀스회로도

※ 본 도면은 시험을 위해서 임의 구성한 것으로 상용도면과 상이할 수 있습니다.

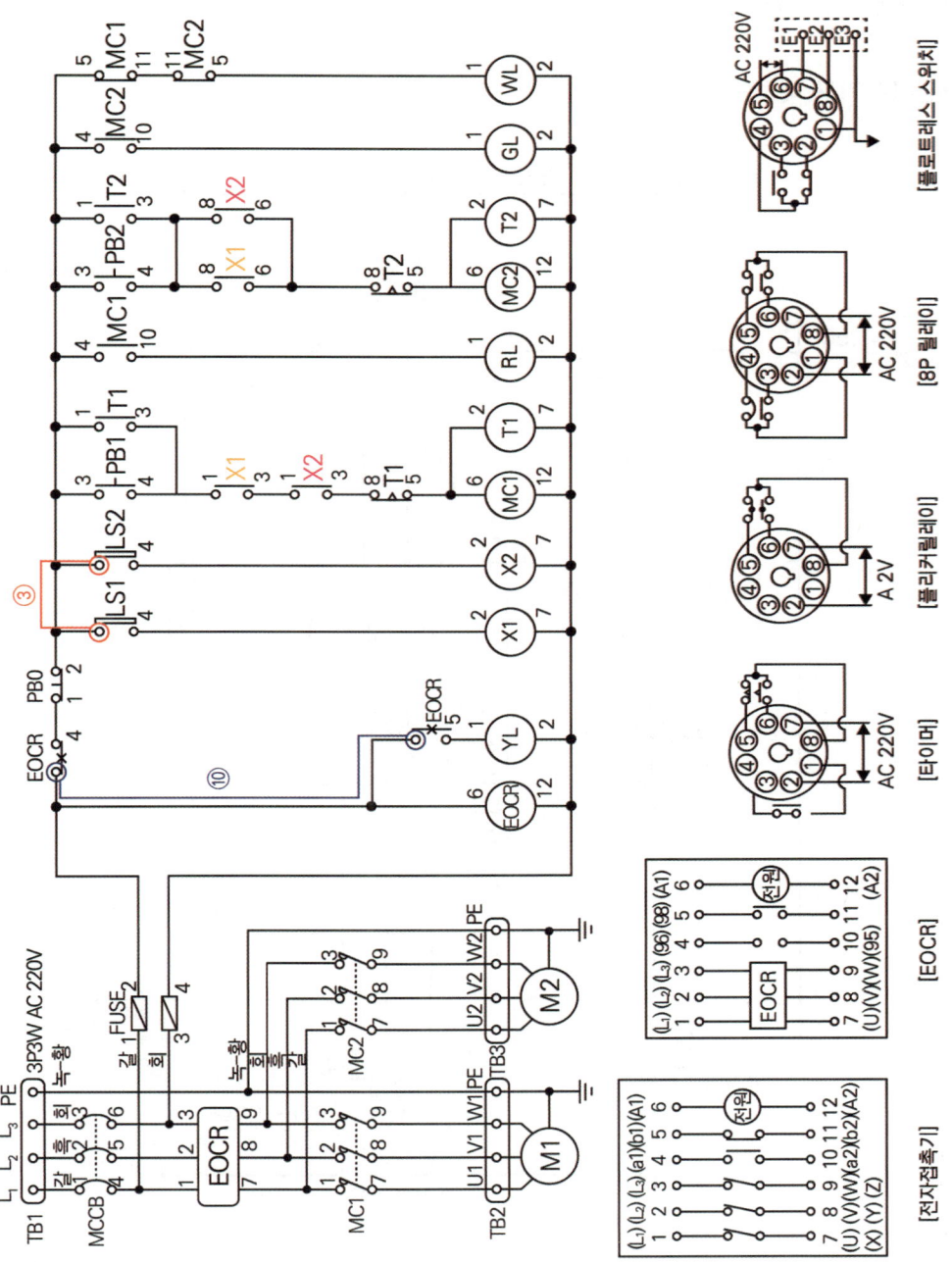

15 공개문제 15번

| 자격종목 | 전기기능사 | 과제명 | 전기설비의 배선 및 배관 공사 | 척도 | NS |

1 배관 및 기구 배치도

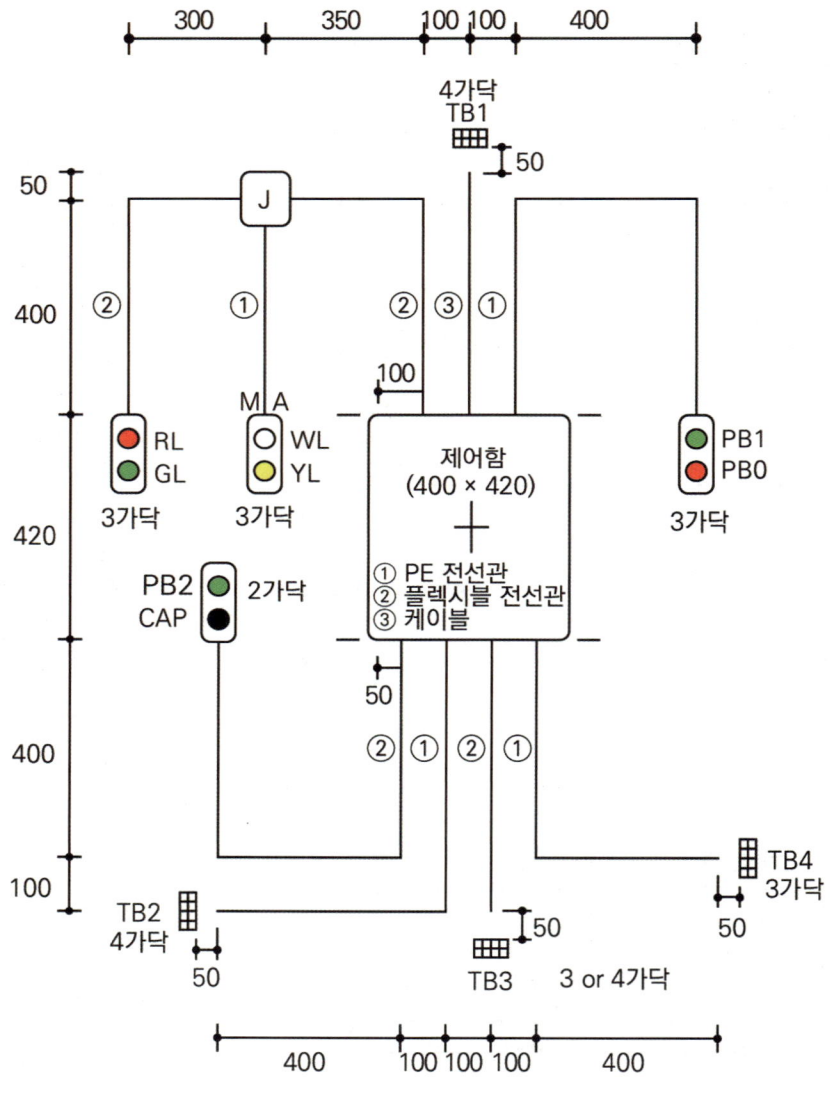

2 제어판 내부 기구 배치도

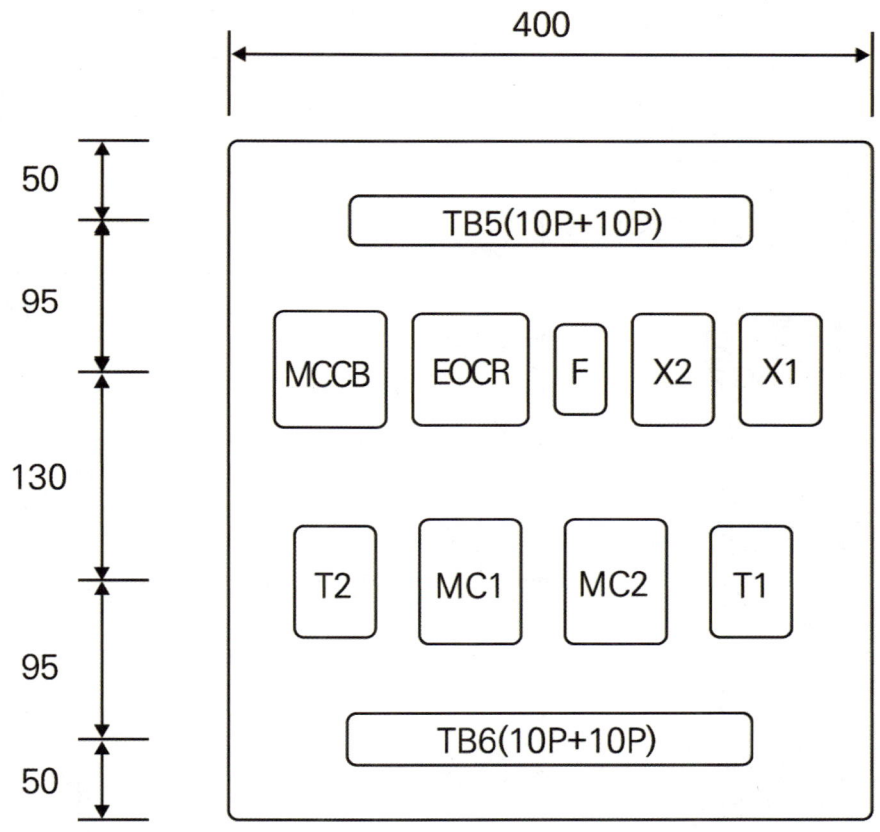

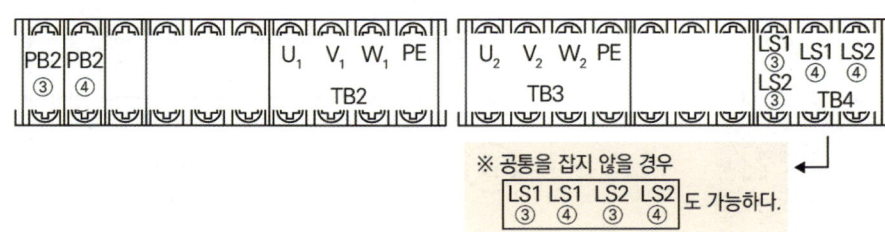

3 제어회로의 시퀀스회로도

※ 본 도면은 시험을 위해서 임의 구성한 것으로 상용도면과 상이할 수 있습니다.

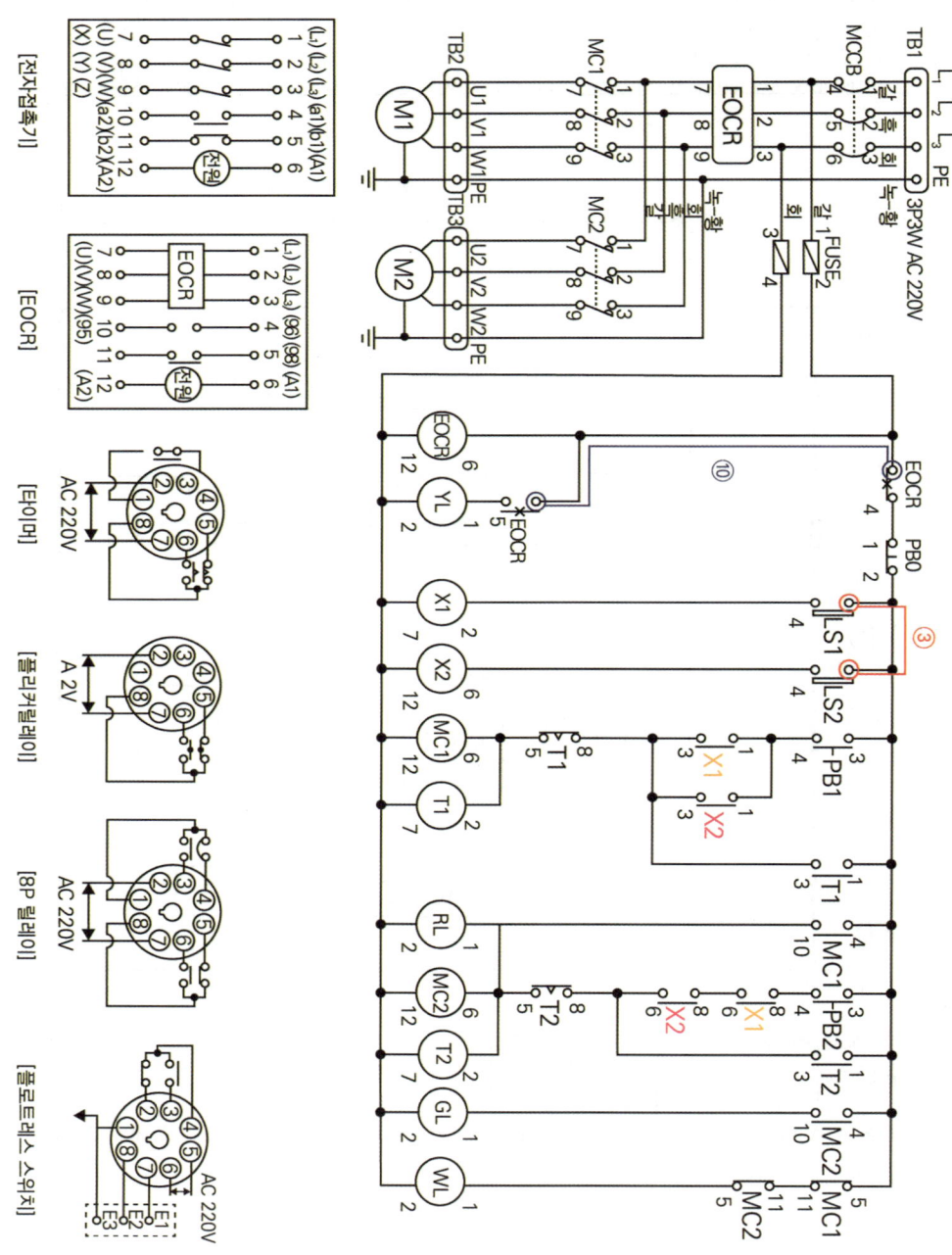

16　공개문제 16번

| 자격종목 | 전기기능사 | 과제명 | 전기설비의 배선 및 배관 공사 | 척도 | NS |

1 배관 및 기구 배치도

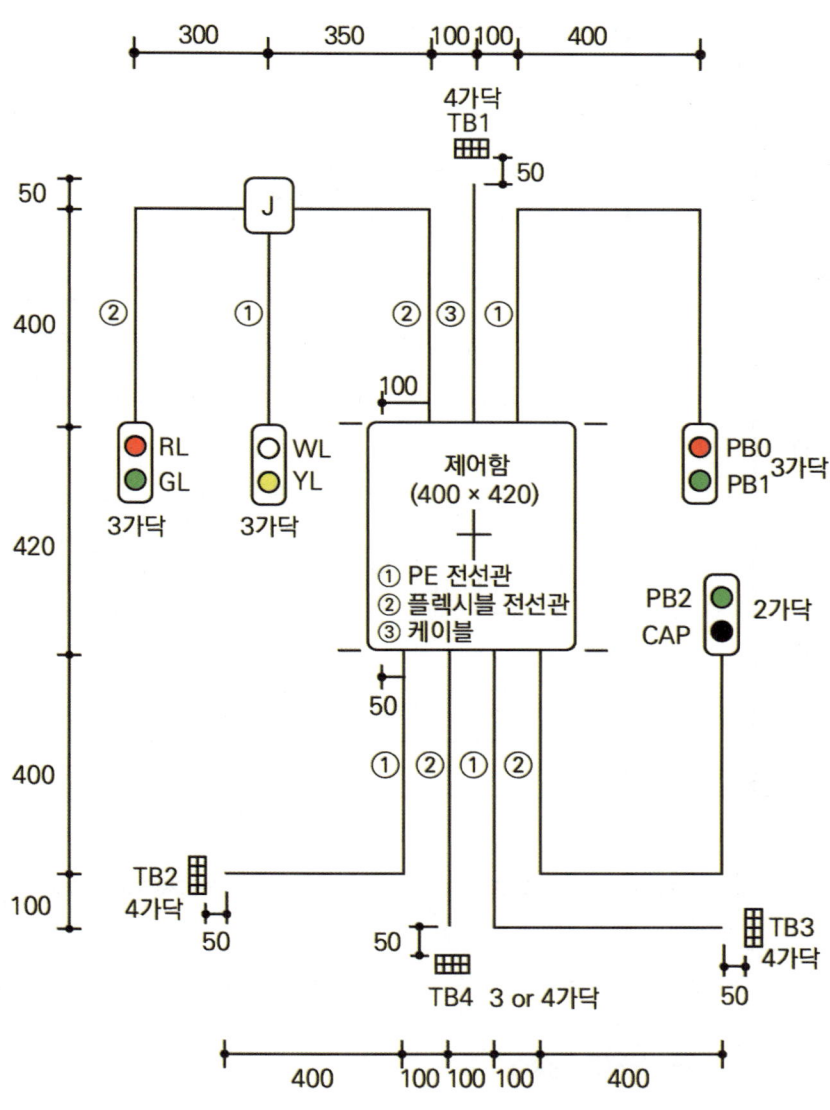

2 제어판 내부 기구 배치도

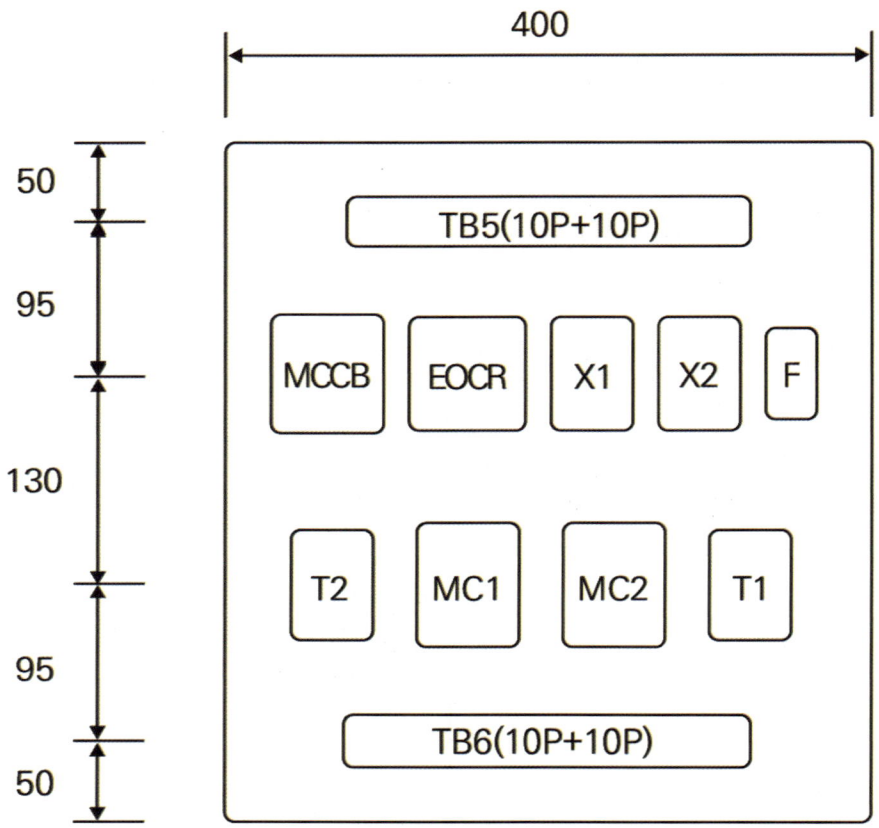

3 제어회로의 시퀀스회로도

※ 본 도면은 시험을 위해서 임의 구성한 것으로 상용도면과 상이할 수 있습니다.

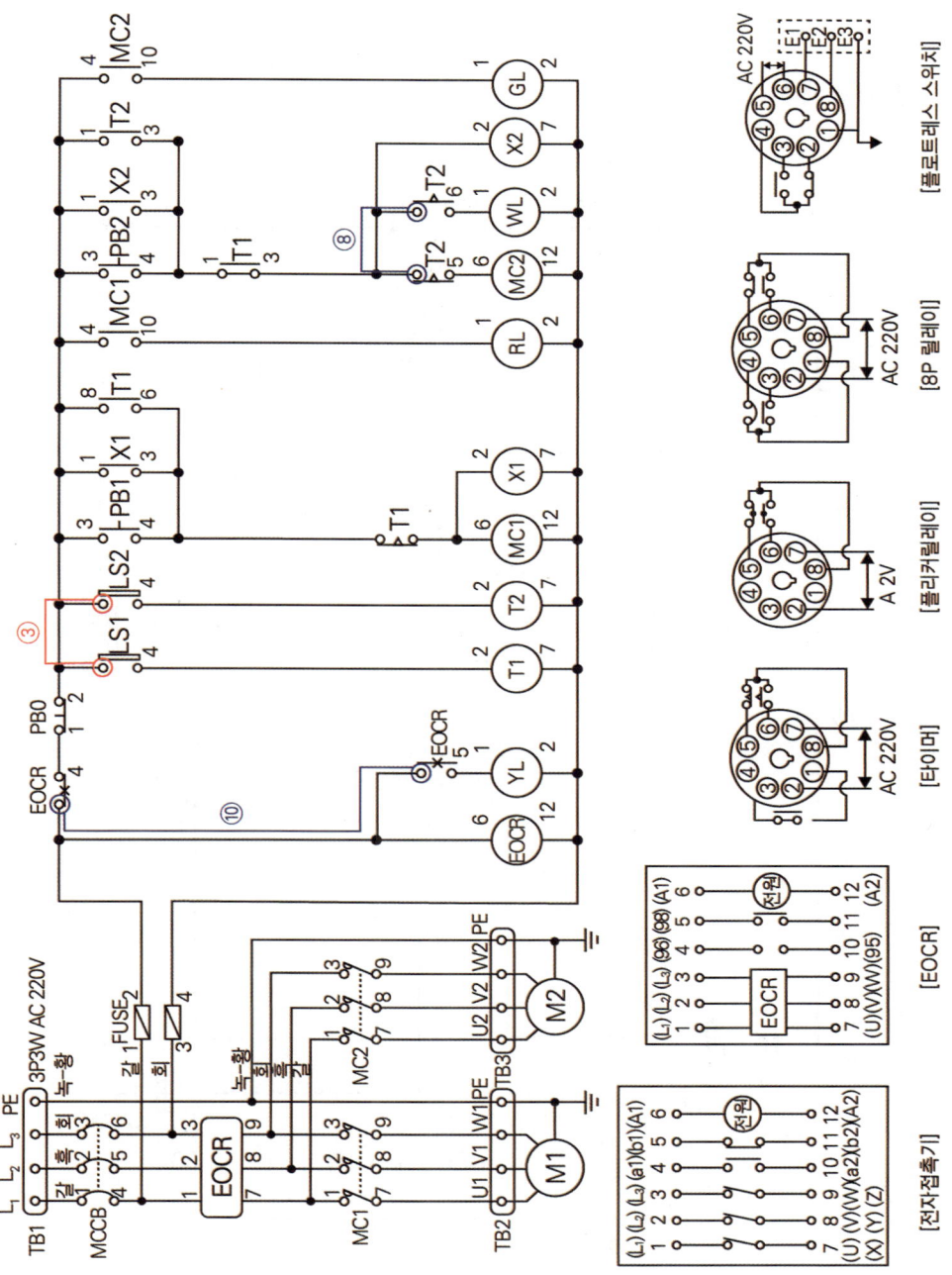

17 공개문제 17번

| 자격종목 | 전기기능사 | 과제명 | 전기설비의 배선 및 배관 공사 | 척도 | NS |

1 배관 및 기구 배치도

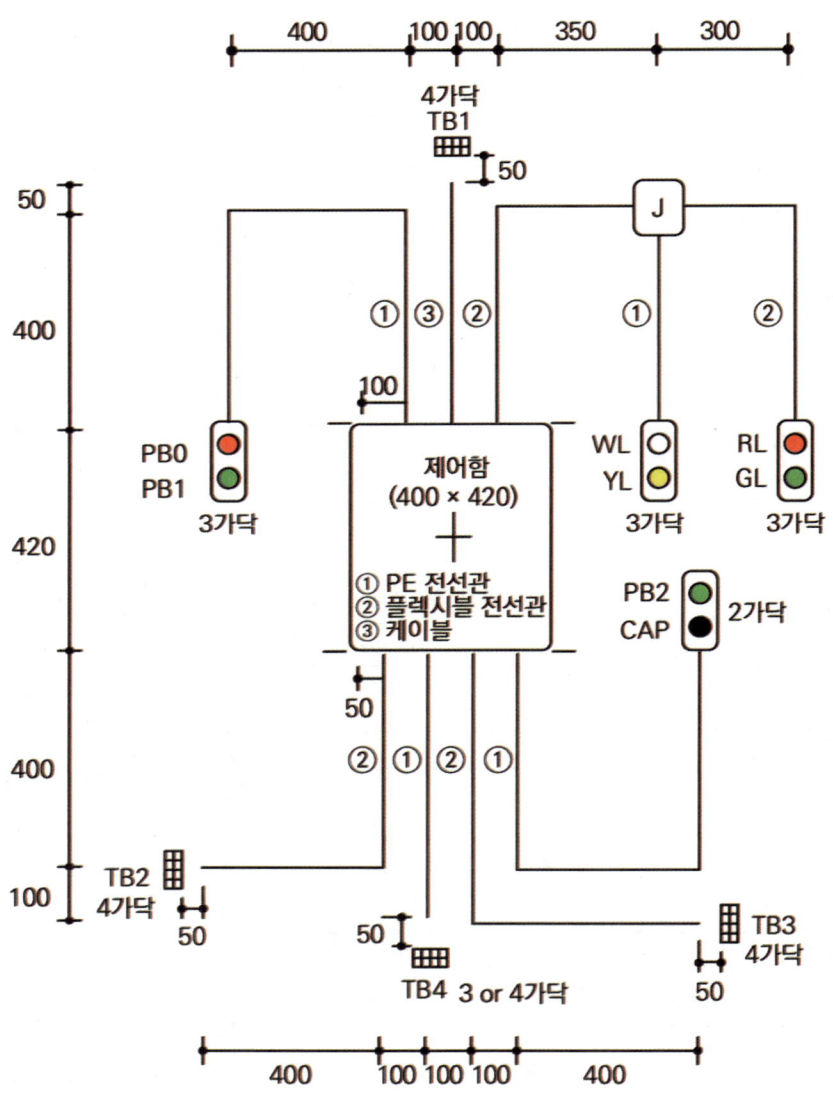

2 제어판 내부 기구 배치도

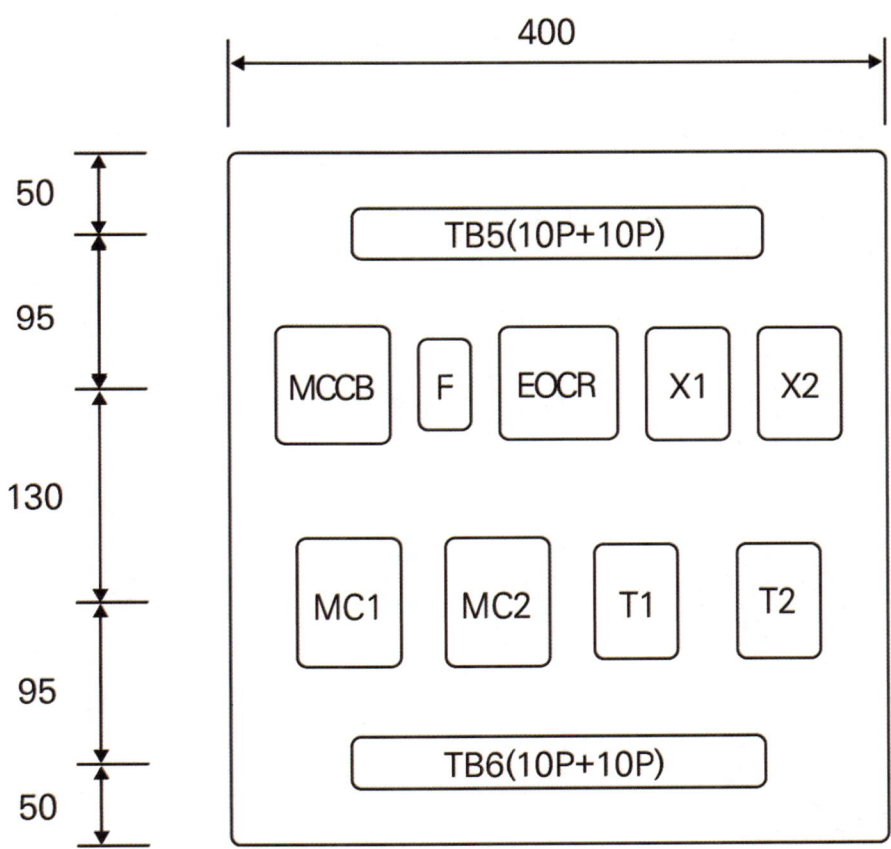

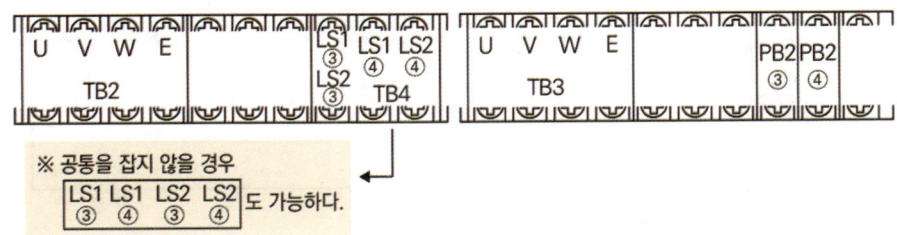

3 제어회로의 시퀀스회로도

※ 본 도면은 시험을 위해서 임의 구성한 것으로 상용도면과 상이할 수 있습니다.

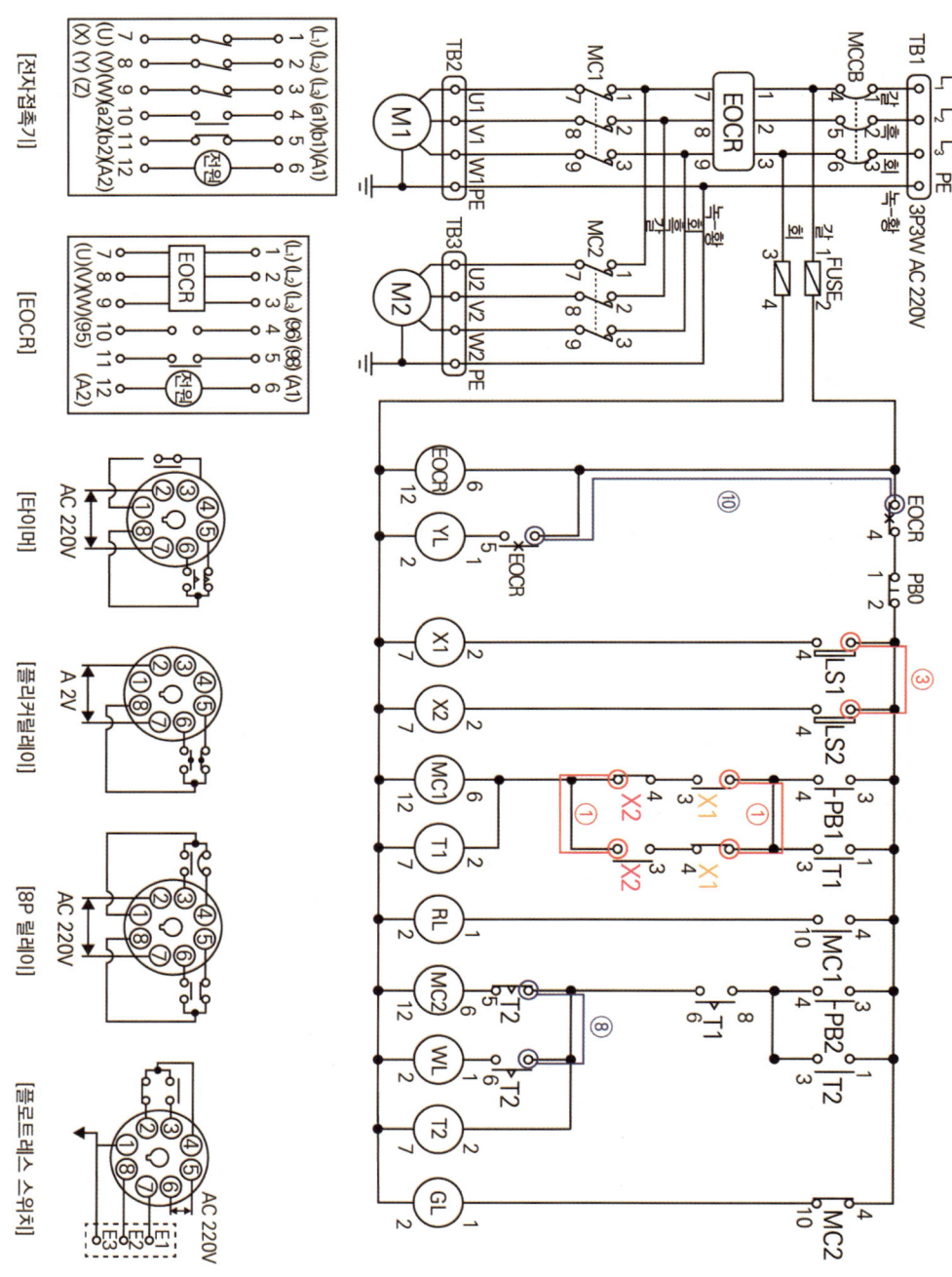

18 공개문제 18번

| 자격종목 | 전기기능사 | 과제명 | 전기설비의 배선 및 배관 공사 | 척도 | NS |

1 배관 및 기구 배치도

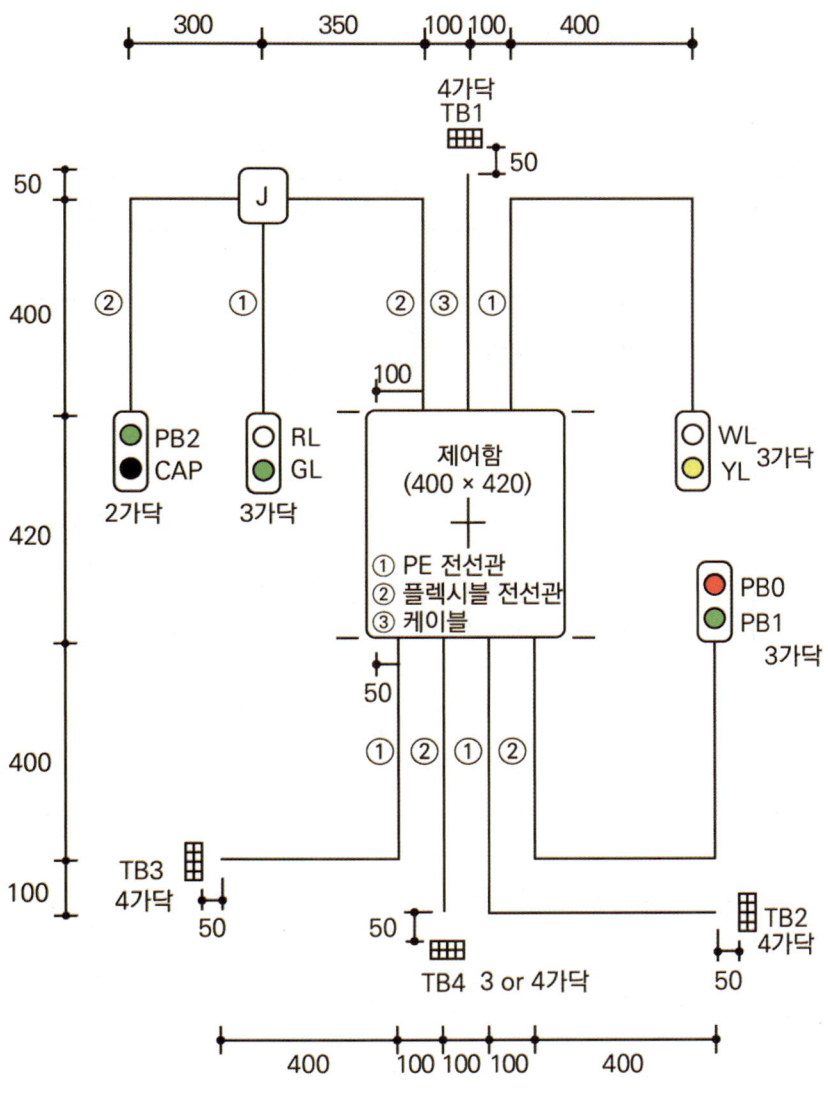

2 제어판 내부 기구 배치도

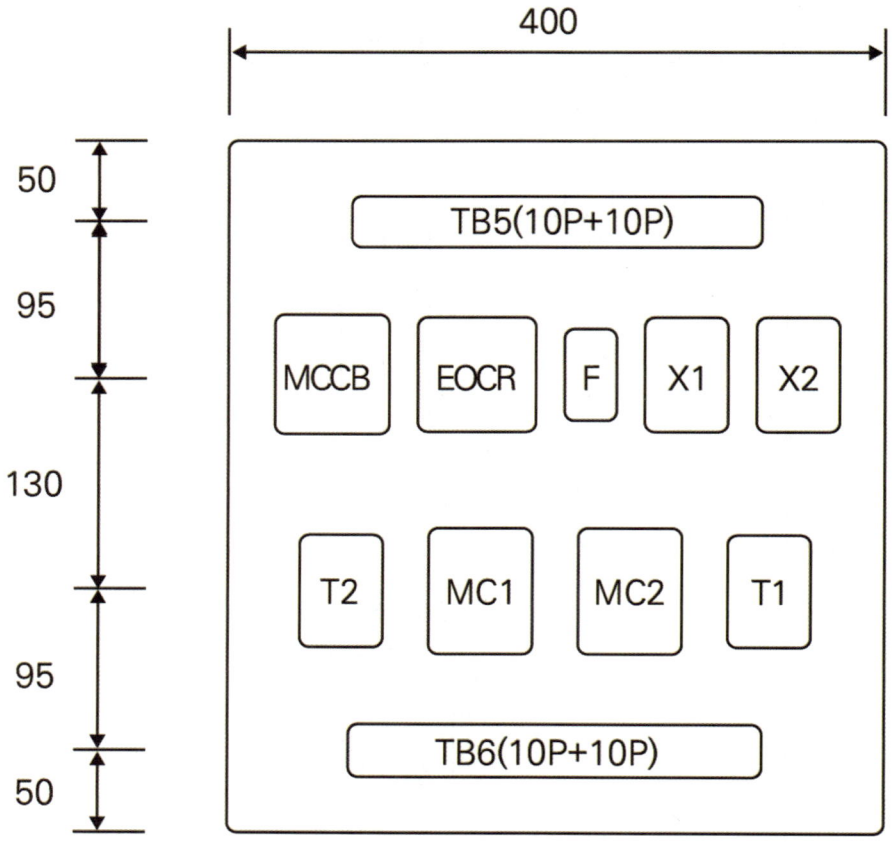

3 제어회로의 시퀀스회로도

※ 본 도면은 시험을 위해서 임의 구성한 것으로 상용도면과 상이할 수 있습니다.

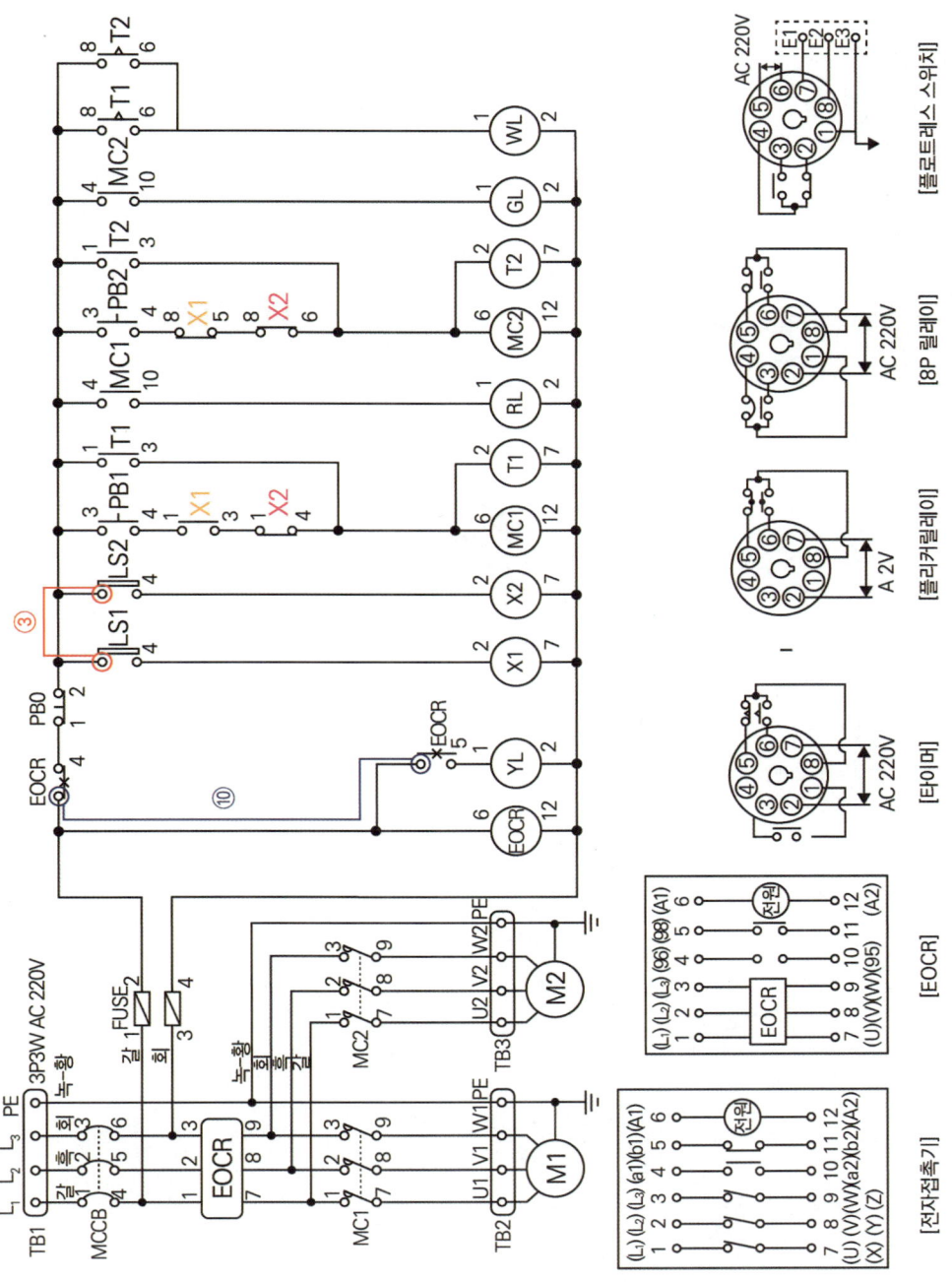

모아바 www.moa-ba.com
모아소방전기학원 www.moate.co.kr

Part 11
시험자 유의사항

전·기·기·능·사

01 요구사항

1) 지급된 재료와 시험장 시설을 사용하여 제한 시간 내에 주어진 과제를 안전에 유의하여 완성하시오. (단, 지급된 재료와 도면에서 요구하는 재료가 서로 상이할 수 있으므로 도면을 참고하여 필요한 재료를 지급된 재료에서 선택하여 작품을 완성하시오)

2) 배관 및 기구 배치 도면에 따라 배관 및 기구를 배치하시오. (단, 제어판을 제어함이라고 가정하고 전선관 및 케이블을 접속하시오)

3) 전기 설비 운전 제어회로 구성
   ① 제어회로의 도면과 동작 사항을 참고하여 제어회로를 구성하시오.
   ② 전원 방식 : 3상 3선식 220 [V]
   ③ 전동기의 접속은 생략하고 접속할 수 있게 단자대까지 배선하시오.

4) 특별히 명시되어 있지 않은 공사방법 등은 전기사업법령에 따른 행정규칙(전기설비기술기준, 한국전기설비규정(KEC))에 따릅니다.

02 수험자 유의사항

※ 수험자 유의사항을 고려하여 요구사항을 완성하도록 합니다.

1) 시험 시작 전 지급된 재료의 이상 유무를 확인하고 이상이 있을 때에는 감독위원의 승인을 얻어 교환할 수 있습니다. (단, 시험 시작 후 파손된 재료는 수험자 부주의에 의해 파손된 것으로 간주되어 추가로 지급받지 못 합니다)

2) 제어판을 포함한 작업판에서의 제반 치수는 [mm]이고, 치수 허용 오차는 외관(전선관, 이블, 박스, 전원 및 부하 측 단자대 등)은 ±30 [mm], 제어판 내부는 ±5 [mm]입니다. (단, 치수는 도면에 표시된 사항에 의하며 표시되지 않은 경우 부품의 중심을 기준으로 합니다)

3) 전선관 및 케이블의 수직과 수평을 맞추어 작업하고, 전선관의 곡률 반지름은 전선관 안지름의 6배 이상, 8배 이하로 작업해야 합니다.

4) 기구(컨트롤 박스, 8각 박스, 제어판, 단자대)와 전선관 및 케이블이 접속되는 부분에서 가까운 곳(300 [mm] 이하)에 새들을 설치하고 전선관 및 케이블이 작업판에서 뜨지 않도록 새들을 적절히 배치하여 튼튼하게 고정합니다. (단, 굴곡부가 없는 배관에서 기구와 기구 끝단 사이의 치수가 400 [mm] 미만이면 새들 개도 가능하고, 새들로 고정 시 나사를 2개 모두 체결해야 고정된 것으로 인정)

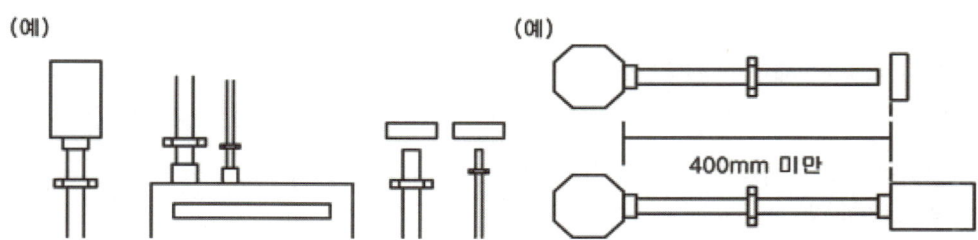

5) 기구(컨트롤 박스, 8각 박스, 제어판)와 전선관 및 케이블이 접속되는 부분에 전선관 및 케이블용 커넥터를 사용하고 제어판에 전선관 및 케이블용 커넥터를 5 [mm] 정도 올리고 새들로 고정해야 합니다. (단, 단자대와 전선관 또는 케이블이 접속되는 부분에 전선관 및 케이블용 커넥터를 사용하는 것을 금지합니다)

6) 전선의 열적 용량에 대한 전선관의 용적률은 고려하지 않습니다.

7) 컨트롤 박스에서 사용하지 않는 홀(구멍)에 홀마개를 설치합니다.

8) 제어판 내의 기구는 기구 배치도와 같이 균형 있게 배치하고 흔들림이 없도록 고정합니다.

9) 소켓(베이스)에 채점용 기기가 들어갈 수 있도록 작업합니다.

10) 제어판 배선은 미관을 고려하여 전면에 노출 배선(수평수직)하고 전선의 흐트러짐 등이 없도록 케이블 타이를 이용하여 균형 있게 배선합니다. (단, 제어판 배선 시 기구와 기구 사이의 배선을 금지합니다)

11) 주회로는 2.5 [mm^2](1/1.78)전선, 보조회로는 1.5 [mm^2](1/1.38) 전선(황색)을 사용하고 주회로의 전선 색상은 L_1은 갈색, L_2는 흑색, L_3는 회색을 사용합니다.

12) 보호도체(접지) 회로는 2.5 [mm^2](1/1.78) 녹색 - 황색 전선으로 배선해야 합니다.

13) 퓨즈홀더 1차 측 주회로는 각각 2.5 [mm^2](1/1.78) 갈색과 회색 전선을 사용하고, 퓨즈홀더 2차 측 보조회로는 1.5 [mm^2](1/1.38) 황색 전선을 사용하고, 퓨즈홀더에는 퓨즈를 끼워 놓아야 합니다.

14) 케이블의 색상이 주회로 색상과 상이한 경우 감독위원이 지정한 색상으로 대체합니다. (단, 보호도체(접지) 회로 전선은 제외)

15) 단자에 전선을 접속하는 경우 나사를 견고하게 조입니다. 단자 조임 불량이란 피복이 제거된 나선이 2 [mm] 이상 보이거나, 피복이 단자에 물린 경우를 말합니다. (단, 한 단자에 전선 3가닥 이상 접속하는 것을 금지합니다)

16) 전원과 부하(전동기) 측 단자대, 리밋스위치의 단자대, 플로트레스 스위치의 단자대는 가로인 경우 왼쪽부터 세로인 경우 위쪽부터 각각 "L_1, L_2, L_3, PE(보호도체)"의 순서, "U(X), V(Y), W(Z), PE(보호도체)"의 순서, "LS_1, LS_2"의 순서, "E_1, E_2, E_3"의 순서로 결선합니다.

17) 배선점검은 회로시험기 또는 벨시험기만을 가지고 확인할 수 있고, 전원을 투입한 동작시험은 할 수 없습니다.

18) 전원 측 단자대는 동작시험을 할 수 있도록 전원선의 색상에 맞추어 100 [mm] 정도 인출하고 피복은 전선 끝에서 약 10 [mm] 정도 벗겨둡니다.

19) 전자접촉기, 타이머, 릴레이 등의 소켓(베이스)의 방향은 기구의 내부 결선도 및 구성도를 참고하여 홈이 아래로 향하도록 배치하고, 소켓 번호에 유의하여 작업합니다.
    ※ 기구의 내부 결선도 및 구성도와 지급된 채점용 기구 및 소켓(베이스)이 상이할 경우 감독위원의 지시에 따라 작업합니다.

20) 8P 소켓을 사용하는 기구(타이머, 릴레이, 플리커릴레이, 온도릴레이, 플로트레스 등)는 기구의 구분 없이 지급된 8P 소켓(베이스)을 적용하여 작업합니다. (각 기구에 해당하는 소켓을 고려하지 않고 모두 동일하게 적용합니다)

21) 보호도체(접지)의 결선은 도면에 표시된 부분만 실시하고, 보호도체(접지)는 입력(전원) 단자대에서 제어판 내의 단자대를 거쳐 출력(부하) 단자대까지 결선하며, 도면에 별도로 표시하지 않더라도 모든 보호도체(접지)는 입력 단자대의 보호도체 단자(PE)와 연결되어야 합니다.
    ※ 기타 외부로의 보호도체(접지)의 결선은 실시하지 않아도 됩니다.

22) 기타 공사 방법 등은 감독위원의 지시사항을 준수하여 작업하며, 작업에 대한 문의 사항은 시험 시작 전 질의하도록 하고 시험 진행 중에는 질의를 삼가도록 합니다.

23) 특별히 지정한 것 이외에는 전기사업법령에 따른 행정규칙(전기설비기술기준, 한국전기설비규정(KEC))에 의하되 외관이 보기 좋아야 하며 안전성이 있어야 합니다.

24) <u>시험 중 수험자는 반드시 안전 수칙을 준수해야 하며, 작업 복장 상태와 안전 사항 등이 채점대상이 됩니다.</u>

25) <u>다음 사항은 실격에 해당하여 채점 대상에서 제외됩니다.</u>
    (1) 과제 진행 중 수험자 스스로 작업에 대한 포기 의사를 표현한 경우
    (2) 지급재료 이외의 재료를 사용한 작품
    (3) 시험 중 시설·장비의 조작 또는 재료의 취급이 미숙하여 위해를 일으킬 것으로 감독위원 전원이 합의하여 판단한 경우

(4) 기능이 해당 등급 수준에 전혀 도달하지 못한 것으로 감독위원 전원이 합의하여 판단한 경우
(5) 시험 관련 부정에 해당하는 장비(기기)·재료 등을 사용하는 것으로 감독위원 전원이 합의하여 판단한 경우(시험 전 사전 준비작업 및 범용 공구가 아닌 시험에 최적화된 공구는 사용할 수 없음)
(6) 시험 시간 내에 제출된 작품이라도 다음과 같은 경우
 ① 제출된 과제가 도면 및 배치도, 시퀀스회로도의 동작사항, 부품의 방향, 결선 상태 등이 상이한 경우(전자접촉기, 타이머, 릴레이, 푸시버튼 스위치 및 램프 색상 등)
 ② <u>주회로(갈색, 흑색, 회색)</u> 및 <u>보조회로(황색)</u> 배선의 전선 굵기 및 색상이 도면 및 유의사항과 상이한 경우
 ③ 제어판 밖으로 인출되는 배선이 제어판 내의 단자대를 거치지 않고 직접 접속된 경우
 ④ 제어판 내의 배선상태나 전선관 및 케이블 가공 상태가 불량하여 전기 공급이 불가한 경우
 ⑤ 제어판 내의 배선상태나 기구의 접속 불가 등으로 동작 상태의 확인이 불가한 경우
 ⑥ 보호도체(접지)의 결선을 하지 않은 경우와 <u>보호도체(접지) 회로(녹색 - 황색)</u> 배선의 전선 굵기 및 색상이 도면 및 유의사항과 다른 경우(단, 전동기로 출력되는 부분은 생략)
 ⑦ 컨트롤박스 커버 등이 조립되지 않아 내부가 보이는 경우
 ⑧ 배관 및 기구 배치도에서 허용오차 ±50 [mm]를 넘는 곳이 3개소 이상, ±100 [mm]를 넘는 곳이 1개소 이상인 경우(단, <u>박스, 단자대, 전선관, 케이블 등이 도면 치수를 벗어나는 경우 개별 개소로 판정</u>)
 ⑨ 기구(컨트롤 박스, 8각 박스, 제어판)와 전선관 및 케이블이 접속되는 부분에 전선관 및 케이블용 커넥터를 정상 접속하지 않은 경우(미접속 및 불필요한 접속 포함)
 ⑩ 기구(컨트롤 박스, 8각 박스, 제어판, 단자대)와 전선관 및 케이블이 접속되는 부분에서 가까운 곳(300 [mm] 이하)에 새들의 고정나사가 1개소 이상 누락된 경우(단, 굴곡부가 없는 배관에서 기구와 기구 끝단 사이의 치수가 400 [mm] 미만이면 새들 1개도 가능)
 ⑪ 전선관 및 케이블을 말아서 결선한 경우
 ⑫ 전원과 부하(전동기) 측 단자대에서 L_1, L_2, L_3, PE(보호도체)의 배치 순서와 U(X), V(Y), W(Z), PE(보호도체)의 배치 순서가 유의사항과 상이한 경우, 리밋스위치 단자대에서 LS_1, LS_2의 배치 순서가 유의사항과 상이한 경우, 플로트레스 스위치 단자대에서 E_1, E_2, E_3의 배치 순서가 유의사항과 상이한 경우
 ⑬ 한 단자에 전선 3가닥 이상 접속된 경우
 ⑭ 제어판 내의 배선 시 기구와 기구 사이로 수직 배선한 경우
 ⑮ 전기설비기술기준, 한국전기설비규정에 따라 공사를 진행하지 않은 경우
26) 시험 종료 후 완성작품에 한해서만 작동 여부를 감독위원으로부터 확인받을 수 있습니다.

모아 전기기능사 실기(핵심이론+공개문제) [개정판]

발행일	2025년 4월 30일 개정판 1쇄
지은이	박너랑
발행인	황모아
발행처	(주)모아교육그룹
주　소	서울특별시 영등포구 영신로 32길 29 세화빌딩 2층
전　화	02-2068-2393(출판, 주문)
등　록	제2015-000006호 (2015.1.16.)
이메일	moagbooks@naver.com
ISBN	979-11-6804-419-7 (13560)

이 책의 가격은 뒤표지에 있습니다.

Copyright ⓒ (주)모아교육그룹 Co., Ltd. All Rights Reserved.

이 책은 저작권법에 의해 보호를 받는 저작물이므로 저자와 출판사의 서면 허락 없이 내용의 전부 또는 일부를 이용하는 것을 금합니다.

모아바 www.moa-ba.com
모아소방전기학원 www.moate.co.kr

모아바 www.moa-ba.com
모아소방전기학원 www.moate.co.kr

전기기능사 합격!
여러분의 합격은 모아의 보람입니다.

끊임없이 변화를 추구하는 교육기업

모아교육그룹

모아를 선택해주신 여러분께 감사드립니다.

- ✔ 모아는 혁신적인 교육을 통해 인간의 사고(思考)를 확장 및 변화시킬 수 있다고 믿고 있습니다.
- ✔ 모아는 미래를 교육으로 변화시킬 수 있다고 믿고 있습니다.
- ✔ 모아는 청년부터 장년, 중년, 노년까지의 성인교육에 중점을 두고 사업을 진행하고 있습니다.

초고령화, 불확실성의 시대
모아는 당신의 미래를 함께 하는 혁신적인 교육 플랫폼이 되겠습니다.